普通高等教育"十四五"规划教材

# 油藏工程基础

## （第二版）

傅 程 黄 斌 主
张 雪 达祺安 副主



中国石化出版社
·北京·

**图书在版编目（CIP）数据**

油藏工程基础／傅程，黄斌主编；张雪，达祺安副主编. —2版. —北京：中国石化出版社，2025.4.
ISBN 978-7-5114-7936-5

Ⅰ. TE34

中国国家版本馆CIP数据核字第20254SD089号



**中国石化出版社出版发行**
地址:北京市东城区安定门外大街58号
邮编:100011 电话:(010)57512500
发行部电话:(010)57512575
http://www.sinopec-press.com
E-mail:press@sinopec.com
河北宝昌佳彩印刷有限公司印刷
全国各地新华书店经销
*
787毫米×1092毫米 16开本 12印张 280千字
2025年4月第2版 2025年4月第1次印刷
定价:68.00元

# 前言

普通高等教育“十三五”规划教材《油藏工程基础》自第一版出版以来，得到了广大读者和业界的广泛关注与支持。随着油气勘探开发技术的快速发展和学科交叉融合的深入推进，油藏工程的理论与实践不断更新。为适应新形势下的科研需求，本书在第一版基础上进行全面修订与完善，力求反映行业最新动态与前沿技术。本次修订参考了相关石油院校同类教材，结合最新的研究成果与实践经验，重新组织编写而成。

修订工作遵循“系统性、先进性、实用性、规范性”原则，在保持第一版知识体系框架的基础上，进一步完善基础理论的逻辑性与完整性，针对第一版中不够完善的部分进行了更新与增补，同时结合复杂油藏工程问题的评价方法，确保理论与实践紧密结合，以培养读者的科学素养和解决实际问题的能力。编写过程中，注重基本概念的清晰表述与研究方法的逻辑阐释，并对各章节内容进行优化调整。为了更好地适应自学者的需要，新增了大量章节习题，以辅助读者巩固知识、拓展应用能力。

本书系统介绍了油藏工程的基础理论与研究方法，涵盖油藏工程核心内容及复杂问题的研究进展，所以可以作为从事油藏工程方面工作的技术人员的参考书。对于有志于深入研究油藏工程其他分支及相关专门问题的读者，可参阅相关领域的专门著作。

本书由傅程、黄斌担任主编，青年教师张雪、达祺安担任副主编。在编写过程中，参考了陈涛平主编的《石油工程》、罗沛等主编的《油藏工程》、李治平主编的《石油工业概论》、姚军等主编的《油藏原理与方法》等书籍，在此向相关作者致以诚挚谢意。

由于编者水平有限，书中难免存在疏漏与不足之处，恳请广大同仁和读者批评指正，以便后续进一步完善。

编者<br>2025 年 3 月

# 目录

# 第一章 油藏地质基础

油藏地质是指油藏范围的地质工作。油藏在投入开发以前，必须对它的分布范围，油气层的数量及埋深，主要开采层的厚度、油气层物性、圈闭类型、断层分布、油藏的驱动能量及可能建立的驱动方式，油、气、水的物理化学性质，油藏储量等情况有所了解，以便制定开发方案。

油藏投入开发以后，油藏地质研究工作进入认识地下地质问题的新阶段。随着各类钻井井数的增加及开采过程中反映出来的问题逐渐增多，检验以往对地下地质情况的认识程度能促使对油田地质的认识更加准确、精细，更接近地下客观实际，从而指导开发方案的调整。研究事物的过程就是深入认识事物的过程，只有对地下情况认识深刻了，油田开发措施才能达到油藏长期稳产、高产和提高最终采收率的目的。

## 第一节 地质的基本概念

### 一、概述

地质是研究地球的科学，包括地球的起源、发展历史及演变规律，尤其是记载岩石形成的学科。这对石油工业来说是很重要的，应用它可以预测石油会聚集在哪里。致力于石油工业的人都应熟悉地质学科的基本原理。

油藏是由许多具有微小通道或孔隙的固体所组成的岩层，其内饱含着流体。储集层岩石常含有盐水以及各种不同的烃类。这些流体成层分布，最轻的(天然气)在顶部，其次是石油，最重的(水)在底部，油藏内常含有这三种流体，其中，天然气和水通常是将石油从生产层驱替到地面的动力。

要使聚集的石油具有工业开采价值，油藏必须以某种方式封闭或圈闭油气，防止其逃逸。此外，油藏还必须具备一定的厚度、孔隙性和渗透性。

### 二、板块构造学说

许多地质学家认为，地壳像一个聚集在一起的板块，这些板块像互相对接的拼板玩具。与拼板玩具不同的是，地壳的很多板块是在不停地移动和改变形状的。在某些地方它们相互交盖，而又在另一些地方连接或者彼此分离。解释这个过程的理论称为板块构造学说。

地壳有两种：海洋地壳与大陆地壳。海洋地壳较薄，约 8~11km，为重的岩浆岩(由冷却岩浆所形成的岩石)。大陆地壳较厚，约 16~21km，且相对较轻。由于这些差别，大陆似浮在重岩石“海”中的“冰山”，它最厚的地方即为山脉。

有时，地壳板块断裂成两个或更多的小板块，彼此分开，形成海洋盆地。当大陆的两部分分离，岩浆从地幔中上升，在长的峡谷中固化形成海洋中的山脊。比大陆更薄、更致密的新地壳在两个新的陆地间向外扩展。

## 三、岩石

地壳的岩石从一种类型变成另一种类型要经历以下地质过程：侵蚀、沉积、胶结、压缩和熔融。

在流水及其他条件的作用下，大陆高地逐渐被剥蚀，其岩石碎屑被携入海中，沿着大陆的边缘沉积成厚厚的沉积层。经过水中矿物的彼此胶结及顶部沉积物的压力作用，就形成了沉积岩层。一部分沉积岩埋藏在深处，在高温高压下形成变质岩。当温度和压力进一步增加，便将岩石中的一些矿物质溶化成岩浆，岩浆冷却和重结晶后变成了岩浆岩。变质岩和岩浆岩露出地表遭受剥蚀形成沉积物，沉积后形成沉积岩。

大多数石油和天然气都聚集在由沉积物形成的沉积岩中。沉积岩可以简单地分为碎屑岩和非碎屑岩(表 1-1)。碎屑岩由原生岩石侵蚀所派生的单个颗粒组成，并且被晶质或非晶质的胶结物固结在一起，通常可以按颗粒的大小来分类。非碎屑岩是来自其他类型的沉积物，如化学沉淀和有机碎屑，并且在结构上各不相同。某些岩石(如石灰岩)由于其形成过程和出现的情况不同而分别列在几种不同的类别中。

**表 1-1　沉积岩的简单分类**

| 碎屑岩 | 非碎屑岩 | | | |
|---|---|---|---|---|
| | 碳酸盐岩 | 蒸发岩 | 有机岩 | 其他 |
| 砾岩 | 石灰岩 | 石膏 | 泥炭 | 燧石 |
| 石灰岩 | 白云岩 | 硬石膏 | 煤 | |
| 砂岩 | | 盐 | 硅藻土 | |
| 泥岩 | | 碳酸钾 | 石灰岩 | |
| 页岩 | | | | |

## 四、构造

以水平成层方式堆积的沉积岩称为层或床，其由于地质作用常常发生变形。最常见的变形是褶曲(图 1-1)，向上的褶曲称为背斜，向下的褶曲称为向斜。当地层断裂发生上下错动时就形成断层(图 1-2)。断层往往控制着油气的聚集，分为正断层、逆断层和平移断层。断层可以产生某些明显的地质特征：地堑和地垒(图 1-3)。被剥蚀的岩石表面埋藏在地下称为不整合，通常分为平行不整合与角度不整合(图 1-4)两类。不整合可以起到聚集油气的作用。

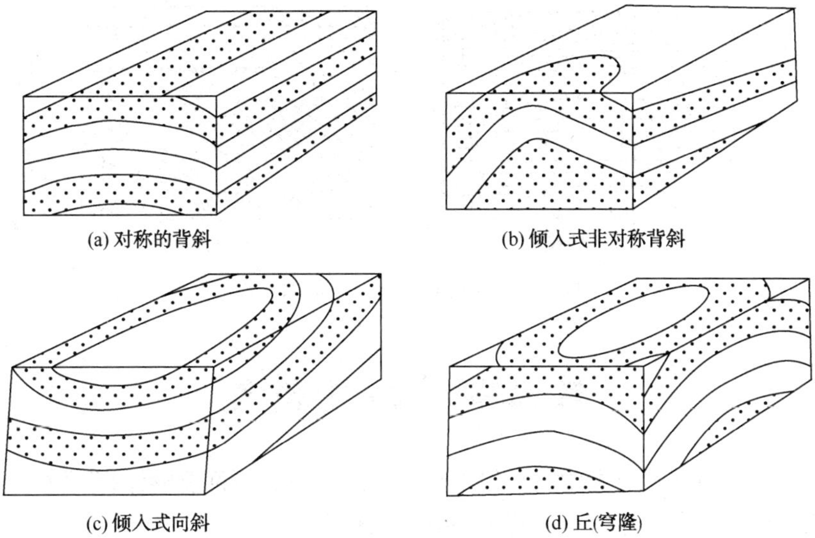

(a) 对称的背斜　(b) 倾入式非对称背斜　(c) 倾入式向斜　(d) 丘(穹隆)

图 1-1　褶曲的类型

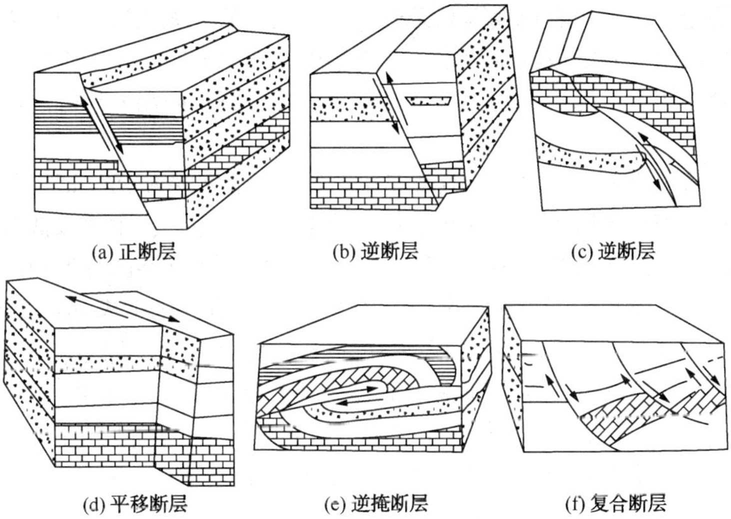

(a) 正断层　(b) 逆断层　(c) 逆断层　(d) 平移断层　(e) 逆掩断层　(f) 复合断层

图 1-2　常见的断层样式

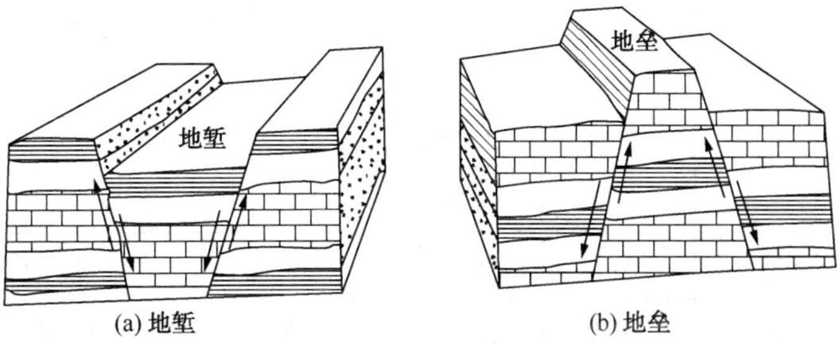


(a) 地堑　(b) 地垒

图 1-3　地堑与地垒

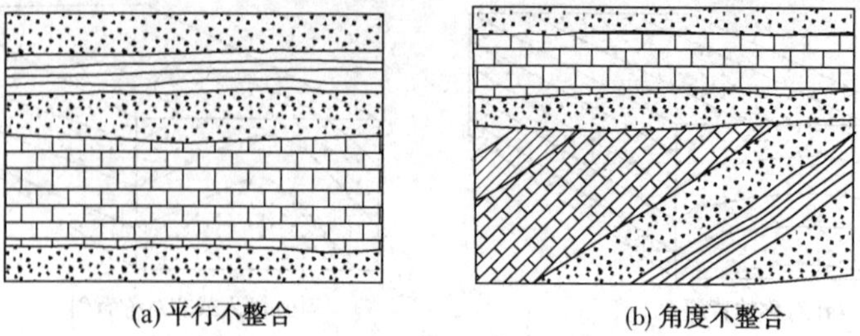


图 1-4　平行不整合与角度不整合

# 第二节　油气聚集

石油是储存于地下岩石之中的，但不是所有的地下岩石都能够储存石油。只有那些具备一定物性条件的岩石，才可能在特定的时期储存石油。

## 一、石油和天然气的成因

石油成因理论可以分为有机成因和无机成因两大学派。无机成因说认为，石油是由自然界的无机物形成的；有机成因说认为，沉积物中的有机质在特定的地质环境中，在各种地质营力的综合作用下，经历生物化学、热催化、热裂解、高温变质等阶段，陆续转化为石油和天然气。

有机成因说认为生成油气的原始物质是沉积物中分散的有机质，即沉积有机质。沉积有机质来自生物圈中种类繁多的动物和植物，就生成油气而言，主要以低等水生动植物为主。在沉积作用下，沉积有机质埋藏深度逐渐加大，经历了复杂的分解和缩合作用，其中不溶性有机质称为干酪根。干酪根是极其复杂的有机物质，化学成分包含 C、H、O、S、N 等元素，以 C、H、O 为主。干酪根分为三种类型，Ⅰ型干酪根：H/C 原子比约为 1.10~1.60，母体主要来源于藻类和水生低等微体生物；Ⅱ型干酪根：H/C 原子比约为 1.10~1.35，母体主要来源于水生低等生物和少量陆源植物；Ⅲ型干酪根：H/C 原子比约为 0.70~1.10，母体主要来源于高等植物，生油潜力较差(表 1-2)。

**表 1-2　干酪根元素组成**

| 国家 | 盆地名称 | 元素组成/% | | | 原子比 | | 类型 |
|---|---|---|---|---|---|---|---|
| | | C | H | O | H/C | O/C | |
| 美国 | 饶英塔 | 75.9 | 9.1 | 8.4 | 1.44 | 0.08 | Ⅰ |
| 中国 | 松辽 | 60.04 | 6.83 | 10.28 | 1.39 | 0.13 | |
| 法国 | 巴黎 | 72.6 | 7.9 | 12.4 | 1.3 | 0.13 | Ⅱ |
| 中国 | 渤海湾 | 57.7 | 5.52 | 8.12 | 1.15 | 0.09 | |
| 喀麦隆 | 杜阿拉 | 72.7 | 6.0 | 19.0 | 0.99 | 0.19 | Ⅲ |
| 中国 | 鄂尔多斯 | 69.65 | 4.6 | 12.29 | 0.79 | 0.14 | |

## 二、生成油气的地质及力学条件

油气不是在地下任何地方都可以聚集起来形成油气藏的。油气藏只有在特定的地质条件下才能够形成，而且还必须满足一定的力学条件。

地质历史上长期持续稳定下沉的沉积盆地是生成油气最重要的地质条件之一。在这样的沉积盆地中，沉降速度近似于沉积速度，使水体保持一定的深度，既有利于生物大量繁殖，又能使有机质免遭氧化。生成油气的过程，是沉积有机质经历加氢去氧富集碳的过程，这一过程必须在还原条件下进行，而还原环境的形成和持续时间的长短受当时地质和动力条件的制约。

有机质向油气的转化过程是一个不断吸收能量的过程，其动力主要有细菌作用、催化作用、热力作用及放射性作用等。

（1）细菌作用：主要体现在两个方面，一方面是生油的原始物质，另一方面厌氧细菌可以促使有机质向油气转化。

（2）催化作用：在有机质向油气转化的过程中，自然界存在有机和无机两类催化剂，黏土矿物是最主要的无机催化剂，酵母是动植物和微生物产生的有机催化剂，它们都能加速沉积有机质向油气的转化。

（3）热力作用：热力作用主要体现在温度和时间两个方面，在油气的生成过程中，温度是最有效最持久的作用因素；时间可补偿温度的不足，只有在达到一定温度之后，有机质才开始大量转化为石油，这个温度称为门限温度，不同含油气盆地的生油门限温度不同。

（4）放射性作用：许多沉积岩中都含有少量的放射性元素，放射性作用可以提供游离氢的来源。

## 三、油气运移

石油和天然气都是一种流体矿产，它们在天然动力作用下可以在地壳内流动。石油和天然气在地壳内的任何移动都可称为油气运移。

油气运移的过程可以划分为既有联系又有区别的两个阶段，即油气的初次运移和油气的二次运移（图 1-5）。

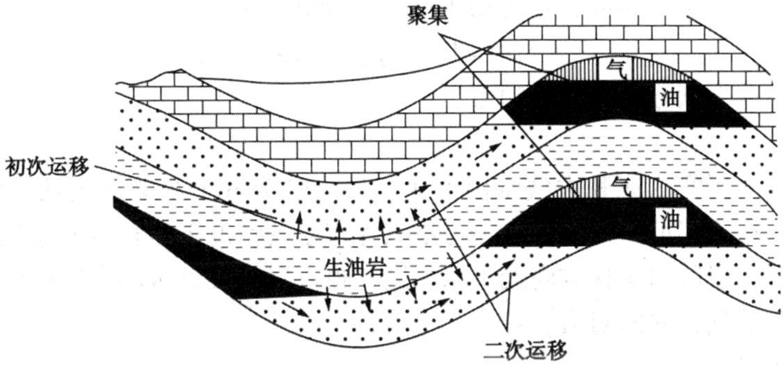


图 1-5　油气的初次运移和二次运移

（一）油气的初次运移

石油和天然气自生油层向储集层的运移称为油气的初次运移。初次运移是有机成因说的重要组成部分，主要涉及初次运移时油气的物理状态和运移动力两个方面的问题。

油气在初次运移中以什么样的物理状态流动，仍是目前石油地质学尚未解决的问题之一。把许多学者的假设归纳起来可分为两类，即油气以溶解于水的状态运移和油气以原有的相态随水一起运移。不论油气以哪种物理状态运移，都与水有密切的联系，生油层中的水主要来源于沉积水和黏土矿物脱水。液态烃大部分以水为运载体。在生油层中的液态烃多呈油珠状分散于生油层中，随着烃类的大量生成，油的饱和度及相对渗透率相应增加，在压实等动力作用下，即可随水从生油层运移到储集层，少量的液态烃也可能以溶解于水的方式从生油层运移到储集层。气态烃则相反，大部分以溶解于水的状态运移，但也可呈气泡或串珠状从生油层运移到储集层。

油气初次运移的动力主要有：压实作用、水热增压作用、黏土脱水作用和甲烷气作用等。

（二）油气的二次运移

油气的二次运移是石油和天然气进入储集层以后的各种运移，包括油气在储集层孔隙中的运移，油气沿断层、裂缝、不整合面的运移以及由于油气藏被破坏而使油气重新分布的运移。在二次运移中，油气与水密切共存，除少量的油气以溶解的状态运移外，绝大部分油气以原有的相态运移。

油气二次运移的动力和阻力主要有：浮力、水动力和毛细管压力。

1. 浮力

油气进入饱含水的储集层后，由于密度差的原因，油气将受到向上的浮力，根据阿基米德原理，水对石油的浮力可表示为：

$$F=V(\rho_w-\rho_o)g \tag{1-1}$$

式中 $F$——浮力，$10^{-5}$N；

$V$——连续油块的体积，$cm^3$；

$\rho_w$——水的密度，$g/cm^3$；

$\rho_o$——油的密度，$g/cm^3$；

$g$——重力加速度，$cm/s^2$。

若地层倾斜，倾角为 $\alpha$ 时，浮力沿上倾方向的分力 $F_1$ 为：

$$F_1=V(\rho_w-\rho_o)g\sin\alpha \tag{1-2}$$

浮力是油气向上倾方向运移的动力。

2. 水动力

水动力可以由压实水流和大气水流产生。无论是溶解于水的油气还是游离相态的油气，在水动力作用下都可以运移，在不考虑其他因素的情况下运移方向总是与水流方向一致。水动力和浮力引起的运移方向既可以相同，也可以相反。水动力既可以是油气运移的动力，也可以是油气运移的阻力。

3. 毛细管压力

二次运移主要是非润湿相的油气排替储集层中润湿相的水的过程。油气在喉道中要驱替其中的水而向前运移，就必须克服毛细管压力，因此毛细管压力是油气运移的阻力。

油气在二次运移过程中，总是沿着阻力最小的方向运移。运移的主要方向是受多种因素控制的，如区域构造背景、储集层的岩性岩相变化、地层不整合、断层、水动力条件等。油气运移的距离是指生油凹陷到油气藏间的距离，该距离可长可短，受地质条件控制。

## 四、圈闭

油气刚刚生成以后，常常呈分散状态分布于地层中，若不能集中起来是形成不了油气藏的。只有当这些分散的油气在剩余压力的作用下运移到储集层中，在储集层中受浮力和水动力等作用继续运移，遇到适宜的地质场所聚集起来才能形成油气藏。

### （一）圈闭的概念

圈闭是指能够阻止油气运移并使油气聚集的场所，通常由储集层、盖层和遮挡物三部分构成。遮挡物可以是封闭的断层、非渗透的不整合面、储集层上倾方向的非渗透层、盖层本身的弯曲变形等，在适宜的条件下水动力也可成为遮挡条件。

### （二）圈闭的度量

圈闭的实际容量大小与以下几个基本参数有关。

（1）溢出点：流体充满圈闭后，最先从圈闭中溢出的点，称为该圈闭的溢出点。

（2）闭合面积：指通过溢出点所在的等高线封闭的面积，或溢出点所在的等高线与断层线、剥蚀线、尖灭线等相交所封闭的面积。

（3）闭合高度：指从圈闭的最高点到溢出点之间的海拔高差。

（4）储集层有效厚度：储集层中具有工业性产油气能力的那一部分厚度。储集层的有效厚度根据有效储集层的岩性、电性、物性标准，扣除其中非渗透性夹层而剩余的厚度。

（5）有效孔隙度：是指岩石中允许流体在其中流动、互动连通的孔隙体积之和与岩石总体积的百分比值。

（6）圈闭的最大有效容积：圈闭的最大有效容积决定于圈闭的闭合面积、储集层的有效厚度及有效孔隙度等有关参数。

### （三）圈闭的类型

在不同的地质环境里，地壳运动可以造成各种各样的封闭条件，形成多种类型的圈闭。根据圈闭的成因，可以把圈闭分为三大基本类型。

（1）构造圈闭：构造运动使地层发生变形（褶皱）或变位（断裂）而形成的圈闭。这些褶皱和断裂，在条件具备时就可形成圈闭构造，如背斜圈闭和断层圈闭等。

（2）地层圈闭：地壳升降运动引起的地层超覆、沉积间断或剥蚀风化等形成的圈闭，如地层超覆不整合圈闭和不整合覆盖圈闭等。

（3）岩性圈闭：在沉积盆地中，由于沉积条件的差异而创造的储集层在横向上发生变化，并为不渗透层遮挡而形成的圈闭，如砂岩尖灭圈闭和砂岩透镜体圈闭等。

## 五、油气藏

### （一）油气藏的概念

当油气运移进入圈闭之后，将首先占据圈闭的最高部位，并把其中的一部分地层水排走。油气藏是地壳油气聚集的最基本单位，是油气在单一圈闭内具有独立压力系统和统一油水界面的基本聚集。

**（二）油气藏中油、气、水的分布**

在单一背斜圈闭内，由于重力分异作用，油、气、水的分布具有一定的规律性，通常是气在上、油居中、水在下，形成油—气分界面和油—水分界面。

**（三）油气藏形成的条件**

油气藏是油气聚集的基本单元，油气藏的形成是多种地质因素综合作用的结果，是油气在地壳中所处的暂时的平衡状态，后期的地质作用也可以破坏这种平衡状态，致使油气重新分布、聚集，形成次生油气藏，达到新的相对平衡。形成油气藏最基本的条件是充足的油源、有利的生储盖组合、有效的圈闭和必要的保存条件，只要具备了这四个条件，油气藏就能够形成并保存至今。

## 六、生油层

凡能生成并提供具有工业价值的石油和天然气的岩石称为生油岩，由生油岩组成的地层称为生油层。

生油岩的岩性特征是沉积物的沉积环境及其后经历变化的综合反映，是研究生油层最直观的标志。其一般特征为：暗色、细粒、富含有机质和微体生物化石，并且常含指示还原环境的分散状黄铁矿，偶尔可见原生油苗。根据岩性特征可将生油岩分为两大类，一类是泥质类生油层，包括泥岩和页岩；另一类是碳酸盐岩类生油层，主要包括石灰岩、泥灰岩、生物灰岩及礁灰岩等。

生油岩的地球化学指标是通过对生油岩的有机地球化学研究，反映沉积有机质的性质、含量及演化特征。

（1）有机质丰度指标：常用有机碳表示，即单位质量岩石中有机碳质量的百分数。

（2）有机质类型：主要是确定干酪根的类型，常用的方法有光学显微镜法、热解法、元素分析法等。

（3）有机质成熟度：确定有机质成熟度的方法很多，有镜质组反射率、孢子花粉颜色、正烷烃分布的奇偶优势等。

（4）有机质转化指标：不同类型的有机质向烃类的转化效率不同，常用氯仿沥青“A”、总烃/有机碳、饱和烃/芳香烃等指标表示其转化效率，这 3 个参数越大表示转化效率越高。

## 七、储集层

地下石油和天然气都储存在各类储集层中。储集层的类型、岩相、岩性、分布范围、形态特征、孔隙结构和储集层物性的变化，直接控制着地下油气的分布、储量大小和产能。深入进行储集层的研究，不仅可以掌握储集条件在纵向和横向上的变化规律，寻找有利的油气富集带，结合其他因素还可进一步预测可能出现的油气藏类型，为勘探工作提供依据。同时，储集层研究的成果也是油田开发和油层改造最重要的地质依据。

凡是能够储集和渗滤流体的岩石均称为储集岩。储存流体由岩石的孔隙性决定，渗滤流体由岩石的渗透性决定。

根据储层岩性可将储集层分为以下 3 类。

**（一）砂岩储集层**

砂岩储集层的岩石类型有砾岩、砂砾岩、粗砂岩、中砂岩、细砂岩、粉砂岩及其过渡类型。砂岩储集层的孔隙类型按其成因分为原生孔隙和次生孔隙两类。原生孔隙是指与沉积作用同时形成的孔隙，以粒间孔隙为主。次生孔隙是指沉积作用之后，在化学、物理、生物作用下，砂岩组分溶解、收缩和破裂产生的孔隙。

影响砂岩储集性质的地质因素有碎屑颗粒的矿物成分、基质胶结物的含量和成分、碎屑颗粒的粒度分选及排列方式、沉积环境及成岩作用等。

根据砂岩储集体的成因可将其划分为 8 种类型。

（1）冲积扇砂砾岩体：在山麓洪积环境中形成，以砂砾岩为主。平面上接近扇形，剖面上以层状、透镜状为主。以粒度粗、成熟度低、圆度不好、分选差、储油物性变化大为主要特征。

（2）河道砂岩体：指在河道中沉积的以砂、粉砂为主的沉积岩体。河道砂岩体的形态极不规则，在平面上常呈弯曲的带状、树枝状，沿古河道蜿蜒曲折分布，延伸可达几十、几百千米，由于河流的侧向迁移，其横向分布也可达十几千米。剖面上呈顶平底突的透镜体，底部常见冲刷、切割、充填等构造现象。

（3）三角洲砂岩体：是在三角洲环境下形成的以砂岩为主的沉积体。其中，三角洲分流河道和三角洲前缘砂岩体对油气聚集最有利。

① 三角洲分流河道砂岩体，分布在三角洲平原亚相向海方向伸展的频繁分叉的河道沉积之中，具有河道砂体的特点，剖面上呈顶平底突的各式透镜体，粒度较河道砂稍细，分选相对较好。

② 三角洲前缘砂岩体，分布在三角洲前缘亚相，常为河口砂坝、远砂坝和席状砂体组成的叶状复合体，岩性以细砂、粉砂为主，剖面由下而上粒度逐渐变粗，一般情况下具有砂质纯净、分选好、圆度好等特点。

（4）沿岸堤坝砂岩体：是在海岸环境形成的以砂质为主要成分的各类滩、岛、堤、坝砂岩体，它们在平面上呈狭长带状、串珠状沿海岸方向延伸，剖面呈底平顶凸的各种透镜体。岩性以粉、细砂为主，分选好、圆度好。

（5）陆棚砂岩体：是发育在浅海陆棚环境下的潮流和槽谷充填砂岩体。潮流砂岩体是受潮汐流、风暴流等作用而形成的以细砂、粉砂为主的砂脊等砂岩体，平面上呈带状、不连续透镜状分布。槽谷充填砂岩体是指陆棚上的海底谷或峡谷被碎屑物质充填而形成的砂岩体，平面上常呈条带状分布，岩性以细砂、中砂为主。

（6）浊流砂岩体：指在深海环境下，由浊流或重力流形成的砂岩体，岩性以递变层理砂岩和具垮塌标志的砂岩为主，此外还有砾岩和粉砂岩。平面上多为席状、扇状和透镜状。

（7）湖泊砂岩体：指在湖泊环境下形成的湖成三角洲砂岩体、近岸环带砂岩体和浊流砂岩体。湖成三角洲砂岩体主要发育在三角洲平原和三角洲前缘中，平面上呈舌状或鸟足状，岩性以砂岩和粉砂岩为主，圆度和分选好。近岸环带砂岩体位于近岸的湖滨地区，常平行湖岸呈环带状分布，岩性以砂岩和粉砂岩为主，偶尔可见湖滨砾岩，圆度和分选较好。浊流砂岩体是在深湖区，由浊流和重力流形成的水下冲积扇、重力流水道、深水浊积扇的砂岩体，常呈扇状、带状分布，规模一般较小，连续性差。

(8) 风成砂岩体：是在大陆表面，由风形成的沉积砂岩体，岩性以中、细砂为主，颗粒多呈圆状或半圆状，分选好，胶结少。

**(二) 碳酸盐岩储集层**

碳酸盐岩储集层是另一类重要的储集层。碳酸盐岩储集层成因复杂，类型多样，既有原生孔隙，也有次生孔隙，且次生孔隙占重要地位。其储集类型有：孔隙型，裂缝型，溶洞—裂缝型，孔隙—裂缝型和孔、洞、缝复合型5种。储集层的孔隙度、渗透率变化大，各向异性强。碳酸盐岩储集层与砂岩储集层会有明显的不同(表1-3)。

**表1-3 砂岩与碳酸盐岩储集层比较**

| 岩石类型 / 特征 | 砂 岩 | 碳酸盐岩 |
|---|---|---|
| 原始孔隙度 | 25%~40% | 40%~70% |
| 成岩后孔隙度 | 15%~30% | 5%~15% |
| 原始孔隙类型 | 粒间孔隙 | 粒间孔隙及其他孔隙 |
| 最终孔隙类型 | 粒间孔隙 | 变化很大 |
| 孔隙大小 | 与颗粒直径、分选好坏密切相关 | 与颗粒直径、分选好坏相关性差 |
| 孔隙形状 | 取决于颗粒形态、胶结、溶蚀程度 | 变化极大 |
| 孔隙大小、形状、分步的一致性 | 具有较好的一致性 | 变化很大 |
| 成岩作用的影响 | 压实和胶结缩小孔隙，溶蚀扩大孔隙 | 能够形成、消失或完全改变原有孔隙 |
| 裂隙的影响 | 除低渗层外，对储集层性质影响不大 | 影响很大 |
| 岩心分析对评估储集层的作用 | 适合岩心分析 | 不适合岩心分析 |
| 孔隙度与渗透率的关系 | 有相关性 | 相关性低到不相关 |

碳酸盐岩储集层可分为石灰岩和白云岩两大类。按其成分、结构和成因又可分为若干个基本类型：碎屑灰岩、生物碎屑灰岩、鲕粒灰岩、藻粒灰岩、生物骨架灰岩、藻屑白云岩和次生白云岩。

碳酸盐岩储集空间分为两大类型：原生储集空间和次生储集空间。原生储集空间主要指沉积和成岩初期形成的受岩石组构所控制的孔隙，主要有粒间孔隙、晶间孔隙、遮蔽孔隙、粒内孔隙、生物体腔孔隙、生物骨架孔隙、生物钻孔孔隙和鸟眼孔隙等。次生储集空间主要指成岩后在各种地质作用下形成的孔隙、溶洞和裂缝等储集空间，包括晶间孔隙、粒间溶孔、粒内溶孔和铸模孔、晶间溶孔、晶内溶孔、溶洞和裂缝等，裂缝又包括构造裂缝、成岩裂缝、溶蚀裂缝、压溶裂缝等。

碳酸盐岩的孔隙结构是指孔、洞、缝之间的组合关系，即储集空间的几何结构。它包括储集空间的形态、大小、多少、分选、排列以及储集空间与喉道之间的关系。喉道按其成因可分为构造裂缝型、晶间隙型和解理缝型。碳酸盐岩的孔隙结构非常复杂，它既决定了储集层的储集能力，也控制了储集层的渗滤能力。按孔隙结构的特点和对开发效果的影响，可将碳酸盐岩孔隙结构分为以下几种类型：①大缝洞型孔隙结构，包括宽喉均质型、下洞上喉型、上洞下喉型；②微缝孔隙型孔隙结构，包括短喉型、网格型、细长型；③裂缝型孔隙结构；④复合型孔隙结构。

影响碳酸盐岩的储集空间发育的地质因素比较多，主要有沉积环境、溶蚀作用、白云岩化作用、重结晶作用及褶皱断裂作用等。

（1）沉积环境：碳酸盐岩的沉积环境是控制原生孔隙发育的主要因素，同时对次生孔、洞、缝的形成也起着重要的作用。

（2）溶蚀作用：溶蚀作用可以产生于碳酸盐岩形成乃至成岩后的各个作用阶段，可使碳酸盐岩形成各种类型的溶蚀孔、洞、缝，其发育程度主要取决于岩石本身的可溶性和地下水的溶解能力。

（3）白云岩化作用：白云岩化作用是指方解石部分或全部被白云石所取代的作用。在该作用过程中，储集层性质一般变好，孔隙度的增加往往与白云石的含量有关。当白云石含量低于50%时，孔隙度变化不大；当白云石含量大于50%以后，孔隙度随白云石含量的增加而快速增加；当白云石含量达到80%~90%时，孔隙度可达到峰值，如果白云石含量继续增加，则孔隙度反而开始降低。

（4）重结晶作用：重结晶作用是指碳酸盐岩随着压力、温度的升高，矿物晶体大小、形状发生变化的作用。在此过程中，致密细粒结构的岩石可变为疏松、多孔、粗粒结构的岩石，使晶间孔隙增加；同时，由于岩石强度降低，使裂缝密度增大，为溶蚀孔隙发育创造了有利条件。

（5）褶皱断裂作用：褶皱断裂作用是形成构造裂缝的主要地质因素，裂缝发育的程度主要与岩石性质、岩层厚度、构造部位和断裂带分布有关。

**（三）火成岩、变质岩、泥页岩储集层**

（1）火成岩储集层：火成岩储集层的岩石类型比较多，既有侵入岩，也有喷出岩。侵入岩以花岗岩居多，喷出岩主要有玄武岩、安山岩及火山碎屑岩。

（2）变质岩储集层：变质岩储集层较常见的岩石有石英岩、片岩、板岩、千枚岩和片麻岩。

（3）泥页岩储集层：泥页岩储集层岩石类型为致密、性脆含钙的泥页岩。

## 八、盖层

盖层位于储集层上方，能够封隔储集层，阻止储集层中的油气向上逸散的保护层。要使生油层中生成的油气运移到储集层而不致逸散，必须有不渗透的盖层。盖层的好坏直接影响着油气在储集层的聚集和保存。盖层是形成油藏必不可少的地质条件之一。

在自然界中，任何盖层对气态烃和液态烃只有相对的隔绝性。在底层条件下的烃类聚集都有大小不同的天然能量，它能驱使烃类向周围逸散。因此，必须有良好的盖层封闭才能阻止油气逸散，使油气聚集起来形成油气藏。

**（一）盖层的岩石类型**

在油气田中常见的盖层有泥页岩、盐岩、石膏、致密灰岩等。除上述岩类可作盖层外，在特殊的地质条件下，渗透性极差的砂质岩也可作为盖层。

**（二）盖层的基本特征**

油气藏的有效盖层应是岩性致密，孔隙度、渗透率低，排替压力高，分布稳定且具一定厚度的可塑性岩石。

排替压力是某一岩样中的润湿相流体，被非润湿相流体开始排替所需要的最低压力。如果某一岩层排替压力高，油气运移的动力小于排替压力，油气不能将岩层中的水排出而进入其孔隙空间，该岩层可阻止油气向上逸散，即可称为盖层。排替压力的大小主要取决于岩石孔隙喉道的大小。涅斯捷洛夫根据孔隙的大小将岩石的封闭性分为三类：孔径大于 $2.0\times10^{-4}$cm 的岩石不能作为盖层，孔径在 $5.0\times10^{-6}\sim2.0\times10^{-4}$cm 之间的岩石只能作为油层的盖层，孔径小于 $5.0\times10^{-6}$cm 的岩石可作为油层、气层的盖层。

油气田勘探实践证明，盖层需要有一定的厚度。较薄的盖层，横向上连续性差，不能形成区域性的盖层，在漫长的地质时期中，很难对大油田的形成及保存起到封盖的作用。

## 第三节 油藏压力与温度

油藏深埋于地下，承受着上覆岩层的压力，同时又处在地球的温度场中，因此，油藏一般具有高温高压的特点。油藏流体的物理、化学性质与油藏压力和温度密切相关。油藏的压力和温度是钻井和开采过程中工具设备、测试仪器以及钻井液和各种工作液、驱替剂选择的重要参考指标，也是反映油藏开发动态的重要指标，是油田开发设计和动态分析的必要资料。

### 一、地层压力

1. 地层压力的基本概念

储集层孔隙中的各种流体总是处于一定的压力之下，这种作用于地层孔隙所含流体的压力，称为地层压力或流体压力，对油、气藏而言，则可称为油层压力或气层压力。同样，也可将它们理解为油气藏内油气作用于围岩的压力。常以大气压、千克力/厘米$^2$或百万帕斯卡(MPa)为计算单位。由于同一孔隙系统内所有流体互相接触，它们能够随时传递压力，所以对某一种流体测得的压力，实际上就等于全部流体所承受的压力。在一般地质条件下，正常的地层压力等于从地面到地下地层的静水压力。

地层压力随深度的增加率，称为地层压力梯度。一般说来，有两种地层压力梯度：一是静水压力梯度，即在含水层内测压点之上随深度而增加的水柱压力，静水压力梯度约为每深 10m 增加 1atm(101325Pa)；另一种是动水压力梯度，它存在于有水流动的储集层中。

假设同一储集层被若干口井钻开，层内没有水的流动，则不论这些井钻开储集层的构造部位如何，所有井内的液面都会处于同一海拔高度，连接这些液面的平面称为测压面。如果这个储集层的测压面是水平的，那么这一系统是处在静水压力的均衡状态下，地层水是静止的；若测压面呈倾斜状，则该系统处于水动力作用下，地层水是流动的。

在特殊的地质环境里，超过静水压力的地层压力，称为异常高压；而当地层压力低于静水压力时，则为异常低压。

2. 地层压力的来源

地层压力主要有两个来源：一个为上覆岩层重量造成的岩石压力，另一个为地层孔隙空间内地层流体重量造成的流体压力。

岩石压力主要由岩层矿物颗粒的支架结构所承担，如果支架坍塌，岩石压力就会将矿物颗粒挤在一起，减少孔隙空间，岩石压力于是传递到流体。因此，在一个与外界联系的储集层内，岩石压力的作用是暂时性的。而在孤立的砂岩透镜体、生物岩礁等若干与地面供水区无联系的封闭圈闭中，岩石压力与孔隙中的流体呈弹性平衡，在这种情况下，岩石压力的作用才是永久性的。所以，一般情况下，我们所说的地层压力主要是由地层孔隙内流体柱重量所引起的，这是永久性压力系统内压力的主要来源。如果地层流体处于静止状态，产生静水压力，这种压力的作用方向铅直向下，即在同一层内海拔高度相同的各点压力相等。当静水压力平衡遭到破坏，地层水发生流动，就产生动水压力。所以，在储集层内对任何一点所施的总压力就是静水压力与动水压力之和，而该点的总压力梯度就是这两种压力梯度的向量和。

3. 地层压力异常原因

原始地层压力通常大致接近静水压力，但是在实践中，会发现原始地层压力随埋藏深度呈现不同的变化规律，有时出现异常压力(图 1-6)，相当于静水压力的 70%以下或 120%以上。如果事先未估计这种情况，则在钻井过程中容易造成井漏或井喷等严重事故。因此要研究同一油田范围内或不同区域内地层压力随埋藏深度的变化。

自然界中，造成地层压力异常的原因，很多情况很复杂，需要结合当地具体地质条件进行分析。概括起来，造成地层压力异常的常见因素有以下几种。

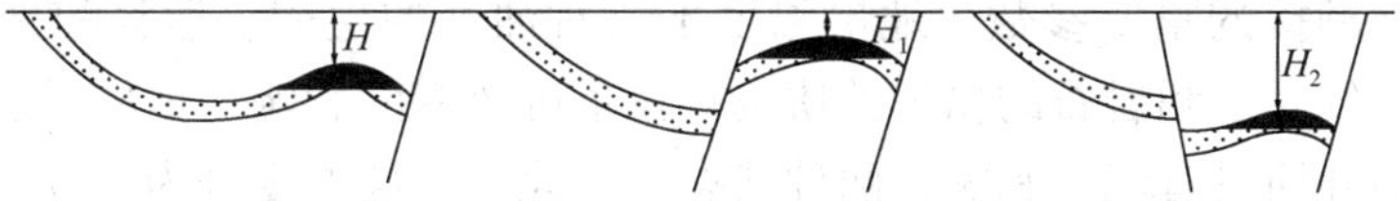


(a) 油层压力正常　(b) 油层压力异常偏大　(c) 油层压力异常偏小

图 1-6　压力异常示意图

1）流体增压作用

在沉积物深埋过程中，进入有机质生油门限后，会生成大量油气。与此同时，地下深处地温升高、水热增压等作用，造成生油层内流体大量生成、膨胀、排出受阻或来不及排出，促使岩层中的流体具有高于静水压力的异常压力，处于欠压实状态，这是造成异常高压的一个重要原因。

2）剥蚀作用

在幼年期地貌区，剥蚀作用常常引起地形起伏甚大，而测压面的位置并未改变，于是测压面与地面的高低关系可能各地不同，从而造成压力过剩和压力不足的现象。

在一些高原地区，河流侵蚀造成深山峡谷、泄水区海拔很低，测压面横穿圈闭，导致油藏内的地层压力非常低，只有 1atm，石油因此浮在水面上。

3）断裂与岩性封闭作用

在厚层泥岩中所夹的砂岩透镜体油藏，原来埋藏较深，原始地层压力较大。后来，在断块升降运动作用下，油藏所在断块上升，深度变浅，但原始地层压力仍然保持下来，形成高压异常；相反，油藏所在断块下降，也可造成低压异常(图 1-7)。

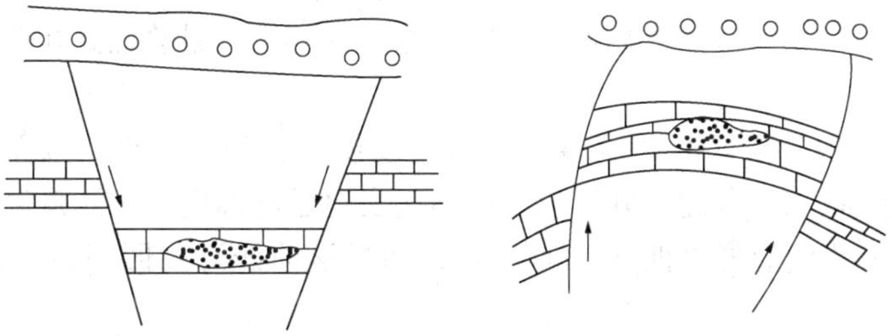

(a) 低压异常　(b) 高压异常

图 1-7　构造断裂与岩性遮挡作用造成的压力异常

4) 刺穿作用

可塑性岩层发生侵入刺穿作用，可使上覆一些软的页岩和未固结砂岩发生挤压与断裂变动，减少孔隙容积，流体压力增大，造成异常高压。

5) 浮力作用

油、气、水的密度差引起的浮力作用也可使油气藏内出现过剩压力。

6) 黏土矿物的成岩演变

在封闭的地质环境里，随着黏土矿物埋藏深度的增加，地下温度逐步升高，当温度达到80℃时，蒙皂石向伊/蒙混层转化，释放大量的吸附水，形成异常高压。

## 二、地层温度

地层温度是指地球内部不同深度的岩石或土壤的温度分布情况，是研究地球热力学、地质活动和资源勘探的重要参数。地层温度不仅对油气的生成、运移和聚集等有重要作用，而且对油、气、水和岩石的物理性质也存在不可忽视的影响。地层温度通常是通过井筒测量而来，而井筒具有流动和静止两种状态，因此，地层温度分为静温和流温。

1. 静温

在油井静止状态下测得的地层中部深度的温度称为静止温度，简称静温，一般用符号$T_i$表示。静温是通过油井的静温梯度测试获得的。所谓静温梯度测试，是指在油井静止状态下对井筒温度进行的逐点测试。由于油井处于静止状态，因此，井筒温度也代表了周围地层的温度。把测量温度绘制到直角坐标系中，所得曲线称为静温梯度曲线，通过该曲线可以回归出地层的温度与深度之间的关系方程，简称$T$–$D$方程。

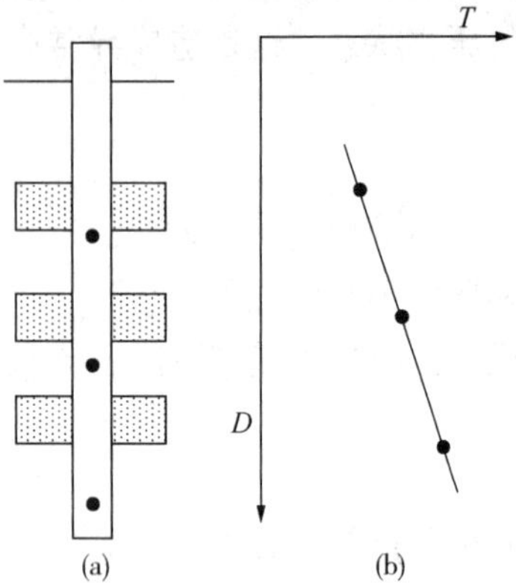


图1-8 静温梯度测试及静温梯度曲线

$$T_i = T_0 + G_T D \tag{1-1}$$

式中 $T_i$——地层温度，℃；

$T_0$——地表常温层(一般取20m)的年平均温度，℃；

$G_T$——地表常温层以下的地温梯度，℃/m；

$D$——地层深度，m。

地层的温度梯度定义为单位深度的温度变化量，用符号$G_T$，表示。世界范围内的平均地温梯度在3.0℃/100m左右。温度梯度反映了热源的深浅(地壳的厚薄)及地层导热性能的好坏。对于一般的非热力采油过程，静温梯度曲线一般不受生产过程的影响，$T$–$D$方程一般也不会发生太大的变化，因此，用式(1-1)可以计算任意井点的地层温度。

2. 流温

在油井流动状态下测得的井筒温度称为流动温度，简称流温，通常用符号$T_f$表示。由于油井处于流动状态，因此，井筒温度并不代表地层的温度。把测量温度绘制到直角坐标系中所得曲线称为流温梯度曲线(图1-9)，通过该曲线可以回归出井筒流温与深度之间的关系方程。

$$T_f = T_{0f} + G_{Tf} D \tag{1-2}$$

式中 $T_f$——井筒流温，℃；

$T_{0f}$——井口温度，℃；

$G_{Tf}$——流温梯度，℃/m。

矿场上一般用流温梯度曲线与静温梯度曲线的对比分析，对产油层位和吸水层位做出判断（图 1-9）。对于采油井来说，地层流出的液体在井筒来不及充分散热即被采出地面，因此，流温一般比静温高。但是，在出油层位以下的井段，流温梯度曲线与静温梯度曲线是重合的。因此，流温梯度曲线开始偏离静温梯度曲线的深度，即为出油层位的最大深度。注水井的情况则恰好相反，由于注入水在井筒中无法被周围地层充分加热，因此，流温一般低于静温。通过流温梯度曲线与静温梯度曲线的对比，即可判断出吸水层位。

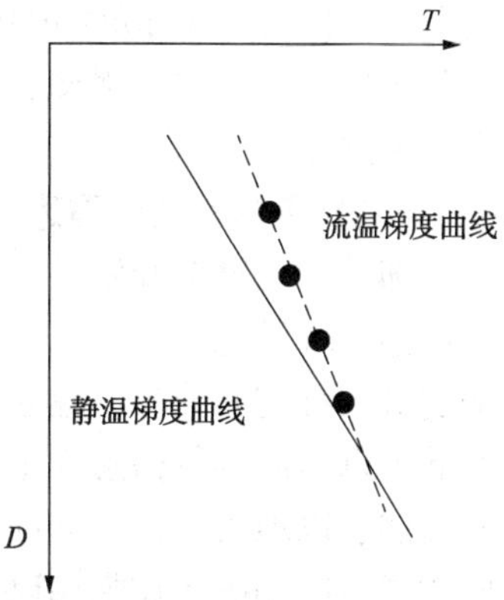


图 1-9　井筒温度曲线

# 第四节　油藏描述

## 一、油藏描述的概念

油藏描述是国内外近几十年来，随着计算机技术的迅速发展而发展起来的一项优化全油田多学科相关信息——研究与定量表征、评价油气藏的新技术。以技术综合应用多学科的技术和资料对油藏进行空间和时间的描述，用以解决油田地质和油田开发问题。因而，油藏描述是应用地质、物探、测井、测试等多学科相关信息，通过多种数学工具，以石油地质学、构造地质学、沉积学为理论基础，以储集层地质学、层序地层学、地震地层学、测井地质学、油藏地球化学为方法，以数据库为基础，以计算机为手段，由复合型研究人员对油藏进行定量化研究并给以可视化描述、表征及预测的技术。

油藏描述的发展与应用证实了它是一项有效提高勘探开发水平及效益的支柱技术。随着计算机技术和勘探开发技术的发展，油藏描述技术突飞猛进，不仅在理论方法研究方面取得了大量的研究成果，更为重要的是，油藏描述在油气藏勘探开发中的应用，解决了大量的生产问题，大大提高了油气勘探开发的经济效益，显示出了其对开发阶段油藏现代管理的重要性。目前，国内外均将油藏描述放在重要的位置加以研究，油藏描述从而也成为石油开发地质工作者一项重要而永恒的课题。

## 二、油藏描述技术的建立与发展

总体上看，油藏描述经历了以测井为主体的油藏描述、多学科油藏描述、多学科综合一体化油藏描述三个阶段。

### （一）以测井为主体的油藏描述

20 世纪 70 年代末至 80 年代初，斯伦贝谢公司提出了以测井为主体的油藏描述技术，它是基于测井资料在油藏描述中的贡献最大而提出的。其主要研究内容包括：关键井研究、测井资料归一化处理、渗透率分析、储集层绘图及参数集中，该项技术是以测井信息的应用为主体，主要提供能反映储集层纵向连续性的单井综合测井评价结果，较以钻井取心资料为主体的储集层描述取得了良好的改进效果。但是，这种单一学科模式化的技术对井间相关对比，特别是在井稀条件下，仍然不能适应复杂储集体的描述及模拟的需求。因而斯伦贝谢公司于1985年开始将三维地震信息及垂直地震(VSP)信息引入油藏描述的井间相关研究中，它所强调的是以测井为主体模式化的技术、多学科的协同研究及最终的储集层三维模型。

**(二) 多学科油藏描述**

随着油气勘探开发难度日趋加大，投资日益增加，这就要求石油地质工作者尽可能地掌握油藏各种地质特征，依据不同勘探开发阶段、不同的信息类别及资料占有程度研究并描述其三维空间分布，建立不同类型的油藏地质模型。因而20世纪80年代以来，各国均发展了以不同学科信息为主体的不同类型的油藏描述技术，其中主要有以地质为主体的油藏描述、以地震为主体的油藏描述、以测井为主体的油藏描述和油藏工程描述技术。以地质为主体的油藏描述强调以地质方法为主，辅以测井单井评价方法，但这种描述都是建立在个别露头或剖面、个别井点基础上的研究，特别是在露头区则往往只能用类比的方法，借鉴各种模式来推断和描述油藏的三维特征，因而满足不了降低勘探风险和提高开发效益的要求。以地震为主体的描述可提供无井区以及井间地质信息，但该技术需与井的资料结合才能做出符合实际的描述，其点在于分辨率较低，多解性强，目前主要用于勘探阶段的油藏描述，但随着储集层地震学的发展，地震描述在开发阶段也将显示出举足轻重的作用。以测井为主体的油藏描述仍然是以井点的描述为基础，虽然在井间相关中引入了地震技术，但不同类型复杂油气藏都用程式化的软件系统及技术往往使提供的模型在一定程度上是失真的或不完善的，在开发阶段，以油藏工程方法为主的描述技术主要是利用各种测试信息，开发动态信息、检查井信息、生产测井信息等研究油藏动态变化特征，进行单井的动态模拟与历史拟和，以预测油藏随时间的变化特征——四维变化特征的描述。

**(三) 多学科综合一体化油藏描述**

单一学科的发展虽然进步很大，但各自都存在不利的方面。进入20世纪90年代以来，伴随计算机的广泛应用，特别是高速工作站的日趋普及，更有利于各学科的专家协同进行油藏描述，从而使得现代油藏描述逐步向多学科综合一体化描述发展，研究的重点逐渐向模式化、定量化、高度自动化转移，其目的在于准确地提供油藏地质模型和数值模型，为勘探、开发的高效益奠定基础。

## 三、现代油藏描述研究的特点

现代油藏描述研究不再以测井资料为主，而是强调以地质为主体，应用多种地质统计学方法及计算机技术，将地质、地震、测井、油藏工程等多学科进行综合性的一体化研究，使先进的技术与可靠的地质基础有机结合在一起，在精、细、准上创水平，在三维空间定性、定量地描述油藏的各种属性特征。

就油藏描述本身的含义而言，具有以下特点。

**(一) 整体性**

油藏描述将油藏的各种属性，如构造、地层、储集层、油气水等看成一个完整的系统来研究。油藏描述工作都遵循着从一维“井剖面”的描述到二维“层”的描述再到三维整体描述的三步工作程序，依赖于三套基本的油藏描述技术，即井筒柱状剖面开发地质属性确定技术、细分流动单元及井间等时对比技术和井间属性定量预测技术。

**(二) 阶段性**

现代油藏描述的研究领域已被人们在应用中扩大到油田的整个生命期，也就是从油田的发现，第一口油井的完成到油田枯竭。在油田勘探开发的各个阶段，由于资料拥有程度和精度不同、研究目的不同、处理手段流程不同，使得油藏描述具有阶段性。根据不同的勘探开发阶段，油藏描述可分为勘探阶段油藏描述、开发早期阶段油藏描述、开发中后期油藏描述三个阶段。勘探阶段油藏描述主要是为了建立储集层概念模型，进行油藏综合评价，从而为优化勘探部署、计算油气储量和进行开发可行性评价提供必要的地质依据，为选择先导开发试验区和制定开发方案做准备。开发早期阶段油藏描述的目的是为了建立不同规模油藏地质模型，从三维空间定量表征油气藏的类型与特征，对油藏进行详细、准确的质量评价，计算可采储量，提出油田调整方案。开发中后期油藏描述的主要任务是以剩余油分布研究为核心，充分利用各种静动态资料，深入细致地研究油藏范围内井间储集层和油藏参数的三维分布以及水驱过程中储集层参数和流体性质及其分布的动态变化，建立反映油藏现状的、精细的、定量的油藏地质模型，并通过水驱油规律、剩余油形成机制及其分布规律的深入研究，建立剩余油分布模型，为下一步调整挖潜及三次采油提供准确的地质依据。开发中后期油藏描述流程图如图 1-10 所示。

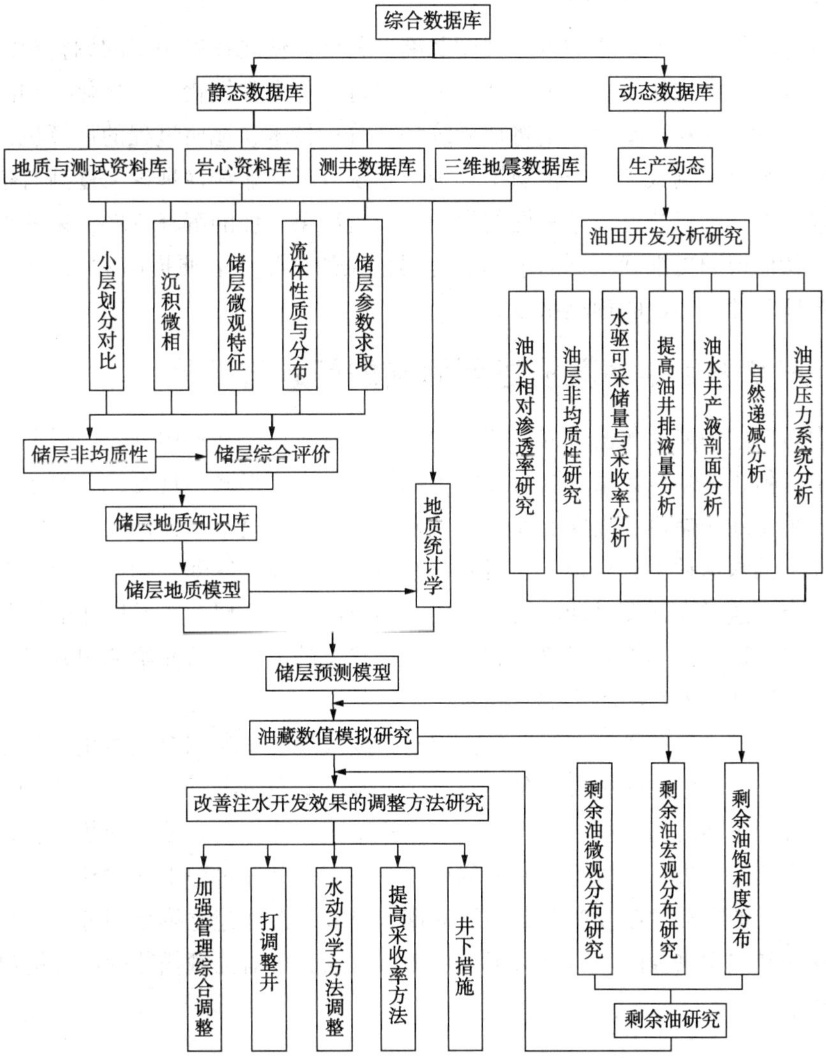


图 1-10　构造断裂与岩性遮挡作用造成的压力异常

**(三) 预测性**

“描述”的本意在于通过取自地下油气藏储集层的各种信息，对储集层物性、几何形态、成因、类型、容积、渗流能力等各个主要方面进行客观真实的再现。如果说一个“客观”的描述真正达到了其真实性，那么由此所建立的储集层地质模型应该具有强大的预测能力，它不仅可以预测本油气藏中未揭示部分的特征，还可以应用于类似油气藏储集层的预测，这一预测功能将成为寻找油气与开采油气中的有力工具。由此可见，油藏描述并非仅仅是对油藏现有地质情况的简单罗列，而是要从少量的已知资料中归纳抽象出具有外推能力的地质模型，从这一点来说，油藏描述的目的是为了预测。

**(四) 定量化**

即所描述的储集层特征应尽可能地以定量的参数形式加以表述，易于成像，并且应以三维可视化为最终目标，以此揭示储集层的真实特性(储集性能)和完整全貌(几何形态)。

## 四、油藏描述的发展趋势

为了进一步提高油藏描述的可靠程度及准确程度，使之在老油田的调整挖潜和提高采收率研究中发挥更大的作用，未来的油藏描述将进一步向精细化、定量化、预测化和多学科综合化方向发展。这种新发展是将地质统计学分析技术、地质过程的计算机模拟、人工智能与专家系统、模糊数学、灰色系统理论、系统分析、非线性理论，逐渐有选择性地应用于油藏描述中，其目的是以第一性的岩心资料刻度第二性的解释资料，以井点资料预测井间参数，从而得到更准确、更逼近真实地层信息的模型，以便提高对油田构造、沉积、储集层、流体和油藏参数的预测精度。

## 五、开发中后期油藏描述所面临的问题与挑战

开发中后期的油藏大多已进入高含水的产量递减阶段。在油田开发中后期，大量的油气已被采出，但仍有相当数量的剩余油以不同规模、不同形式不规则地分布于水驱改造过的油藏中。由于陆相储集层高度的非均质性及油藏类型的复杂性，加之注采井网的不完善性，导致地下油水运动十分复杂，使得剩余油富集区具有厚度薄、物性相对较差、规模小且分散等特点，这样在开发早期阶段油藏描述中以砂组或小层为单元所作的储集层描述及对油层的一般认识，已不能满足研究剩余油分布状况的需要，从而给油田开发带来了许多常规理论、方法和技术解决不了的新问题。

因此，在开发中后期的油藏描述中，很有必要发展多学科综合一体化研究，以剩余油分布研究为核心，以精细的小层划分与对比为基础，以储集层、油藏的定量评价为目的，充分利用各种静态和动态资料，进行精细的油藏描述，建立反映油藏现状的、精细的、定量的油藏地质模型，进一步深化对油藏的认识，并通过开发过程中油藏动态变化研究、水驱油规律、剩余油形成机制及其分布规律的深入研究，最终建立剩余油分布模型，为下一步的调整挖潜和三次采油的实施提供可靠的依据。这无疑对油藏描述的研究提出了新的更高层次的要求。

# 第五节 储集层建模

## 一、储集层建模的概念

储集层建模，顾名思义就是建立储集层的地质模型，其目的就是通过在油气勘探和开发过程中所取得的地震、测井、钻井等方面的资料，对储集层各方面特性进行描述，从而达到储集层评价的目的。与目前现场广泛采用的勘探阶段和开发准备阶段油藏描述的重大差别就是要求建立全定量化的储集层地质模型，是前者研究的进一步深入。储集层建模具有下述三方面的特点。

**（一）预测性**

上一节中已经提到基于油藏描述所建立的储集层地质模型具有强大的预测能力。它不仅可以预测本油气藏中未揭示部分的特征，还可以应用于类似油气藏储集层的预测，成为找油与开采中的强有力的工具。

**（二）层次性**

由于油气勘探开发具有明显的阶段性，在不同阶段新投入的勘探开发工作量及所取得的资料信息差异很大。因此，各阶段储集层描述的精细程度具有明显的差异，这就反映出了描述的层次性。当前，由储集层描述所建立的储集层地质模型大致有 3 类。

（1）概念模型：多用于评价和开发设计阶段。

（2）静态模型：应用于开发实施及早、中期的开发阶段。

（3）预测模型：应用于二次采油开发后期和三次采油阶段。

**（三）定量化**

定量化，即所描述的储集层特征应尽可能地以定量的参数形式加以表述，易于成像，并且应以三维可视化为最终目标。这是目前一般油藏模拟中的基本要求。

## 二、储集层地质建模的目的意义

地下储集层是在三维空间分布的。长期以来，人们习惯于用二维图形(各种小层平面图、油层剖面图)及准三维图件(栅状图)来描述三维储集层。如用平面渗透率等值线图来描述一套(或一层)储集层的渗透率分布，显然，这种描述存在一定的局限性，关键是掩盖了储集层的层内非均质性乃至平面非均质性。

与传统的二维储集层研究相比，三维储集层建模具有以下明显的优势。

（1）能更客观地描述储集层，克服了用二维图件描述三维储集层的局限性。三维储集层建模可以从三维空间上定量地表征储集层的非均质性，从而有利于油田勘探开发工作者进行合理的油藏评价及开发管理。

（2）可以更精确地计算油气储量。在常规的储量计算时，储量参数(含油面积、油层厚度、孔隙度、含油饱和度等)均用平均值来表示，显然，应用平均值计算储量忽视了储集层非均质性的因素，例如油层厚度在平面上并非等厚，孔隙度和含油饱和度在空间上也是变化的，应用三维储集层模型计算储量时，储量的基本计算单元是三维容间上的网格(其分辨率比二维储量计算时高得多)。因为每一个网格均赋有相类型、孔隙度值、含油饱和度值等参数，因此，通过三维空间运算，可计算出实际的油砂体体积、孔隙体积和油气体积，其计算精度比二维储量计算的高得多。

(3) 有利于三维油藏数值模拟。粗化的三维储集层地质模型可直接作为油藏数值模拟的输入，而油藏数值模拟成败的关键在很大程度上取决于三维储集层地质模型的准确性。在油藏评价乃至油田开发的不同阶段，均可建立三维储集层地质模型，以服务于不同的勘探开发目的。随着油藏勘探开发程度的不断深入，基础资料也在不断丰富，所建模型的精度也越来越高。当然，与此同时，油田开发管理对储集层模型精度的要求也越来越高。

## 三、储集层建模的阶段性

在油藏评价阶段及开发设计阶段，基础资料主要为大井距的探井和评价井资料(岩心、测井、测试资料)及地震资料。在这一阶段，所建模型的分辨率相对较低(主要是垂向分辨率相对较低)，但可满足勘探阶段油藏评价和开发设计的要求，对评价井设计、储量计算、开发可行性评价以及优化油田开发方案具有十分重要的意义。

在开发方案实施及油藏管理阶段，由于开发井网的完成，基础资料大为丰富，因而可建立精度相对较高的储集层模型。这类储集层模型主要为优化开发实施方案及调整方案服务，如确定注采井别、射孔方案、作业施工、配产配注以及进行油田开发动态分析等，以提高油田开发效益及油田采收率。

在注水开发中后期和三次采油阶段，可获得的基础资料非常丰富，井资料更多(井距更小，在开发井网基础上，又有加密井、检查井等)。特别需要指出的是，在该阶段可获取大量的动态资料，如多井试井、示踪剂地层测试及生产动态资料等，因此可建立精度很高的模型。然而，由于储集层参数的空间分布对剩余油分布的敏感性极强，同时储集层特征及其细微变化对三次采油注入剂及驱油效率的敏感性远大于对注水效率的敏感性，因此，为了适应注水开发中后期和三次采油对剩余油开采的需求，对储集层模型的精度提出了更高要求，要求在开发井网(一般百米级或数百米级)条件下将井间数十米甚至数米级规模的储集层参数的变化及其绝对值预测出来，即建立高精度的储集层预测模型。这类模型的建立正是储集层建模工作者目前乃至今后一段时期攻关研究的重要目标。

## 四、储集层模型的分类

按照储集层属性和模型所表述的内容，可将储集层地质模型分为两大类，即储集层离散属性模型和储集层参数模型。其中，前者包括储集层相模型、储集层结构模型、流动单元模型、裂缝分布模型等，后者主要包括储集层孔隙度、渗透率及含油饱和度分布模型等。

### (一) 储集层离散属性模型

这类模型主要表述储集层离散变量的三维空间分布，属于离散模型的范畴。储集层沉积相、储集层流动单元、裂缝、断层等均属于离散变量。

1. 储集层相模型(储集层结构模型)

储集层相模型为储集层内部不同相类型的三维空间分布。该模型能定量表述储集砂体的大小、几何形态及其三维空间的分布，实际上为储集层结构模型。油田开发生产实践表明，相带分布强烈影响地下流体的流动。同时，岩石物性的变化与相类型极为相关。对于多相分布的储集层来说，合理的相模型是精确建立岩石物性模型的必要前提。

2. 流动单元模型

流动单元模型是由许多流动单元块体镶嵌组合而成的模型，属于离散模型的范畴。该模型既反映了单元间岩石物性的差异和单元间边界，又突出地表现了同一流动单元内影响流体流动的物性参数的相似性，这对油藏模拟及动态分析有很大的意义，对预测二次采油和三次采油的生产性能十分有用。

3. 裂缝分布模型

裂缝对油田开发具有很大的影响。在双重孔隙介质中，裂缝的渗透率比孔隙的渗透率大得多，因此裂缝和孔隙的渗透率差异很大。在注水开发过程中，若裂缝从注水井延伸到采油井，注入水很易沿裂缝窜入油井，造成油井暴性水淹，从而造成油田含水率上升很快而采出程度很低。不同类型的裂缝、不同的裂缝网络以及不同的裂缝发育程度对油田开发有不同的影响。因此，对于裂缝性储集层，为了优化油田开发设计及提高油田采收率，必须建立裂缝分布模型。

**(二) 储集层参数模型**

储集层参数在三维空间上的变化和分布即为储集层参数模型，属于连续性模型的范畴。储集层参数如孔隙度、渗透率、含油饱和度等属于连续性变量。

在储集层参数建模中，一般要建立三种参数的分布模型，即孔隙度模型、渗透率模型和含油(或含水)饱和度模型。其中，孔隙度模型反映储存流体的孔隙体积分布，渗透率模型反映流体在三维空间的渗流性能，而含油饱和度模型则反映三维空间上油气的分布。

## 五、储集层建模的步骤

三维建模一般遵循点—面—体的步骤，首先建立各井点的一维垂向模型，其次建立储集层的框架(由一系列叠置的二维层面模型构成)，然后在储集层框架基础上，建立储集层各种属性的三维分布模型。

一般来说，广义的储集层三维建模(即油藏三维建模)过程包括四个主要环节，即数据准备、构造建模、储集层属性建模、图形显示。根据三维地质模型，可进行各种体积计算，如果要将储集层模型用于油藏数值模拟，应对其进行粗化(图 1-11)。

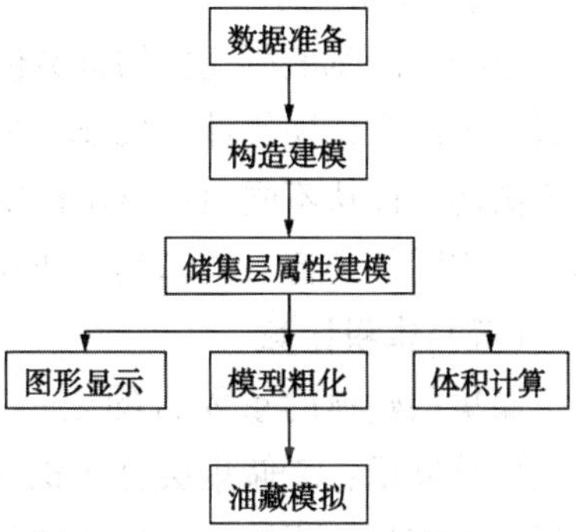

图 1-11　储集层建模流程图

**(一) 数据准备**

储集层建模是以数据库为基础的。数据的丰富程度及其准确性在很大程度上决定着所建模型的精度。

1. 数据类型

从数据来源看，建模数据包括岩心、测井、地震、试井、开发动态等方面的数据。从建模内容来看，基本数据包括以下四类，坐标数据、分层数据、断层数据和储集层数据。

2. 数据集成及质量检查

集成各种不同来源的数据形成统一的储集层建模数据库是多学科综合一体化储集层表征和建模的重要前提。

对不同来源的数据进行质量检查也是储集层建模十分重要的环节。为了提高储集层建模精度，必须尽量保证用于建模的原始数据特别是硬数据的准确性，而应用错误的原始数据进行建模不可能得到符合地质实际的储集层模型。如检查岩心分析的孔隙度、渗透率、含油饱和度的奇异值是否符合地质实际，测井解释的孔隙度、渗透率、含油饱和度是否准确，岩心—测井—地震—试井解释结果是否吻合等。

**(二) 构造建模**

构造模型反映储集层的空间格架。因此在建立储集层属性的空间分布之前，应进行构造建模。构造模型由断层模型和层面模型组成。

断层模型实际反映的是三维空间上的断层面，主要根据地震解释和井资料校正的断层文件，建立断层在三维空间的分布。

层面模型反映的是地层界面的三维分布，叠合的层面模型即为地层格架模型。建模的基础资料主要为分层数据。一般是通过插值法应用分层数据，生成各个等时层的顶、底层面模型，然后将各个层面模型进行空间叠合，建立储集层的空间格架。

**(三) 储集层属性建模**

储集层属性建模，即在构造模型基础上，建立储集层属性的三维分布，储集层属性包括离散的储集层性质，如沉积相，储集层结构、流动单元、裂缝等，以及连续的储集层参数，如储集层孔隙度、渗透率及含油饱和度等。首先对构造模型进行三维网格化，然后利用井数据和地震数据，按照一定的插值方法对每个三维网格进行赋值，建立储集层属性的三维数据体，即储集层数值模型。网块尺寸越小，标志着模型越细心；每个网块上参数值与实际误差越小，标志着模型的精度越高。

**(四) 图形显示**

三维空间赋值所建立的是数值模型，即三维数据体。对此可进行图形变换，以图形的形式显示出来，现代计算机技术可提供十分完美的三维图形显示功能，通过任意旋转和不同方向切片以从不同角度显示储集层的外部形态和内部特点。地质人员和油藏管理人员可据此三维图件进行三维储集层非均质分析及油藏开发管理。

**(五) 体积计算**

储集层建模的重要目的之一是进行油气储量计算。根据三维储集层模型，可计算：①地层总体积；②储集层总体积以及不同相(或流动单元)的体积；③储集层孔隙体积及含烃孔隙体积；④油气体积及油气储量；⑤连通体积(连通的储集层岩石体积)；⑥可采储量。

### （六）模型粗化

三维储集层地质模型可输入至模拟器进行油藏数值模拟，但一般要先对储集层模型进行粗化。由于受目前计算机内存和速度的限制，动态的数值模拟不可能处理太多节点，常规黑油模拟的模型网格节点数一般不超过 30 万个，而精细地质模型的节点数可达到百万甚至千万个。因此，需要对地质模型进行粗化。在这一过程中，用一系列等效的粗网格去"替代"精细模型中的细网格，并使该等效粗网格模型能反映原模型的地质特征及流动响应。粗化模型的网格可以是均匀的，也可以是不均匀的。

粗化方法很多，有各种平均方法、归一化方法、流动模拟法等。模型粗化后，即可直接进入模拟器进行油藏数值模拟。

## 习　题

1. 简述油藏地质研究的主要内容。
2. 简述沉积岩的形成过程。
3. 什么是油气运移？简述油气的初次运移和二次运移。
4. 什么是圈闭？圈闭的度量参数有哪些？
5. 简述石油和天然气的有机成因理论。
6. 什么是地层压力？简述地层压力的来源。
7. 简述油藏描述的概念及其发展阶段。
8. 什么是储集层建模？简述其目的和意义。
9. 简述油气藏形成的基本条件。

# 第二章 油藏的物理性质

储层岩石与油气的物理性质的各种表征指标是石油工程专业必须掌握的重要的基础理论，也是资源勘查工程专业所必须了解的基本内容。它是学好各种专业课程(渗流力学、油藏工程、油藏数值模拟、采油工程、试井分析、天然气工程、提高石油采收率等)的非常关键的基础理论。

储层岩石的物理性质主要描述的是储层岩石矿物组成，颗粒的大小及其分选、形状、排列方式，填隙物(胶结物、杂基)的矿物成分、数量、性质、分布及产状，成岩压实效果，成岩后生作用中的地下水溶蚀和构造变动情况，岩石有流体进入后流体占据的体积，流体的渗流和其他物理性质等。它们的具体表征指标有粒度组成、孔隙结构、储层岩石渗透率、敏感性、压缩系数等。

油气的物理性质主要描述的是油气藏内油气在地层条件、地面条件及开发过程中，油气的组成、相态及其变化规律、石油和天然气的体积变化等。其具体表征指标为油气藏类型(油气藏相态方程、相图)、石油和天然气的体积系数、压缩系数、溶解气油比、天然气的状态方程等。

## 第一节 油藏岩石的物理性质

油气储存于地下深处的储油气层中，研究储层就必须研究储层岩石骨架、储存于骨架孔隙中的液体(油、气和水)以及流体在孔隙中的渗流机理三个部分。本节着重讨论储层岩石骨架的性质。

### 一、储层砂岩的骨架性质

对于砂岩类型的储层岩石，其骨架是由性质不同、形状各异、大小不等的砂粒胶结而成。颗粒的大小、形状、排列方式，胶结物的成分、数量、性质以及胶结方式必将影响到储层的性质。岩石的粒度和比面是反映岩石骨架构成的最主要指标，也是划分储层、评价储层的重要物性参数。

**(一) 岩石的粒度组成**

1. 粒度组成及其测量方法

粒度组成是指构成砂岩各种大小不同颗粒所占的比例，通常用质量分数表示。岩石颗粒的大小称为粒度，用其直径表示(单位为毫米或微米)。按砂粒大小范围所分的组称为粒级，表 2-1 是一种常见的粒级划分方法。储集砂岩颗粒的直径一般在 0.01～1.00mm 之间。

**表 2-1　粒级划分方法**

| 粒级 | 砾 | 砂 | | | 粒砂 | | 泥 |
|---|---|---|---|---|---|---|---|
| | | 粗砂 | 中砂 | 细砂 | 粗粒砂 | 细粒砂 | |
| 颗粒直径/mm | >1.00 | 0.50～1.00 | 0.25～0.50 | 0.10～0.25 | 0.05～0.10 | 0.01～0.05 | <0.01 |

粒度组成的测量方法有很多，对于相对松散的沉积物和能解离开的岩石，可分别采用物理或化学的方法使其破碎，之后进行粒径的测量。可以用直接测量法(砾石)、筛析法、水析法(包括沉降法、密度差法、流水分析法、沉降天平法、离心分析法)等，对固结的岩石常用薄片粒度分析法、图像分析法，或直接在扫描电镜下通过经验公式估算，也可用易求参数的估算图版或经验公式直接估算(这种方法在工程中较为实用)。

2. 粒度组成的表示方法及粒度分析

粒度的表示方法有两种：数字列表法和作图法。

作图法具有直观的优点，可以比较清晰地了解岩石粒度的均匀程度以及颗粒按大小分布的特征，是常用的表示粒度组成的方法。

1）作图法

作图法可以根据坐标取值及表示参数的不同采用不同的图示，如直方图、累计曲线图、频率曲线图、概率值累计曲线图等。应用于粒度组成分布规律的研究时，因其大多情况表现为正态或近似正态分布。粒度组成应用最广泛的是前两种图，分别被定名为粒度组成分布图和粒度组成累计分布曲线图(图 2-1)。

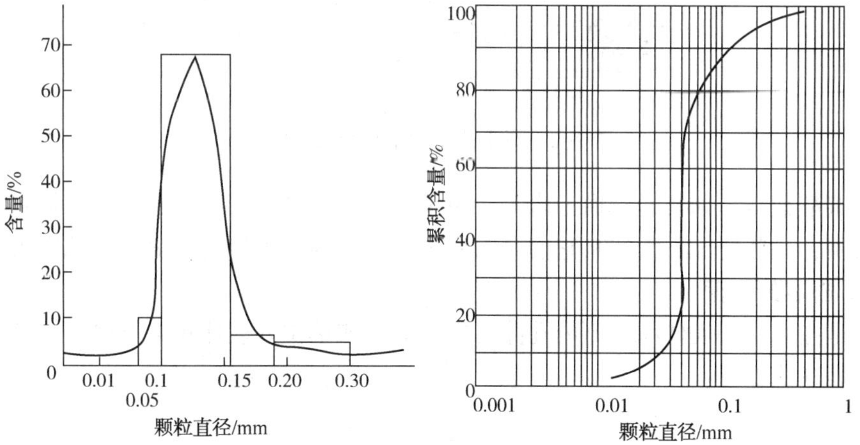


图 2-1　粒度组成分布直方图及其分布曲线(左)与粒度累计分布曲线(右)

(1) 粒度组成分布图表示了各种粒径的颗粒所占的百分数，可用它来确定任一粒级在岩石中的含量。曲线尖锋越高，说明该岩石以某一粒径颗粒为主，即岩石粒度组成越均匀；曲线尖峰越靠两侧，说明岩石颗粒越偏向一个极端(当横坐标为 $\phi$ 值时越靠右粒度越细，当横坐标以毫米为单位时越靠右粒度越粗)，一般储油砂岩颗粒的大小均为 0.01～1.00mm 之间。

(2) 粒度组成累计分布曲线也能较直观地表示出岩石粒度组成的均匀程度。上升段直线越陡，则说明岩石越均匀。该曲线最大的用处是可以根据曲线上的一些特征点来求得粒度参数，进而定量表示岩石粒度组成的均一性。

2) *C—M* 图

*C—M* 图是利用每个岩心样品的 *C* 值和 *M* 值所构成的数据组在如图 2-2 所示的图版中绘制的图件。其中，*C* 值为粒度组成累计分布曲线(横坐标为 $\phi$ 值)上 1.0%处所对应的粒径(单位 μm)，相当于样品中的最粗粒径；*M* 值为粒度组成累计分布曲线(横坐标为 $\phi$ 值)上 50%处对应的粒径，即中值($M_d$，单位 μm)。*C—M* 图可以定性描述岩石中具有较小粒径的部分颗粒在整个岩石中所占的百分含量。*C*、*M* 值交汇点离 45°线越远，则表示岩石中粒径较小的颗粒的含量越大，反之则越小。另外 *C—M* 图的分布形态对沉积相的反应也十分明显。

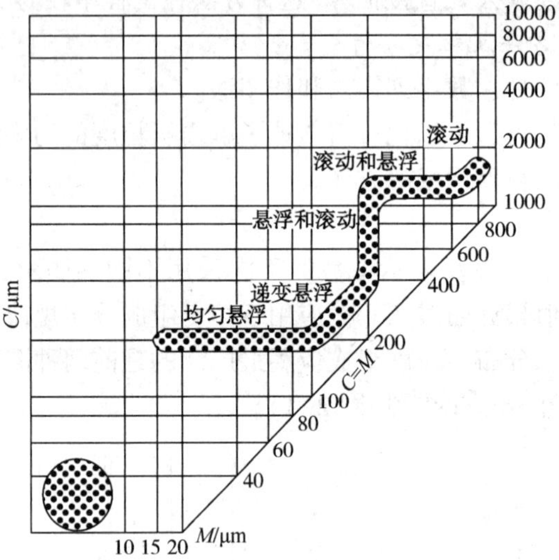


图 2-2　牵引流及静水悬浮 *C—M* 图

对于碳酸盐岩，如灰岩和白云岩等，由于其骨架颗粒胶结物及孔隙填充物基本都属于同样的物质，一些情况下无法将它们分为单个颗粒，因此不讨论碳酸盐的粒度组成。

**(二) 岩石的比面**

比面是指单位外表体积岩石内孔隙总内表面积或单位外表体积岩石内岩石骨架的总表面积。其表达式如下：

$$S=\frac{A}{V} \tag{2-1}$$

式中　$S$——岩石比面，$cm^2/cm^3$；

$A$——岩石孔隙的总内表面积，$cm^2$；

$V$——岩石外表体积(或称视体积)，$cm^3$。

当颗粒间是点接触时，岩石孔隙的总内表面积即为所有颗粒的总外表面积。例如，半径为 $R$ 的球体所组成的多孔介质，其比面 $S=8\times4\pi R^2/(4R)^3=\pi/2R$。显然，$R$ 越小，孔隙介质比面越大。例如，粒径为 0.25~1mm 的砂岩，其比面小于 $950cm^2/cm^3$；粒径为

0.1~0.25mm 的细砂岩，其比面为 950~2300cm²/cm³；粒径为 0.01~0.1mm 的泥砂岩，其比面大于 2300cm²/cm³。岩石比面越大，说明其骨架的分散程度越大，颗粒越细。为此，有人提出按比面的大小将岩石进行分类。各类砂岩的比面见表 2-2。

**表 2-2 砂岩的粒径与比面关系**

| 砂岩种类 | 粒径/mm | 比面/($cm^2/cm^3$) |
|---|---|---|
| 一般砂岩 | 0.25~1 | <950 |
| 细砂岩 | 0.1~0.25 | 950~2300 |
| 泥砂岩 | 0.01~0.1 | >2300 |

比面的大小对流体在油藏中的流动影响很大，它可以决定岩石的许多性质。这是由于岩石骨架表面对流体流动范围起着边界的作用，对岩石与流体接触时所产生的表面现象及流体在岩石中的流动阻力大小、岩石的渗透性以及骨架表面对流体的吸附量等都具有重要影响。

岩石比面的大小除与颗粒粒径有关外，还受颗粒排列方式及颗粒形状等因素的影响。例如，扁圆形颗粒的比面要比圆球形颗粒大，颗粒间胶结物含量少的岩石要比胶结物含量多的岩石比面大。

当岩石中砂岩、细砂岩和泥砂岩三种粒级的含量都小于 50%时，岩石的比面将为 900~2100cm²/cm³。按比面而论，这类岩石完全属于细砂岩，基本上也具有细砂岩的性质。大部分的储油岩石，就比面来说均应属于细砂岩。

需要提及的是，在有关比面的定义中，其分母也有采用“单位质量”来定义比面的。对于砂岩而言，按单位质量定义的比面为 500~5000cm²/g，而对页岩的比面为 100~1000000cm²/g。

在实际应用和公式推导中，也有将比面定义中的分母采用不同的体积来定义。例如，除常以外表体积 $V$ 定义外，还采用颗粒骨架体积 $V_S$ 和孔隙体积 $V_P$ 为基准的三种比面，即：

$$S=\frac{A}{V};\quad S_S=\frac{A}{V_S};\quad S_P=\frac{A}{V_P} \tag{2-2}$$

式中 $S$——以岩石外表体积为基准的比面，cm²/cm³；

$S_S$——以岩石骨架体积为基准的比面，cm²/cm³；

$S_P$——以岩石孔隙体积为基准的比面，cm²/cm³。

因为：

$$\phi=\frac{V_P}{V};\quad V_P=\phi\cdot V;\quad V_S=(1-\phi)V \tag{2-3}$$

由此可得出按以上三种不同体积定义的比面关系为：

$$S=\phi\cdot S_P=(1-\phi)S_S \tag{2-4}$$

式中 $\phi$——岩心孔隙度，小数。

一般情况下，如果未加注明，岩石比面是指以岩石外表体积为基准的比面 $S$。

比面的测定有直接法和间接法两种。直接法包括透过法和吸附法。间接估算法包括已知岩石的渗透率和孔隙度和已知岩石的粒度组成资料两种。岩石的性质不同，采用的方法就不同。

## 二、储层岩石的孔隙结构及孔隙中的流体饱和度

### (一) 孔隙

岩石中除了固体物质外，还有未被固体物质占据的空间，称为空隙。岩石中有空隙的空间可以均匀地散布在整个岩石内，也可以不均匀地分布在岩石中形成空隙群，岩石中有空隙的空间主要由孔隙和喉道构成。一般可以将岩石固体物质包围着的较大空间称为孔隙，而将连通孔隙的狭窄部分称为喉道。由于喉道很细小，所以相对来说孔隙与空隙基本一致。

除岩石颗粒间存在孔隙外，碳酸盐岩中可溶成分受地下水溶蚀后也能形成孔隙(溶孔、溶洞)；火成岩由于成岩时气体的占据也会形成孔隙；各种岩石在地应力、构造应力及地质作用后产生的裂缝(微裂缝)也算一种形式的孔隙。世界上没有孔隙的岩石是不存在的，只是不同的岩石，其孔隙大小、形状、连通情况、发育程度、孔壁粗糙程度等不同而已。

岩石孔喉的大小和形状取决于颗粒的相互接触关系及胶结程度以及成岩后所发生的改变，岩石颗粒本身的形状、大小也对孔喉的形状有直接影响。孔隙与喉道的相互配制关系比较复杂，一个喉道可以连通两个孔隙，而一个孔隙可以和多个喉道相连接，最多可以与6~8个喉道相连通。岩石的孔隙和喉道关系如图2-3所示。孔隙反映了岩石储集能力；而喉道的形状、大小则控制着孔隙的渗透能力。由于每个孔隙的配位数及相互连通的孔隙大小不同，在其中一个孔喉系统中的喉道有可能是另一个孔喉系统中的孔隙。

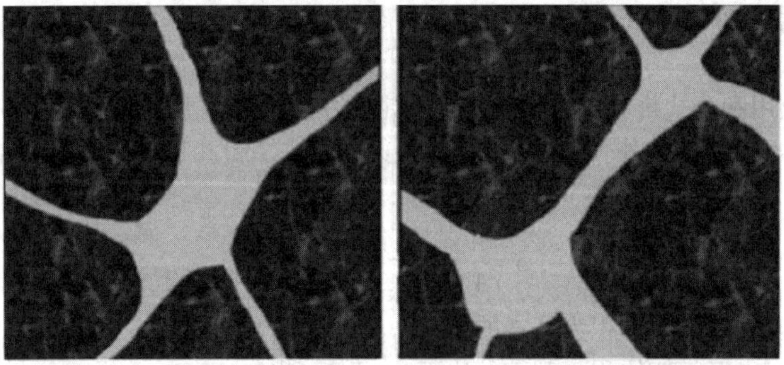

图2-3　砂岩储集岩的孔隙和喉道关系示意图

对于碳酸盐岩，由于其储集空间比较复杂，次生变化非常强烈，可以产生大量的次生孔隙，而且裂缝常常发育明显，使得碳酸盐岩储集层具有孔隙类型多、物性变化无规律的特点。碳酸盐岩储集层的储集性能主要受孔隙、溶洞和裂缝三个因素控制。碳酸盐岩孔洞与裂缝简化示意图如图2-4所示。

### (二) 储层岩石孔隙结构

储层岩石的孔隙结构是反应储层岩石所具有的孔隙和喉道的大小、形状、是否连通、发育程度、孔隙与喉道的配位关系、孔壁粗糙程度等多方面性质的具体表征。它反映了储层中各类孔隙之间的连通性及其与喉道的组合，是孔隙与喉道发育的总体面貌。

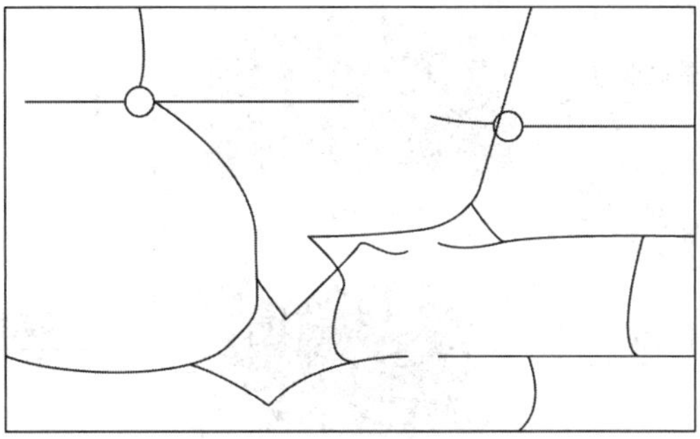

图 2-4　碳酸盐岩孔洞与裂缝示意图

储层岩石的孔隙结构可以细分成多种亚表征指标，如孔隙的类型、孔隙大小、孔隙分选性、孔喉比、孔隙配位数、迂曲度等。它们又可细分为多种评价参数，这些参数的具体求法基本上涉及了所有基础宏观理论。其中应用最好的是压汞法对毛管压力的研究(图 2-5)及对岩石铸体薄片(图 2-6)的分析等。另外，根据假设的简化模型[常用的模型有：理想土壤模型(图 2-7)、毛管束模型(图 2-8)、网络模型(图 2-9)等]或数字岩心(图 2-10)，分析不同评价参数的特征规律并获得各种数学定量表达式，可预测某一时刻孔隙结构特征和其他评价参数。

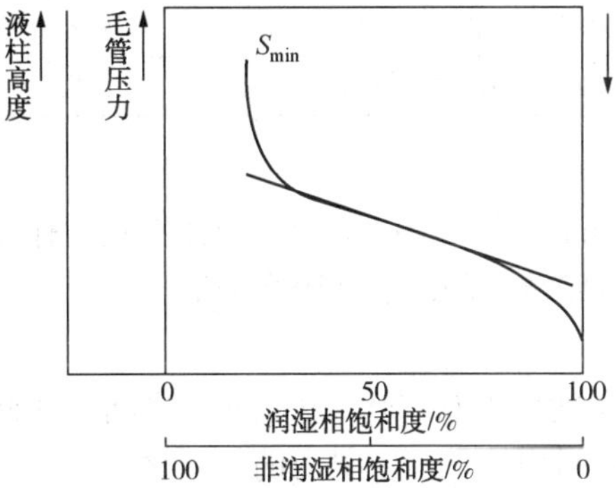


图 2-5　毛管压力曲线

图 2-6　铸体薄片图

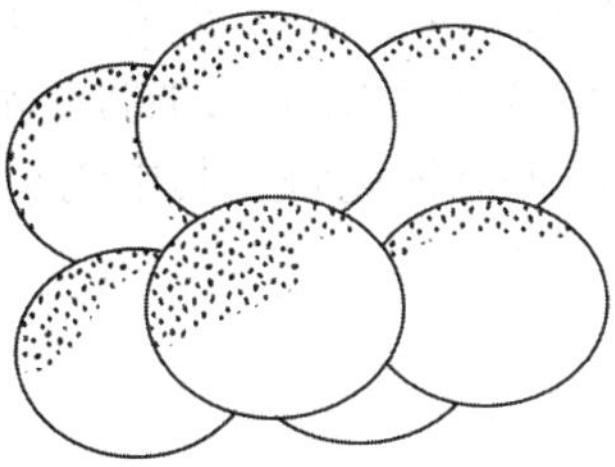

图 2-7　理想土壤模型

图 2-8　毛管束模型截面图

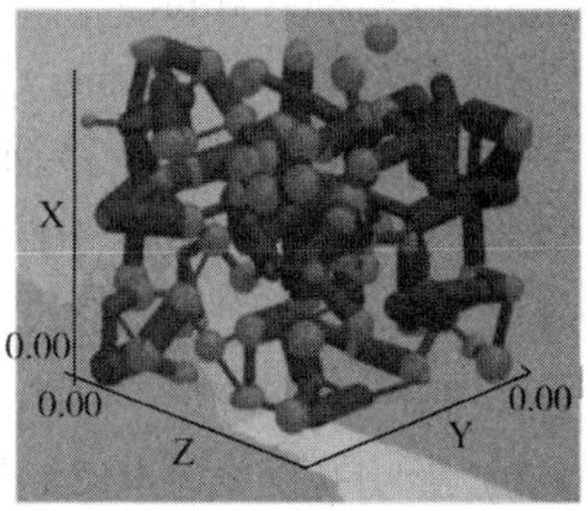


图 2-9　网络模型

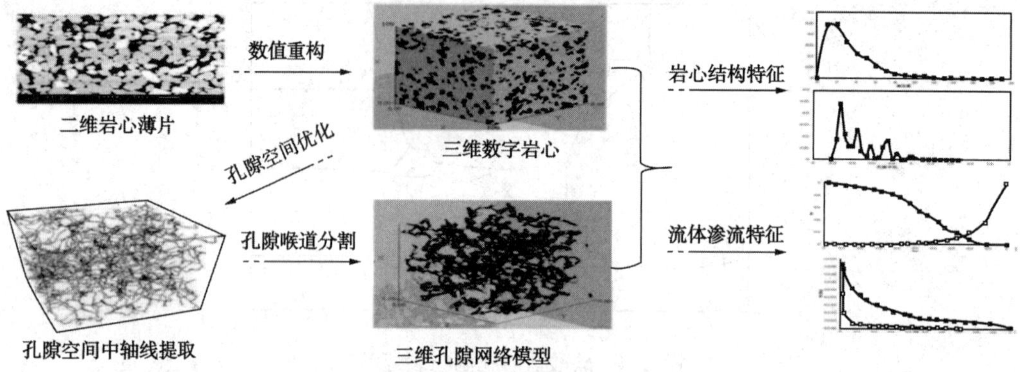


图 2-10　模型及数字岩心定量综合解决岩心结构及流体渗流问题流程

1. 孔喉类型

实际岩石中的孔喉按大小可分为 3 类(表 2-3)。

表 2-3　实际岩石中的孔喉大小分类

| 孔隙类型 | 孔隙直径/mm | 裂缝宽度/mm | 孔隙特征 | 岩石类型 |
|---|---|---|---|---|
| 超毛细管孔隙 | >0.5 | >0.25 | 流体在重力作用下可自由流动 | 大裂缝、溶洞、未胶结、或胶结疏松的砂岩 |
| 毛细管孔隙 | 0.0002~0.5 | 0.0001~0.25 | 流体在外力作用下可自由流动 | 一般砂岩 |
| 微毛细管孔隙 | <0.0002 | <0.0001 | 流体在自然压差下无法流动 | 泥岩 |

1）超毛细管孔隙

毛管孔径大于 0.5mm 或裂缝宽度大于 0.25mm。在此类孔隙中，流体在重力作用下可自由流动，岩石中的大裂缝、溶洞及未胶结或胶结疏松的砂层孔隙多属此类。

2）毛细管孔隙

毛管孔径介于 0.0002~0.5mm 之间，裂缝宽度介于 0.0001~0.25mm 之间。在此类孔隙中，无论是在液体质点间，还是液体和孔隙壁间均处于分子引力的作用之下。由于毛细管的作用，液体不能自由流动，要使液体沿毛细管孔隙移动，需要有超过重力的外力去克服毛细管力。一般砂岩的孔隙属此类孔隙。

3）微毛细管孔隙

孔径小于 0.0002mm，裂缝宽度小于 0.0001mm。在此类孔隙中，分子间的引力很大，要使液体在孔隙中移动需要非常高的压力梯度。因此，液体不能沿微毛细管移动，泥页岩中的孔隙一般属于此类型。常将孔道半径 0.0001mm 作为流体能否在其中流动的分界线。

2. 孔隙大小

1）影响孔隙大小的因素

对于一般的碎屑岩，由母岩经搬运、胶结和压实而成。影响其孔隙度的主要因素是碎屑颗粒的矿物成分、排列方式、分选程度、胶结物类型和数量以及成岩后的压实作用及改造。亚表征指标有岩石矿物成分，储层岩石的胶结物，岩石颗粒的排列方式、形状、分选，地层埋藏深度，成岩后生作用中的地下水溶蚀和构造变动。

2）孔隙度

储层岩石的孔隙度是定量描述岩石储集能力大小的重要参数。

孔隙度是指岩石中孔隙体积 $V_P$（或岩石中未被固体物质填充的空间体积）与岩石总体积 $V_b$ 的比值，用希腊字母 $\phi$ 表示，其表达式为：

$$\phi=\frac{V_P}{V_b}\times 100\% \tag{2-5}$$

图 2-11 可形象地说明岩石总体积 $V_b$ 与孔隙体积 $V_P$ 及固相颗粒体积（基质体积）$V_S$ 三者间关系。

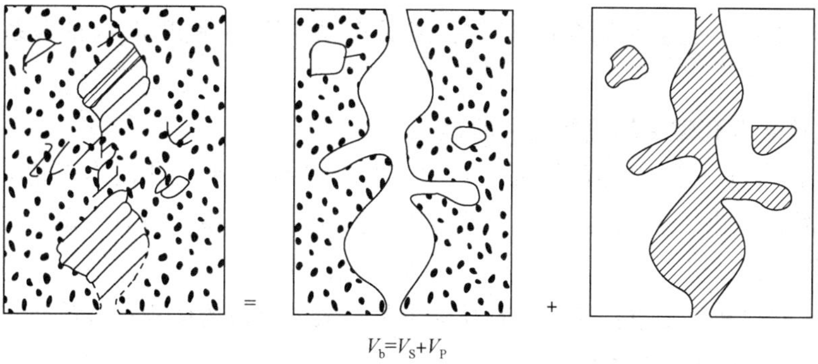


图 2-11　储集层岩石的总体积（$V_b$）与基质体积（$V_S$）和孔隙体积（$V_P$）

又因为 $V_b=V_P+V_S$，其中 $V_S$ 为骨架体积，故式（2-5）可变为：

$$\phi=\left(1-\frac{V_S}{V_b}\right)\times 100\% \tag{2-6}$$

储层岩石的孔隙多数是连通的，也有不连通的，只有那些相互连通的孔隙才具有储集油气的能力。因此，将连通的孔隙体积称为有效孔隙体积，包括流体可在其中流动的孔隙体积和不可流动的孔隙体积；不连通的孔隙体积称为无效孔隙体积。有效空隙体积和无效空隙体积之和为总孔隙体积。

根据岩石的孔隙是否连通和在一定压强下流体能否在其孔喉中流动，将岩石的孔隙度分为绝对孔隙度、连通孔隙度、有效孔隙度和流动孔隙度。

（1）岩石绝对孔隙度（$\phi_a$）。绝对孔隙度是指岩石的总孔隙体积 $V_P$ 与岩石总体积 $V_b$ 之比。

$$\phi_a=\frac{V_P}{V_b}\times 100\% \tag{2-7}$$

（2）连通孔隙度（$\phi_c$）。连通孔隙度是指岩石中相互连通的空隙体积 $V_c$ 与岩石总体积 $V_b$ 之比，这是石油工业中最常用的数值。

$$\phi_c=\frac{V_c}{V_b}\times 100\% \tag{2-8}$$

（3）有效孔隙度（$\phi_e$）。有效孔隙度是指岩石中烃类的体积 $V_e$ 与岩石总体积 $V_b$ 之比。岩石的有效孔隙度仅是连通孔隙度中含烃类那一部分。

$$\phi_e=\frac{V_e}{V_b}\times 100\% \tag{2-9}$$

(4) 流动孔隙度($\phi_{ff}$)。流动孔隙度是指在含油岩石中，流体能在其内流动的孔隙体积$V_{ff}$与岩石总体积$V_b$之比。

$$\phi_{ff}=\frac{V_{ff}}{V_b}\times 100\% \tag{2-10}$$

流动孔隙度相对有效孔隙度不仅去掉了死孔隙，也去掉了被毛管效应所束缚的液体所占有的孔隙体积和岩石颗粒表面上液体薄膜的体积。此外，流动孔隙度还随地层中压力梯度和液体的物理、化学性质如黏度等的变化而变化。因此，岩石的流动孔隙度在数值上是不确定的。尽管如此，在油田开发分析中，流动孔隙度仍具有一定的实际价值。

绝对孔隙度 $\phi_a$，连通孔隙度 $\phi_c$ 有效孔隙度 $\phi_e$ 及流动孔隙度 $\phi_{ff}$间的关系为 $\phi_a>\phi_c\geqslant\phi_e>\phi_{ff}$。

**(三) 储层岩石孔隙中的流体饱和度 $\phi_c$**

一般油气层岩石孔隙中含有原油、天然气以及地层水，而这些流体在储层条件下会根据其润湿性的不同按一定的方式分布。不考虑其微观分布规律，而只考虑其油气水在孔隙中各自占多大空间，引入一项表征指标——流体饱和度。

某种流体的饱和度是指：储层岩石孔隙中某种流体所占的体积百分数。它表征了孔隙空间为某种流体所占据的程度。

储层岩石孔隙中油、气、水的饱和度可以分别表示为：

$$S_o=\frac{V_o}{V_P}=\frac{V_o}{V_P\phi} \tag{2-11}$$

$$S_w=\frac{V_w}{V_P}=\frac{V_w}{V_b\phi} \tag{2-12}$$

$$S_g=\frac{V_g}{V_P}=\frac{V_g}{V_b\phi} \tag{2-13}$$

式中 $S_o$、$S_w$、$S_g$——含油、水、气饱和度，小数；

$V_o$、$V_w$、$V_g$——油、水、气在岩石孔隙中所占体积，$m^3$；

$V_P$、$V_b$——岩石孔隙体积和岩石外表体积，$m^3$；

$\phi$——岩石的孔隙度，小数。

根据饱和度的概念，$S_o$、$S_w$、$S_g$ 三者之间有如下关系：

$$S_o+S_w+S_g=1 \tag{2-14}$$

$$V_g+V_o+V_w=V_P \tag{2-15}$$

当岩心中只有油、水两相，即 $S_g=0$ 时，$S_o$ 和 $S_w$ 有如下关系：

$$S_o+S_w=1 \tag{2-16}$$

$$V_o+V_w=V_P \tag{2-17}$$

下文中会浅析流体饱和度的测定方法。在对储层岩石的其他问题进行研究时，这些表征指标往往会被用到，但其大多数都存在非均质性，故在研究其他的问题时，往往对这些表征指标求取其各种类型的平均值。

## 三、储层岩石的渗透性

储层岩石是多孔介质，岩石的孔隙性和渗透性是人们关心的两个储层特征，孔隙性决定了岩石的储集性能，即单位体积岩石中的油气储量，而渗透性是表示岩石在一定的压差下，允许流体(油、气、水)通过的性质，渗透性的大小用渗透率来表示。

### (一) 达西定律

达西定律是在1856年由法国工程师达西通过实验而提出的，在实验中达西发现，当水通过砂柱时，其流量$Q$的大小和砂柱截面积($A$)、进出口端的压差($\Delta H$或$\Delta P$)成正比，与砂性的长度($L$)成反比。在采用不同粒径的砂粒和流体时还发现，流量与流体的黏度$\mu$成反比；在其他条件如$A$、$L$、$\mu$、$\Delta P$相同时，粒径不同，其流量也不同。达西将非胶结砂层中水流渗滤参数和规律表示成方程的形式就是著名的达西定律：

$$Q=K\frac{A\Delta P}{\mu L} \tag{2-18}$$

式中 $Q$——在压差$\Delta P$下，通过岩心的流量，$cm^3/s$；

$A$——垂直于流动方向岩心的截面积，$cm^2$；

$L$——岩心长度，cm；

$\mu$——通过岩心的流体黏度，mPa · s；

$\Delta P$——流体通过砂柱前后的压力差，atm；

$K$——比例系数，称为该孔隙介质的绝对渗透率，反映了“在压力作用下，岩石允许流体通过的能力”，单位为达西(D)，法定计量单位为$\mu m^2$。

达西定律的适用条件：①流体为牛顿流体；②渗流速度必须在适当的范围内。

### (二) 岩石的有效渗透率和相对渗透率

多相流体在多孔介质中渗流时，其中某一项流体的渗透率叫该项流体的有效渗透率，又叫相渗透率。例如，当岩石为油水两相流体饱和时，油水两相流体的有效渗透率为：

$$K_o=\frac{Q_o\mu_o L}{A\Delta P} \tag{2-19}$$

$$K_w=\frac{Q_w\mu_w L}{A\Delta P} \tag{2-20}$$

式中 $Q_o$、$Q_w$——在压差$\Delta P$下，通过岩心的油、水流量，$cm^3/s$；

$\mu_o$、$\mu_w$——通过岩心的油、水流体黏度，mPa · s；

$K_o$、$K_w$——油、水的有效渗透率，无量纲。

多相流体在多孔介质中渗流时，其中某一项流体的相渗透率与该介质的绝对渗透率的比值叫相对渗透率。当岩石为油水两相流体饱和时，油水两相流体的相对渗透率为：

$$K_{ro}=\frac{K_o}{K} \tag{2-21}$$

$$K_{rw}=\frac{K_w}{K} \tag{2-22}$$

式中 $K_{ro}$、$K_{rw}$——油、水的相对渗透率，无量纲。

## 四、储层岩石敏感性

储层岩石骨架中除了构成岩石骨架主体的颗粒外，还有使骨架成岩的各种胶结物以及孔喉中的填充物，其中有些填隙物具有敏感性。它们在油气田开发过程中，由于地下条件变化，可能导致地层物理性质的各类表征指标的各种评价参数变差，从而对储层造成伤害。为了防止这种现象的发生，要对储层的各种敏感性进行评价。敏感性评价可通过进行岩心的各种敏感性评价实验，或直接根据已知的有关于易得参数的经验图版进行分析，还可进行油藏模拟分析。总之无论是对于当前还是过去的储层敏感性资料，通过一系列方法都可以获得。掌握储层敏感性规律后，可以确定当储层与外来流体接触时对储层可能造成的伤害，为生产过程中防止储层伤害提供依据。

由于储层岩石中各种敏感性的主体多是来自岩石中的胶结物和杂基，它们的矿物组成、数量、分布及产状等都直接影响着储层的敏感性。

### （一）储层岩石的胶结类型

储层岩石的胶结物是除碎屑颗粒和杂基以外的化学沉淀物质。一般是半自形、它形的自生矿物，就砂岩中含量来说，一般不大于 50%，它对颗粒起胶结作用，使之变成坚硬的岩石。砂岩中存在的胶结物使岩石的储油能力和渗透能力变差。根据胶结物含量的多少、分布状况及颗粒与胶结物的结合方式，将储层岩石的胶结类型分为三类：基底胶结、孔隙胶结、接触胶结。图 2-12 中反映的是胶结物的含量依次减少。

图 2-12　砂岩胶结方式示意图

1. 基底胶结

胶结物含量较高，一般占岩石组分总量的 25%以上，碎屑颗粒孤立地分布在胶结物之中，彼此不接触或很少有颗粒接触。由于胶结物与碎屑颗粒几乎同时沉积，所以也称原生胶结。其胶结强度很高，而孔隙性很差。

2. 孔隙胶结

胶结物含量较少，仅充填于颗粒之间的孔喉中，由于胶结物是次生的，所以大孔隙中的较多胶结物分布不均匀，颗粒大部分能相互接触，这种胶结类型胶结强度较低，而孔隙性较好。

3. 接触胶结

胶结物含量很少，一般小于 5%，分布于颗粒相互接触的地方，颗粒之间的接触为点接触或线接触。胶结物多为泥质胶结物，这种胶结类型强度较差，而孔隙度、渗透性最好。大庆油田属于这种胶结的岩石孔隙度大于 25%，渗透率为几十毫达西到几达西。

胶结类型直接影响储层岩石的物理性质。以我国华北坳陷第三系储油岩为例，其孔隙度、渗透率与胶结类型的关系见表2-4。

**表2-4　华北坳陷第三系储油岩的孔隙度、渗透率与胶结类型**

| 胶结类型 | 孔隙度/% | 渗透率/($\times 10^{-3}\mu m^2$) |
|---|---|---|
| 基底胶结 | 8~17 | <1 |
| 孔隙胶结 | 18~28 | 1~150 |
| 接触胶结 | 23~30 | 50~1000 |

储层岩石的胶结类型并不是单一的，往往是混合式的胶结，岩石的非均质性部分是因为胶结方式的非均质。

**（二）胶结物中的各种矿物及其对储层的潜在影响**

1. 各类黏土矿物及其对储层的潜在影响

黏土矿物是一个庞大的体系，是高度分散、含水的层状硅酸盐和含水的非晶质硅酸盐矿物的总称。它们因结构类型的不同或因结构的变异、晶格取代的位置与程度不同，从而表现出不同的物化特性。

黏土矿物通常很细小，大约1~5μm，一般大于2μm，且绝大多数是结晶质的，极少数是非晶质的。结晶黏土矿物绝大多数为层状结构，所以常表现为片状、板状形态，少数层状结构的黏土矿物呈纤维状、棒状形态。加水后均具有可塑性，许多黏土矿物具有较强的吸附和离子交换等特点。

晶质含水层状硅酸盐矿物如高岭石、蒙脱石、伊利石、绿泥石等具有很强的亲水性质，且储层中的自生黏土矿物也主要是由这四种构成。

（1）蒙脱石：蒙脱石的显微结构呈鳞片状、蜂巢状、棉絮状分布于颗粒表面，其对储层的最大伤害是对水有极强的敏感性，其中的钠基蒙脱石遇水后体积可膨胀至原体积的600%~1000%，引起储层渗透率的明显降低。其晶体结构见图2-13，其他黏土矿物的晶体结构也是由图中的构造单元按不同比例叠合而成的。

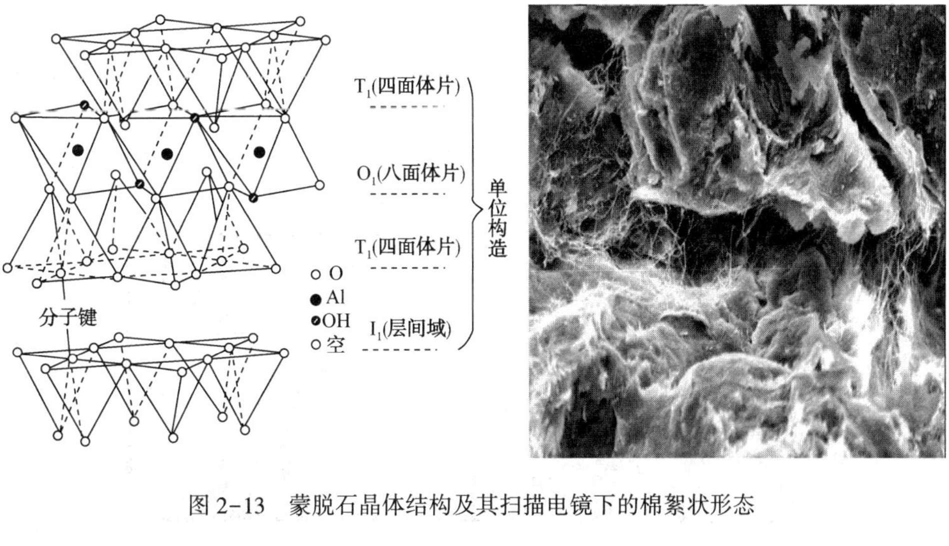


图2-13　蒙脱石晶体结构及其扫描电镜下的棉絮状形态

(2) 高岭石：高岭石是储层中最常见且含量较高的黏土胶结物，常以书页状、蠕虫状等形态分散地充填于岩石孔喉中，书页状的高岭石分散充填于矿物颗粒之间。

高岭石对储层的潜在影响有以下两个方面。

① 书页状分散分布的高岭石部分充填粒间孔喉，使原来粒间的孔喉部分堵塞，堵塞部分仅留有微细的晶间孔喉(图 2-14)。晶间孔喉极其细小，对渗透率的贡献非常小，降低了岩石的渗透率。

② 高岭石集合体对岩石颗粒的附着力很差，在流体剪切力的作用下，高岭石矿物颗粒极易从岩石颗粒上脱落和破碎，并随流体在孔喉中移动，造成高岭石微粒堵塞岩石孔隙喉道，称为速敏现象。

(3) 伊利石：伊利石是形态最复杂的黏土矿物。根据影响储层的方式不同，可将其形态分为两大类，鳞片状和纤维毛发、条片状。前者一般分布于颗粒表面，主要通过减小孔隙的有效渗流半径而影响储层的渗透率；后者对储层的影响复杂多样，通常有 3 个方面。

① 纤维状、毛发状伊利石在孔隙中呈桥接状交错分布(图 2-15)，使原始的粒间孔喉变成大量的微细孔喉，使孔隙结构变得复杂，储层渗透率显著降低。

图 2-14　书页状高岭石充填于矿物颗粒之间

图 2-15　纤维毛发状伊利石对孔隙的桥接

② 纤维状、毛发状伊利石具有很大的比表面积并且对水有强烈的吸附性，使岩石具有很高的束缚水饱和度。

③ 受流体剪切力作用，纤维状、毛发状伊利石易破碎，并被运移至孔喉处形成堵塞，从而导致储层渗透率下降。

(4) 绿泥石：绿泥石常以柳叶状分布在颗粒表面(图 2-16)，或以绒球状集合体充填于孔喉中。在孔喉中也呈架桥式生长，但大多只会形成孔隙衬垫。

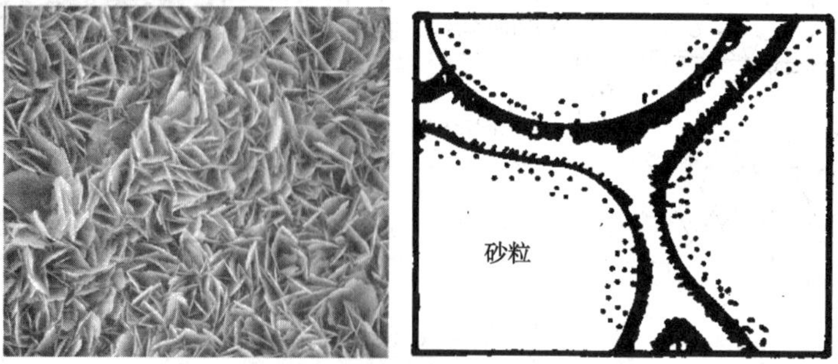


图 2-16　柳叶状绿泥石及孔隙衬垫示意图

储层中的绿泥石是一种富含铁的黏土矿物。绿泥石遇酸后溶解，当 pH 值介于 5~6 时，生成 $Fe(OH)_3$ 胶体，$Fe(OH)_3$ 是一种片状结晶，其体积比较大，可以堵塞孔喉，伤害油层。其反应式为：

$$3FeO \cdot Al_2O_3 \cdot 2SiO_2 \cdot 3H_2O+6HCl = 3FeCl_2+2Al(OH)_3+2SiO_2 \cdot 3H_2O$$
$$2FeCl_2+3H_2O+3O = 2Fe(OH)_3+2Cl_2\uparrow \tag{2-23}$$

2. 硫酸盐矿物及其对储层的潜在影响

储层岩石胶结物中的硫酸盐矿物主要是石膏，石膏是带有结晶水的硫酸盐矿物（$CaSO_4 \cdot nH_2O$）。硫酸盐矿物被加热时，随着温度的升高会有结晶水析出。当石膏温度达到 64℃时，结晶水开始缓慢从石膏中析出；当温度超过 80℃，结晶水析出加快。当测定岩心含水饱和度时，如采用沸点为 105℃的甲苯对储层中原油进行抽提，会使岩心含水饱和度偏高，出现“超百”现象(即岩石中所有流体饱和度之和大于 100%)。

3. 碳酸盐矿物及其主要的对储层的潜在影响

储层中有一大类的碳酸盐矿物如石灰石（$CaCO_3$）、白云石[$CaMg(CO_3)_2$]、钠盐（$Na_2CO_3$）、钾盐($K_2CO_3$)和菱铁矿（$FeCO_3$）都能与酸反应。它们的含量在各油田都不同，胶结物的含量多在 9.5%~21%，这种胶结物的存在可直接影响到勘探开发的多方面性质。如石英砂岩，其含量的多少不仅影响到储油气岩石的物性，也关系到油井的增产措施。碳酸盐岩矿物可细分为酸反应矿物和酸敏矿物。

酸反应矿物有$Na_2CO_3$、$K_2CO_3$、$CaCO_3$、$CaMg(CO_3)_2$，其特点是与酸反应后，不生成沉淀物质，可使地层渗透率提高。采油工程中，为提高油井产能和水井的注入能力，常采用向地层中挤注酸液的工艺方法来改造地层。其本质是利用酸和盐的反应，溶蚀碳酸盐矿物，提高地层岩石的孔隙度和渗透性。现场采用酸化地层的工艺措施后是否能提高产能，主要取决于地层岩石中与酸反应的碳酸盐含量。对于常规的砂岩地层，与酸反应的碳酸盐含量大于 3%时才能采用酸化工艺进行改造。

酸敏矿物有菱铁矿（$FeCO_3$）等，其特点是与酸反应后，生成胶体导致孔道堵塞进而引起渗透率降低。

菱铁矿与酸反应生成胶体的反应式如下：

$$FeCO_3+2HCl = FeCl_2+H_2O+CO_2\uparrow$$
$$2FeCl_2+3H_2O+3O = 2Fe(OH)_3+2Cl_2\uparrow \tag{2-24}$$

**（三）储层敏感性定义**

广义：油气储层与外来流体发生各种物理或化学作用而使储层孔隙结构和渗透性发生变化的性质称为储层敏感性。

狭义：储层与不匹配的外来流体作用后，会不同程度地损害油层，从而导致在油气田开发过程中产能的损失或产量下降。将对于各种类型储层损害的敏感性程度称为储层敏感性。

将储层敏感性简单归纳为速敏、水敏、盐敏、酸敏等几类。其狭义概念表明，对于各种类型储层影响下，储层孔隙结构和渗透性发生变化的现象并不全都被归为储层敏感性，只有与不匹配的外来流体作用后使储层各类表征指标的各种评价参数向变差的方向发生改变的性质，才被称为储层敏感性。

# 第二节　油藏流体的物理性质

油气是储存于地下岩石孔喉中的石油和天然气。处于地下的高温、高压条件时，石油会溶解大量气体，天然气被强烈压缩，导致油气物理性质在地层条件下与其开采到地面后存在很大差异。

油田开发时，当油气从储层流至井底，再从井底流至地面的过程中，随着压力、温度不断地降低会引起一系列的变化。如原油脱气、体积收缩、气体体积膨胀、气体反凝析等。

本节主要讨论油气藏内油气在地层条件、地面条件及开发过程中油气的组成、相态及其变化规律与石油和天然气的体积变化等。

## 一、油气藏烃类的相态

### (一) 油气藏分类

以油气藏储层岩石孔喉内油气的组成、相态及其开发过程中的变化规律为分类标准，对油气藏进行分类。

(1) 干气藏：以 $CH_4$为主，含有少量乙烷、丙烷和丁烷，在开采过程中，气体始终保持气相状态，图 2-17 给出了开采过程的基本流程图。随着采出天然气的冷却，在地面条件下，天然气中的气态地层水可能会凝析出来。

(2) 湿气藏：以 $CH_4$为主，除含少量乙烷、丙烷和丁烷外，还含有少量戊烷、己烷等组分。在地层中始终保持气态，但在开采到地面分离器后会析出一些冷凝油。冷凝油的相对密度在 0.6 左右，颜色透明。

(3) 凝析气藏：又称反凝析气藏，含有甲烷~己烷($C_6$)以及一定量庚烷以上($C_{7+}$)的重质烃类组分，它们在地下的原始条件下是气态，开采过程中随着地层压力下降，在地层及地面分离器中均会凝析出液态烃。液态烃相对密度 0.6~0.7，颜色较浅，称为凝析油。

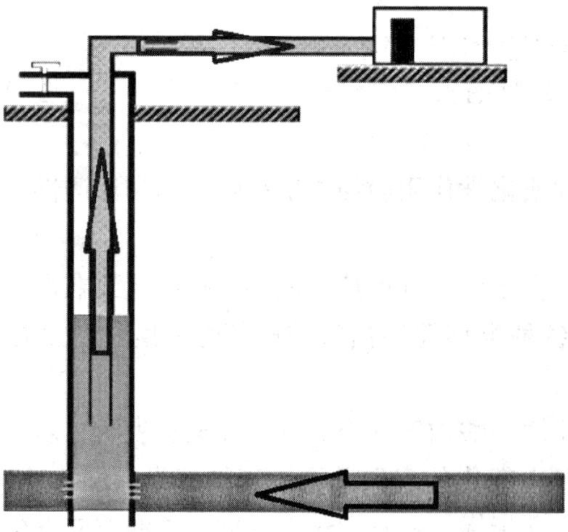

图 2-17　油田开采过程的基本流程

(4) 挥发性油藏：又称临界油藏、轻质油藏。与凝析气藏相比又含有了较重质的烃类，在油层纵向上可能会产生重力分异现象，油层上部可能存在少量与下部液态烃的组成极为接近的气态烃类，但油气不会存在明显的分界面，具有高挥发性，相对密度为 0.7~0.8。这类油藏世界上并不多见，在英国北海、美国东部及我国吉林等地有发现。

(5) 常规油藏：常分为带有气顶的油气藏和无气顶的油藏，这类油藏中以液相烃为主。不管有无气顶，油中都溶有一定量的气态烃(降压会有一定液态物质转变为气态)，相对密度为 0.8~0.934。在油藏数值模拟中常将这类油藏中的原油称为黑油(black oil)。

(6) 稠油油藏：又称重质油藏，按 1983 年在伦敦召开的第 11 届世界石油大会所订标准，是指其地面脱气原油相对密度为 0.934~1.0，地层温度条件下测得脱气原油黏度为 100~10000mPa·s 的油藏。原油黏度高，相对密度大是该类油藏的特点。

**(二) 油气藏烃类的相态表示方法**

在地层条件下，油气藏有的是单一液相的纯油藏；有的是单一气相的纯气藏；还有的是油气两相共存的带气顶油藏。在油田开采过程中，石油和天然气从地下采到地面，状态变化也很复杂。为了直观的表述这些变化引入了相图。

1. 相图

相图是用来表示油藏烃类的相态、温度(绝对温度 $T$)、压力、比容(体积)及组成的关系图，它们之间的关系可以用状态方程来表示：$F(P, V, T)=0$。相图一般分为立体相图(三维相图)、平面相图(二维相图)和三角相图，他们的绘制方法多为实验法，但也可用根据油气系统组成按照一定的公式计算。

1) 立体相图(三维相图)

根据公式 $F(P, V, T)=0$，以 $P$、$T$、$V$ 三个变量为坐标作图，即可得出如图 2-18 所示的立体相图。

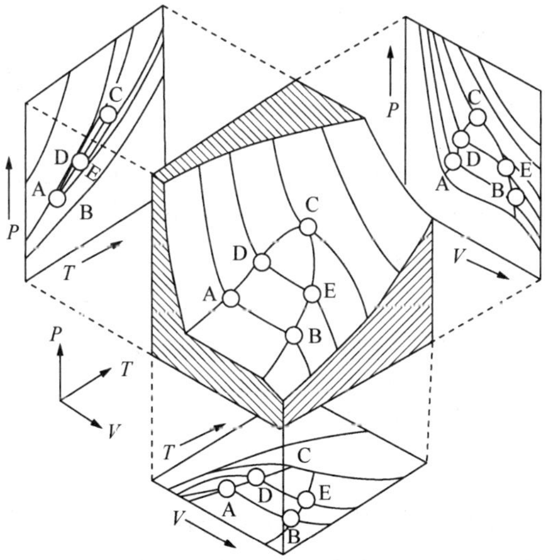


图 2-18 单组分立体相图

2) 平面相图(二维相图)

利用立体相图，可详尽地表示出各参数间的变化关系，但这类相图制作和使用都不方便。因此，通常固定某一变量，只改变其他两个变量值，这样只需要一个平面相图来表示相态变化即可，这就是通常采用的 $P$—$V$ 图(压力—比容图)和 $P$—$T$ 图(压力—温度图)。油藏生产过程主要是研究地层中随着油气的采出，由压力、温度不断变化所引起的油气相态的改变情况，故通常用 $P—T$ 图来研究油藏烃类的相态。在石油工业中，常将 $P—T$ 图简称为相图。

3) 三角相图

三角相图的三个顶点分别代表某组分(或拟组分)物质的组成含量为100%；所有可能的由三个组分(或拟组分)所组成的混合物，都会落在等边三边形相图内；三角形相图的三个边分别代表各边顶点相邻两种组分构成的混合物，而不包括该边相对顶点的那种组分。因此，图2-19中的 $M_1$ 点代表组分2为100%的物质。点 $M_2$ 代表组分1、3各占70%和30%的两组分混合物。点 $M_3$ 代表组分1、2、3各占20%、50%和30%的一种混合物。按这种方式可以表示任何浓度组成的混合物，其浓度之和均为100%。

下面以常用的 $C_1$、$C_{2-6}$、$C_{7+}$ 的拟三元组分为例进一步说明拟三元相图的构成。将 $C_1$、$C_{2-6}$、$C_{7+}$ 分别视为三个"独立组分"，即拟组分，由它们构成的三元相图称为拟三元相图或似三元相图，如图2-20所示。图上三个顶点分别代表组成为100%的 $C_1$、$C_{2-6}$、$C_{7+}$ 三个体系，三个顶点的对边分别代表相对应于顶点组分为零的三个二元体系。图中的曲线称为双结点曲线或相包络线，曲线所包围的区域为两相区，其余部分为单相区。包络线内的直线称为系线，系线上任一点代表体系的总组成，由该点所在三元相图中的坐标确定。

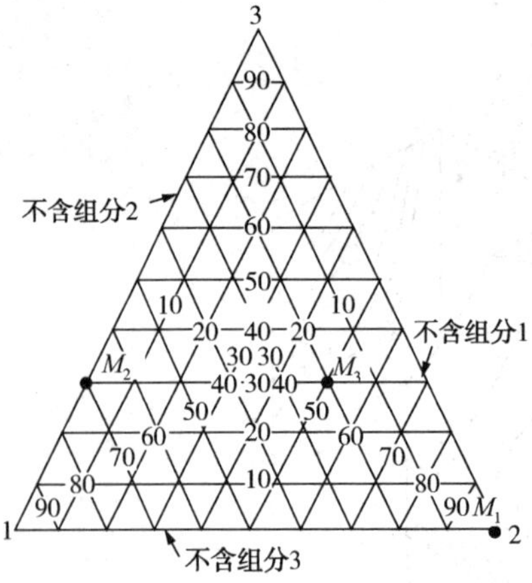


图2-19 三角相图(拟三元相图)坐标

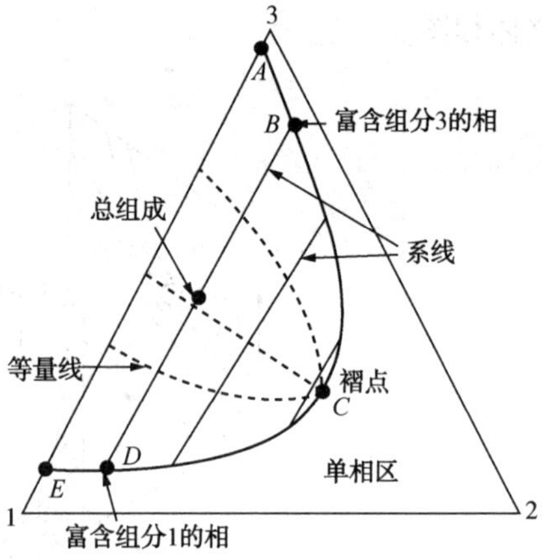


图2-20 三角相图

1—$C_1$；2—$C_{2-6}$；3—$C_{7+}$

三角相图主要是为了描述油藏各组分的组合特征，主要应用于油层条件下，气驱混相驱及表面活性剂微乳液体系驱油等研究中。

2. 相态表示方法

油气藏类型主要描述油气藏储层岩石孔喉内油气的组成、相态及其开发过程中的变化规律。综合考虑这三种因素，并考虑实际可行性等影响因素的制约，发现 $P—T$ 相图是最为方便的表示这几种油气藏类型的方法。下面我们就要对 $P—T$ 图的特征做简要分析。

1) $P—T$ 相图特征

地层孔喉内油气的组成不同，其曲线形态会发生很大变化。就单组分来说，即如图2-21所示的组分Ⅰ与组分Ⅱ所呈现的曲线，为饱和蒸汽压线，又称饱和压力线。曲线上方为液相，下方为气相，曲线上为气、液两相平衡共存的温度和压力条件。饱和蒸汽压线是不同温度条件下，体系达到平衡时，气—液界面上方蒸汽所产生压力的各个点集所构成的线。其中的每一点所对应的压力都是当时条件下的饱和压力。

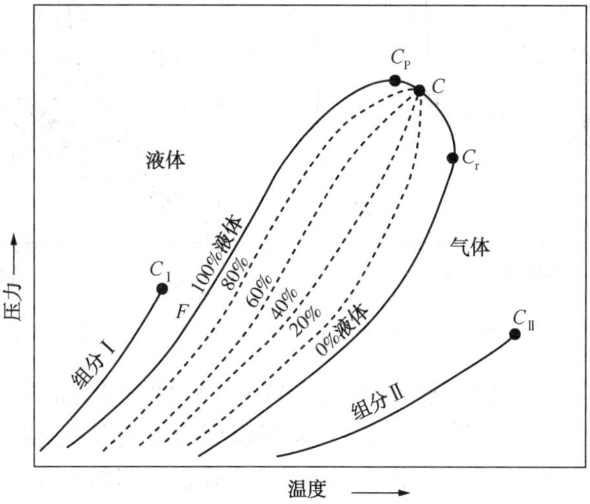


图 2-21　*P*—*T* 相图

单组分的情况下，饱和蒸汽压线就是该组分的泡点和露点的共同轨迹线。泡点压力是在温度一定的情况下，开始从液相中分离出第一个气泡的压力；而露点压力则是温度一定时，开始从气相中凝结出第一滴液滴的压力。而对双组分或多组分的系统来说，由于其并不是单一组分构成的，不同组分的含量及成分不相同，又由于各组分性质的差异，就会导致其曲线的泡点线与露点线分开，形成开口曲线形态。饱和压力时，只要压力改变一点，油藏的平衡就会被破坏而发生气体不断地脱出或溶解直到再次平衡。习惯地把泡点线所对应的压力与饱和压力线等效。*P*—*T* 图上泡点线与露点线汇合的点称为临界点，既适用于单组分也适用于多组分，在单组分中为曲线的最高点($C_{I}$，$C_{II}$)。虽在单组分中高于临界点不会出现两相共存，但多组分不同，影响多组分相态的因素还有最高压力点($C_p$)和最高温度点($C_T$)等。

2）各类油气藏的相图

图中虚线只是一个指示线，无实际意义，代表着开发早期其温压条件基本沿此方向变化。

(1) 干气藏。干气藏的相图如图 2-22 所示。其特点是：露点线右侧的气相区很大，地层温度和油气分离器温度均在露点线外侧，地层条件(点 1)和分离器条件(点 3)的连线不穿过两相区，故干气不产液烃，理论上讲溶解气油比为无穷大。

(2) 湿气藏。湿气藏的相图如图 2-23 所示。从图中可以看出，与干气藏相同的是其油藏温度远高于临界温度。当油藏压力降低时，例如从点 1 降至点 2，流体始终处于气相。在分离器条件下，体系处于两相区内，因此在分离器内会有一些液烃(冷凝油)析出。

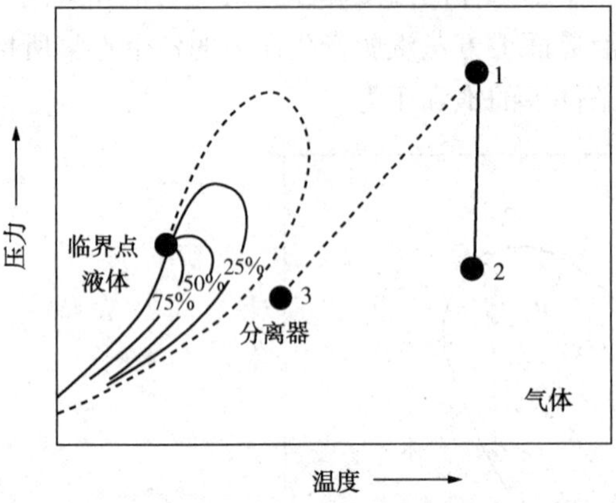


图 2-22　干气藏相图

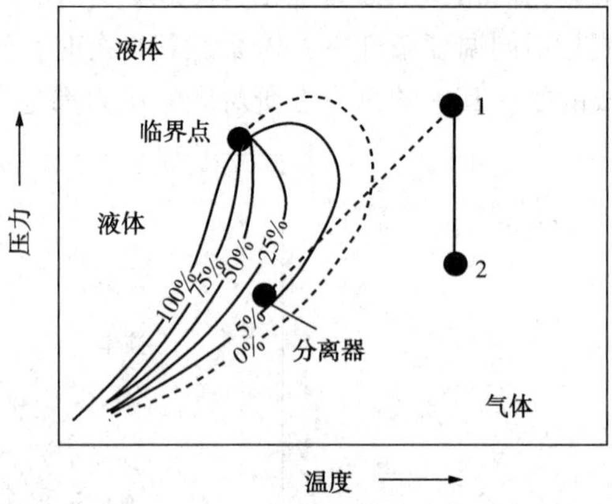


图 2-23　湿气藏相图

(3) 凝析气藏相图。凝析气藏(又称为反凝析气藏)的相图如图 2-24 所示。该气藏条件所处位置(点 1)在包络线之外，温度界于临界温度与最高温度之间，此时油藏中烃类以单相气体存在。随着气体的不断采出，气藏压力会降低，当压力降至上露点(点 2)时，液烃便开始凝析。随着压力的继续下降直到点 3，液烃析出量增大直到最大凝析量，此过程为反凝析过程，故称为反凝析气藏。

凝析气藏的溶解气油比可达 534～26700$m^3/m^3$，凝析油相对密度为 0.74，色浅且透明。在凝析气藏的开采过程中，溶解气油比会趋于增加，这是由于某些较重组分在气藏中凝析的结果。

(4) 轻质油藏(挥发性油藏、高收缩油藏)。图 2-25 为轻质油藏的相图，油藏条件(点 1)常位于泡点线上方、临界点的左侧且与临界点较为接近，此时油藏中烃类以单相液态存在。随着油气的采出，油层压力逐渐降低，当降至泡点(点 2)时，开始分离出第一批气泡形成两相。随着油层压力的继续降低，如降至点 3，分离出的气会越来越多(气约占 60%，油约占 40%)。

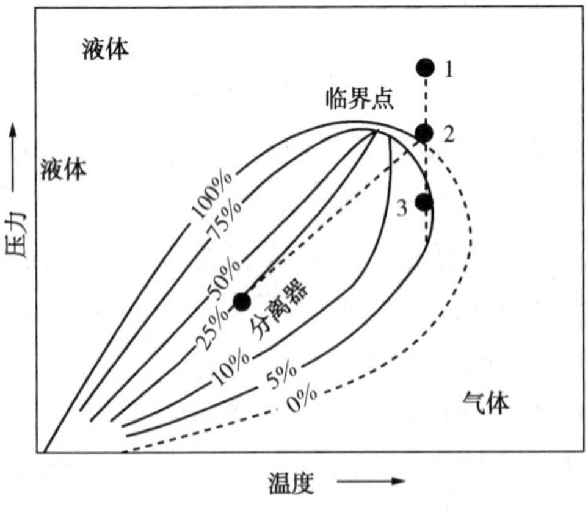


图 2-24　凝析气藏相图

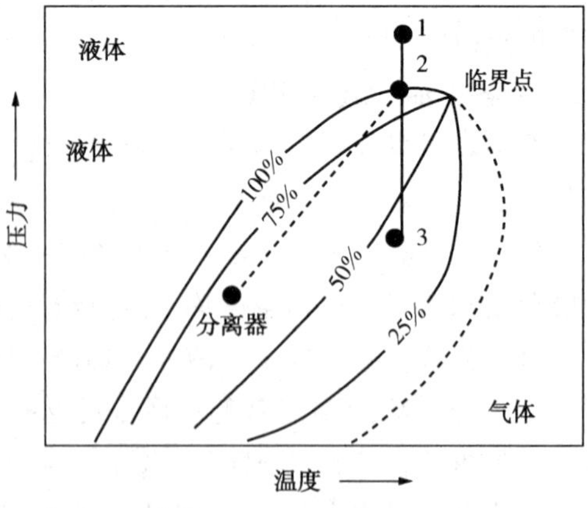


图 2-25　轻质油藏(高收缩油藏)相图

轻质油藏相图的另一特点是：由于其含有轻烃组分较多，使两相区等液量线形态更趋于上翘(与重质油藏和正常的油藏相比)，同样的压力下降会导致其析出更多气体，这也是其被叫做高收缩油藏的原因。在地面分离器条件下，大约会有65%的液相原油存在，相对密度小于0.8，但呈深色，气油比为360~530$m^3/m^3$。

(5) 重质油藏(低收缩油藏，稠油油藏)。重质油藏的相图如图2-26所示。其特点与轻质油藏相图基本一致，只是两相区内的等液量线较密集地靠近露点线一侧。这表明：当油藏压力降低至泡点压力之后，虽有气体从油中分离出来，但气量不大，而回收的油量更多。因此，这类油藏的气油比与上述几种油气藏相比是最低的，一般气油比小于360$m^3/m^3$。原油相对密度可达0.934以上，产出的地面油常为黑色和深褐色。显然，这种油藏所含重烃也较上述几种油气藏高。各种油气藏相图的相对位置图如图2-27所示。

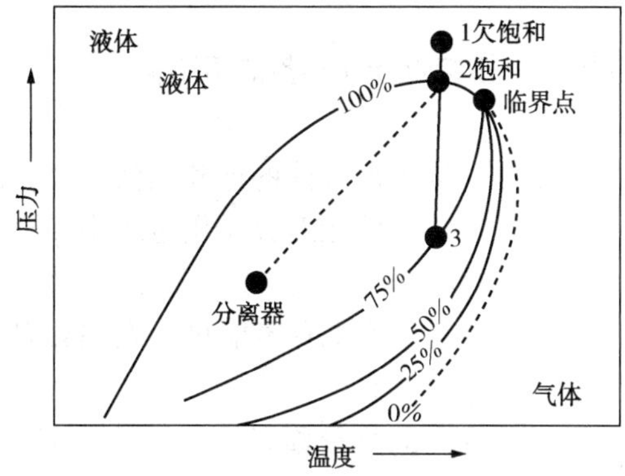


图2-26　重质油藏(低收缩油藏)相图

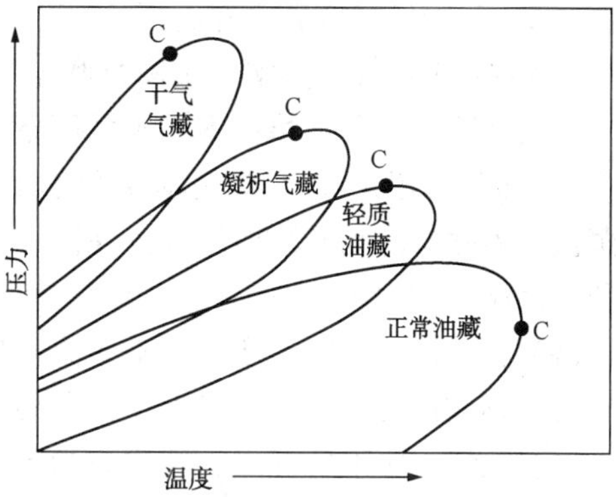


图2-27　各种油气藏相图的相对位置图

## 二、天然气的高压物性

油藏开发过程中，温压的变化只会使其内溶物质及本身体积发生改变从而引起原油的体积改变。由于天然气在高压时呈强烈压缩状态，在其从地层采到地面的过程中体积会发生剧烈膨胀，引起天然气的体积改变。描述大然气的表征指标：状态方程、原油与天然气的体积系数和压缩系数。

### (一) 天然气的概念及分类

广义上讲，自然界一切天然生成的气体，都可称为天然气。就石油地质学而论，天然气是指地下岩层聚集的以烃类为主的气体，可分为油田气、气田气、煤成气、泥火山气和沼泽气这五类。

### (二) 天然气的化学组成

天然气的化学组成与石油相似，主要由C、H、O、N、S及微量元素组成。其中以C、H为主。天然气的化合物组成，以甲烷为主，其次是重烃气，并含有数量不等的氮气、二氧化碳、硫化氢、氧气、氢气及氦、氖、氩等惰性气体。也有少数气藏是以非烃气体为主的。

### (三) 天然气的物理性质

由于不同油气田中天然气的化学组成及所处的地质环境差别较大，因此，不同油气田的天然气的物理性质变化也是相当大的。

(1) 相对密度。天然气的相对密度指在标准状况下，单位体积天然气与同体积空气的质量之比。一般随重烃、二氧化碳、硫化氢、氮气含量的增加而增大，大多数天然气的相对密度在 0.65~0.90 之间。

(2) 黏度。天然气的黏度一般随相对分子质量的增加而减少，随温度和压力的增高而增大。

(3) 溶解性。天然气能不同程度地溶解于水和石油，其溶解度的大小服从亨利定律。因天然气并非理想气体，其溶解度为：

$$Q=ap^b \tag{2-25}$$

式中 $Q$——溶解度，指单位体积溶剂能够溶解气体的体积数，$m^3/m^3$；

$a$——溶解系数，$m^3/(m^3 \cdot atm)$；

$p$——天然气压力，atm；

$b$——表示气体溶解度偏离亨利定律的指数，一般接近于 1，各油田不同。

实践证明，亨利定律仅适用于低压条件。

(4) 饱和蒸汽压力。将气体液化时所需施加的压力，称为该气体的饱和蒸汽压力。饱和蒸汽压力随温度的升高而增大。在同一温度下，碳氢化合物的相对分子质量越小，则其饱和蒸汽压力越大。

(5) 临界温度和临界压力。临界温度指物质由气态变为液态的最高温度。在临界温度时，气态物质液化所需要的最低压力称为临界压力。

(6) 热值。标准状况下，每立方米天然气燃烧时所发出的热量称为热值。天然气的热值比煤和石油都高，但由于天然气的成分不同，热值变化也是比较大的。

**(四) 天然气状态方程**

1. 理想气体状态方程

理想气体是指气体分子无体积，且气体分子之间无相互作用力。理想气体状态方程表述为：一定量气体的体积和压力的乘积与热力学温度成正比，即：

$$PV=nRT \tag{2-26}$$

式中 $P$——气体的压力；

$V$——在压力 $P$ 下的气体体积；

$T$——绝对温度(热力学温度)，$T=t℃+274.16$；

$n$——气体的摩尔数；

$R$——通用气体常数，为 8.314J/(mol · K)。

2. 真实气体状态方程

低压常温情况下的气体由于其分子间距离较远(气体体积、气体间作用力可忽略)，分子的动能较弱，可视为理想气体，采用 $PV=nRT$ 计算。但当气体处于高压、高温时，就需要对该方程进行修正。引入一个系数 $Z$，得到真实气体状态方程，即：

$$PV=ZnRT \tag{2-27}$$

式中 $Z$——压缩因子或偏差因子、偏差系数。

式(2-27)的物理意义为：给定压力和温度下，实际气体所占的体积与同温同压下理想气体所占的体积之比。实际气体由于分子本身具有体积，故较理想气体难于压缩；而分子间的相互引力又使实际气体较理想气体易于压缩。压缩因子 $Z$ 的大小恰恰反映了这两个相反作用的综合结果，即反映了真实气体的特点。Z 值的大小与气体的性质、温度和压力等都有关。对于不同气体、不同温压条件，Z 值就会不同，可通过实验对其进行标定。

1873 年范德华通过假设模型对气体进行定量研究后指出，对于对比压力、对比温度相同的不同气体，其压缩因子 Z 值相等。即 Z 仅为对比压力与对比温度的函数，其函数形式如下：

$$Z=Z(P_r,\ T_r)$$

$$P_r=\frac{P}{P_c};\ T_r=\frac{T}{T_c} \tag{2-28}$$

式中　$P_r$、$T_r$——对比压力和对比温度；

$P$，$T$——绝对压力和绝对温度；

$P_c$，$T_c$——临界压力和临界温度。

在不同对比温压条件下，根据实验测出一种任意气体的压缩因子的图版可以普遍适用于所有气体。像天然气这样的混合组分 Z 值的求法也很简单，对于其对比压力和对比温度的计算式，变化的只是其临界温度与临界压力（不同组分临界温压不同），只需求出各组分的临界温度与临界压力的加权平均数并把其近似认为是该组分的临界温度与临界压力，之后带入对比压力和对比温度的计算式，求出 Z 值后按照图 2-28 读图即可。再计算出天然气的摩尔数，就可以得到一个适用于天然气的真实气体状态方程，称其为天然气状态方程。

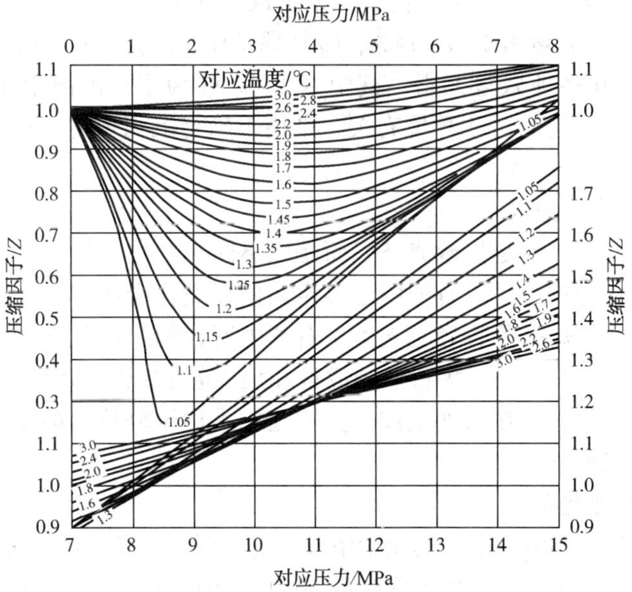


图 2-28　气体压缩因子图版

**（五）天然气的体积系数**

现以地面标准状态：温度为 20℃，压力为 1 个大气压（0.1MPa），天然气体积 $V_{sc}$ 作为标准量（分母），以它在地层条件下（某一 P、T）的体积为比较量（分子）来定义天然气的体积系数，天然气的地层体积系数 $B_g$ 可定义为：

$$B_g = \frac{V}{V_{sc}} \tag{2-29}$$

式中 $B_g$——天然气体积系数；

$V_{sc}$——天然气在标准状况下的体积；

$V$——同数量的天然气在地层条件下的体积。

**(六) 天然气的压缩系数**

随着压力的改变，气体体积变化的大小也是必要的参数，引入天然气等温压缩系数的概念。天然气等温压缩系数(一般称为天然气压缩系数)是指在等温条件下，天然气随压力变化的体积变化率，其数学表达式为：

$$C_g = -\frac{1}{V}\left(\frac{\partial V}{\partial P}\right)_T \tag{2-30}$$

随压力的增加，气体体积减小，变化率为负值，为使压缩系数为正值，在公式前加负号。

## 三、原油的高压物性

石油是由各种碳氢化合物和少量杂质组成的存于地下岩石孔隙中的液态可燃矿物，是成分十分复杂的天然有机化合物的混合物。石油没有固定的化学成分和物理常数。

**(一) 石油的元素组成**

石油主要由 C、H、O、S、N 等化学元素组成，其中 C、H 两种元素占绝对优势，C 含量占 84%~87%，H 含量占 11%~14%，C/H 原子比一般介于 6.0~7.5 之间。除上述五种元素外，还含有 30 多种微量元素，其中以 V 和 Ni 为主，占微量元素的 50%~70%，V/Ni原子比的大小与一定的沉积环境有关，是用来确定沉积环境、进行油源对比的指标之一。

**(二) 石油的化合物组成**

石油中的主要元素，不是呈游离态，而是以不同化合物的形式存在，其中以烃类为主，另外还有非烃化合物。目前石油中已鉴定出的烃类化合物有 420 多种，按其本身结构，可分为烷烃、环烷烃、芳香烃三大类。石油中所含的非烃化合物主要包括含硫、含氮、含氧的化合物。目前，一般将石油分成饱和烃(包括烷烃和环烷烃)、芳香烃、非烃和沥青质四种组分。此外，在石油组成研究中还常采用组分分析的方法，将石油分成油质、胶质和沥青质三种组分。

**(三) 石油的物理性质**

石油的物理性质主要取决于它的化学组成。由于石油没有固定的化学组成，所以，不同地区、不同层位，甚至同一层位不同构造部位的石油，其物理性质也是不相同的。石油的物理性质有：

(1) 颜色。石油的颜色变化很大，有无色、浅黄色、黄色、绿色、浅红色、褐色、黑色等，但大部分石油呈褐色至黑色。石油的颜色与胶质和沥青质的含量有关，含量越高，颜色越深。

(2) 相对密度。我国指在一个大气压下，20℃脱气原油质量与 4℃同体积纯水质量的比值，用 $d_4^{20}$表示。石油的相对密度一般介于 0.75~0.89 之间，通常将相对密度大于 0.9

的石油称为重质石油，将相对密度小于0.9的石油称为轻质石油。美国常用API°、西欧常用波美度来表示石油的相对密度：

$$\text{API}^{\circ}=\frac{141.5}{15.5℃时的相对密度}-131.5 \tag{2-31}$$

$$波美度=\frac{140}{15.5℃时的相对密度}-130 \tag{2-32}$$

（3）黏度，是指流体分子间相对运动的内摩擦力所产生的阻力，它表示流体流动的难易程度。在高斯单位制中，黏度的单位是泊(P)，在国际单位制中黏度的单位是帕斯卡秒(Pa·s)，通常测定的不是石油的绝对黏度，而是其相对黏度，即20℃时石油的绝对黏度与水的绝对黏度的比值。石油中烷烃含量高、溶解气量多、温度高、压力低则石油的黏度低，反之则黏度高。

（4）荧光性。石油在紫外线的照射下可产生荧光，主要是多环芳香烃和非烃发光。含芳香烃多的石油荧光呈天蓝色，含胶质多的石油荧光呈淡黄色，含沥青较多的石油荧光呈褐色。发光强度则与石油或沥青质的浓度有关。

（5）旋光性。是指使偏光面发生旋转的特性，即当偏振光通过石油时，偏光面会旋转一定的角度，这个角度称为旋光角。石油的旋光角在1°左右，绝大多数是右旋的。旋光性的产生与有机物复杂的不对称分子结构有关。因此，石油的旋光性是石油有机成因的证据之一。

（6）溶解性。石油在水中的溶解度很低，但石油易溶于多种有机溶剂，如氯仿、四氯化碳、苯、石油醚和醇等。石油和天然气可以互溶。

（7）热值。石油燃烧时可释放大量的热，产生热量的主要元素是碳和氢，热值可达10000~11000kcal/kg。

（8）导电性。石油是非导体，其电阻率为$10^9$~$10^{16}$Ω·m，比地层水高得多，这一特性是电阻率测井判断油层的基础。

**（四）地层原油的溶解气油比**

原油相态变化的最主要原因是在地层压力、温度下原油中溶有大量气体。即油层的烃类在温度和压力变化时出现的相态变化和平衡过程主要是以气在油中的分离和溶解表现出来的。溶解气油比就是这种特点的表征指标。通常是指单位体积的地面原油在地层现有压力、温度下所溶解的天然气在标准状态下的体积，其结果可通过实验或在地面分离器进行脱气后获得，用$R_s$表示，其数学定义式为：

$$R_s=\frac{V_g}{V_s} \tag{2-33}$$

式中 $V_g$——地层油在地面脱出的气量，$m^3$；

$V_s$——地面脱气原油或称储罐油，$m^3$；

$R_s$——在压力温度为$P$、$T$时原油的溶解气油比，$m^3/m^3$。

油田刚开始开发时所测量的溶解气油比，称为原始溶解气油比，用符号$R_{si}$表示。

当原油在实验室条件下被加压到地层温压时，不放掉其上部气体，原油在油气接触面附近的组分没有明显地微分形式变化，相图的包络线形态和溶解气体的规律也不会发生大的改变。通过地面分离器直接观察测定并经过一定比率的换算去除气顶气的携带产出后，因其从地层到地面有若干不同压力系统，使得分离出的气体可能由于压力低于泡点压力开采时处于不同的压力系统中而导致其直接经历多级脱气的过程，从而近似地形成了多个微分过程，且每个微分过程的气体溶解规律都会发生改变，导致两种测量溶解气油比的方式结果不同(图 2-29)。一般我们选取不存在微分过程的情况作为溶解气油比的基准。

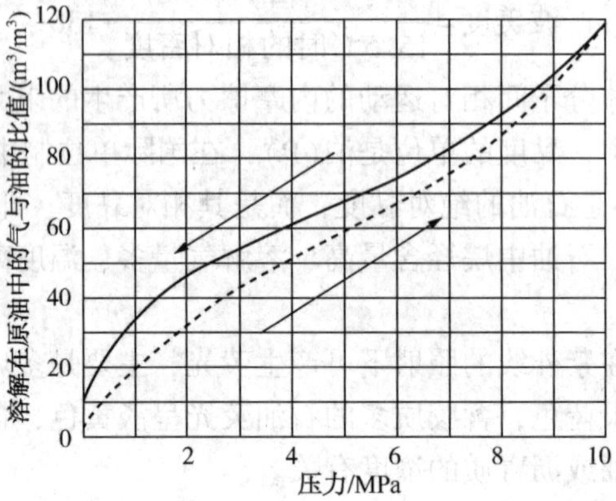


图 2-29　实验室一次性溶气(下方曲线)与地面分离器测量(上方曲线)的溶解气油比差异示意图

**(五) 地层原油的体积系数**

地层油单相体积系数(简称原油体积系数)，是指原油在地下的体积(即地层油体积)与其在地面脱气后的体积之比，用 $B_o$ 表示，即：

$$B_o = \frac{V_f}{V_s} \tag{2-34}$$

式中　$V_f$——原油在压力 $P$、温度 $T$ 下的体积，$m^3$；

$V_s$——原油在地面条件(0.1MPa，20℃)下脱气后的体积，$m^3$。

**(六) 地层原油的压缩系数**

在油藏工程中进行可采储量计算时，随着地层压力的降低，除考虑由于岩石本身的作用使孔隙缩小外，原油的膨胀也必须考虑。地层原油的膨胀大小，通过地层原油压缩系数来表征。地层原油的压缩系数是指随压力变化，地层原油体积的变化率，在等温条件下原油的压缩系数表达式为：

$$C_o = -\frac{1}{V_f}\left(\frac{\partial V_f}{\partial P}\right)_T \tag{2-35}$$

随压力的增加，原油体积减小，变化率为负值，为使压缩系数为正值，在公式前加负号。

## 四、地层水的高压物性

地层水是指油气层边部、底部、层间和层内的各种边水、底水、层间水及束缚水的总称。

油层内的这种含水区一般远比气顶区大，甚至比含油区大，因而作为驱油能量来讲，底水或边水可能比气顶或溶解气的能量更大。因此，了解地层水的物理和化学性质是非常重要的。油气层内总是存在有束缚水，它多以毛细管滞水和薄膜需水存在于含油岩石的孔通中。一般认为，束缚水的存在是由于石油运移至储油构造时，将原来存在于岩石孔隙中的地层水“顶替”出来，在这一顶替、置换过程中原来存在于微毛细管孔道和部分毛细管孔道中的地层水以及部分附着在岩石颗粒表面上的地层水往往未被石油驱出，而仍然存在于油层中含油部位与油气共存，成为共存水或称束缚水。

当在油田边内或边外注水时，都必须事先了解地层水和束缚水的性质，正确选择注入的水质和水源，使注入水与地层水相配伍而不发生化学反应、产生沉淀而伤害油层。

**（一）地层水的化学组成**

由于地层水与地壳中岩石、石油及天然气的相互作用，使地层水的化学成分非常复杂，除离子成分外，还有气体成分、有机组分及微量元素。

(1) 离子成分。油田水中含量较多的有以下几种离子：阳离子有 $Na^+$、$K^+$，$Ca^{2+}$、$Mg^{2+}$，阴离子有 $Cl^-$、$SO_4^{2-}$、$CO_3^{2-}$、$HCO_3^-$。

(2) 气体成分。油田水中含有被溶解的烃类气体，除甲烷外，尚有乙烷等重烃气体，此外还有硫化氢、氦、氩等气体。

(3) 有机组分。油田水中常含石环烷酸、酚和苯。其中环烷酸的含量较高，是石油中环烷烃的衍生物，且与原油中的环烷烃成正相关，常为找油的重要水化学标志。

(4) 微量元素。油田水中含有的微量元素有碘、溴、硼、铵、锶、钡等。微量元素及其含量可以指示油水的来源及油田水所处环境的封闭程度。

**（二）地层水的物理性质**

(1) 颜色。油田水通常是带有颜色的，视其化学成分而定，含铁呈淡红色，含硫化氢呈淡青色，一般透明度较差，常呈混浊状。

(2) 相对密度。因溶有数量不等的盐类，相对密度多大于 1。

(3) 黏度。油田水黏度一般比纯水高，且随矿化度的增加而增加，随温度升高，黏度降低。

(4) 导电性。因含各种离子，具备导电性，且随矿化度和温度的增加而增加。

**（三）地层水的矿化度和硬度**

1. *矿化度*

地层水中含盐量的多少常用矿化度表示。矿化度代表水中矿物盐的浓度，即用 mg/L 或 ppm(μg/L)来表示。

地层水的总矿化度表示水中正、负离子的总和。由总矿化度的大小可以概括地了解地层水的性质。不同油田的地层水矿化度差别很大，有的只有几千 ppm，而有的甚至高达 2 万~3 万或几十万 ppm，如我国的江汉油田某些地层水就是如此。在地层中，水处于饱和溶液状态，当由地层流至地面时，会因为温度、压力降低，盐从地层水中析出，严重时还可在井间中析出，导致近井地层和井筒中产生盐堵，给生产带来困难。

此外，当向油层注入各种化学工作剂时(如注入聚合物或活性剂等)，除地层水总矿化度对其驱油效果发生影响外，水的硬度更是值得注意的重要物性参数。

2. *硬度*

地层水的硬度是指地层水中钙、镁等二价阳离子的含量。水的硬度太高，会使注化学剂驱油过程中产生沉淀而影响驱替效果，甚至使措施完全失效。

**(四) 地层水的体积系数**

地层水的体积系数是指地层水在地下压力温度条件下的体积与其在地面条件下的体积之比值，即：

$$B_w = \frac{V_w}{V_{ws}} \times 100\% \tag{2-36}$$

式中 $B_w$——地层水的体积系数；

$V_w$——在地层条件下，地层水的体积，$m^3$；

$V_{ws}$——该地层水在地面条件下的体积，$m^3$。

地层水的体积系数随着温度的增加而增加，随着压力的增加而减小；由于地层水溶解的天然气不多，因此地层水的体积系数不大，一般在1.01~1.02，有时也近似地取为1。

**(五) 地层水的压缩系数**

与油、气的压缩系数相同，地层水的压缩系数是指单位体积地层水在单位压力改变时的体积变化值，即有：

$$C_w = -\frac{1}{V_w}\left(\frac{\partial V_w}{\partial P}\right)_T \tag{2-37}$$

式中 $C_w$——地层水的压缩系数，$MPa^{-1}$；

$V_w$——地层水的体积；

$(\partial V_w/\partial P)_T$——恒温下地层水体积随着压力的变化值。

地层水的压缩系数一般在$(3.0\sim5.0)\times10^{-4}MPa^{-1}$之间，与原油的压缩系数类似，在不同的压力、温度区间，其值也不同。

**(六) 地层水的分类**

1. 苏林分类

按照水中化学成分把地层水分为四个水型。

(1) 硫酸钠水型：代表大陆冲刷环境条件下形成的水。一般来说，此水型是环境封闭性差的反映，该环境不利于油气聚集和保存。地面水多半为该水型。

(2) 碳酸氢钠水型：代表陆相沉积环境下形成的水型。该水型在油田中分布很广，它的出现可作为含油良好的标志。

(3) 氯化镁水型：代表海洋环境下形成的水。该水型一般存在于油、气田内部。

(4) 氯化钙水型：代表深层封闭构造环境下形成的水。环境封闭性好，有利于油、气聚集和保存，是含油气良好的标志。

这种分类方法称为苏林分类，它将地下水的化学成分与其所处的自然环境条件联系起来，用不同的水型来表示不同的地质环境。

2. 水型划分

阴、阳离子的结合顺序，是按离子亲合能力的大小而进行的，水型的判断也是根据该原则。

(1) 当$[Na^+]/[Cl^-]>1$时，说明水中$Na^+$当量多于$Cl^-$，多余的$Na^+$将与$SO_4^{2-}$或$HCO_3^-$化合，形成$Na_2SO_4$水型或$NaHCO_3$水型。究竟是哪一种水型还要进一步判断。

① 当$\frac{[Na^+]-[Cl^-]}{[SO_4^{2-}]}<1$时，表明$Na^+$除了与$Cl^-$化合外，还有多余的$Na^+$与$SO_4^{2-}$化合，由于该比值小于1，故没有多余的$Na^+$与$HCO_3^-$化合了，所以$Na^+$与全部阴离子化合后，最终形成$Na_2SO_4$，则属于$Na_2SO_4$水型。

② 当$\frac{[Na^+]-[Cl^-]}{[SO_4^{2-}]}>1$时，说明$Na^+$在与$Cl^-$和$SO_4^{2-}$化合后，还有多余的$Na^+$可以和$HCO_3^-$化合，生成$NaHCO_3$，故最终形成$NaHCO_3$水型。

（2）$[Na^+]/[Cl^-]<1$时，则多余的$Cl^-$与$Mg^{2+}$或$Ca^{2+}$化合形成$MgCl_2$或$CaCl_2$水型。由此看来，仅仅根据$Na^+$与$Cl^-$的比值还不能精确地判断是哪一种水型，进一步判断。

① 当$\frac{[Cl^-]-[Na^+]}{[Mg^{2+}]}<1$时，说明$Cl^-$与$Na^+$化合后，还有多余的$Cl^-$与$Mg^{2+}$化合后形成$MgCl_2$。由于比值小于1，故没有多余的$Cl^-$与$Ca^{2+}$化合了，所以是$MgCl_2$水型。

② 当$\frac{[Na^+]-[Cl^-]}{[SO_4^{2-}]}>1$时，说明$Cl^-$除了与$Na^+$和$Mg^{2+}$化合外，还有多余的$Cl^-$与$Ca^{2+}$化合而生成$CaCl_2$，故为$CaCl_2$水型。

国内外油田地层水化学成分和水型见表2–5。

**表2–5　国内外油田地层水化学成分和水型**

| 油田名称 | 矿化度/(mg/L) | 各种离子浓度/(mg/L) | | | | | | | 水型 |
|---|---|---|---|---|---|---|---|---|---|
| | | $Na^+(K^+)$ | $Mg^{2+}$ | $Ca^{2+}$ | $Cl^-$ | $SO_4^{2-}$ | $HCO_3^-$ | $CO_3^{2-}$ | |
| 大港油田S层 | 16316 | 5917 | 11 | 95 | 7896 | 18 | 2334 | 45 | $NaHCO_3$ |
| 孤岛油田M层 | 3228 | 1038 | 13 | 25 | 1036 | 0 | 1116 | 0 | $NaHCO_3$ |
| 胜利油田M层 | 17960 | 4952 | 838 | 620 | 10402 | 961 | 187 | 0 | $CaCl_2$ |
| 任丘油田PZ层 | 178 | 21 | 9 | 20 | 43 | 18 | 67 | 0 | $MgCl_2$ |
| 东德克萨斯油田(美国) | 64725 | 23029 | 536 | 1360 | 39000 | 216 | 578 | 0 | $CaCl_2$ |
| 加奇萨兰油田(伊朗) | 95313 | 33600 | 30 | 1470 | 55000 | 4920 | — | 293 | $CaCl_2$ |
| 风尔马斯油田(委内瑞拉) | 5643 | 1739 | 59 | 54 | 1780 | — | 2001 | — | $NaHCO_3$ |

## 习题

1. 粒度组成分析方法有哪些？基本原理是什么？
2. 岩石胶结类型有哪些？
3. 什么叫岩石的绝对渗透率？测定岩石绝对渗透率的条件是什么？
4. 储层岩石的孔隙度可以分为哪几类？请分别解释绝对孔隙度、连通孔隙度、有效孔隙度和流动孔隙度的定义及其区别。

5. 岩石颗粒的粗细对比面大小有何影响?

6. 简述孔隙度、渗透率、比面、孔隙平均半径之间的关系。

7. 简述油气藏的相态分类,并解释干气藏、湿气藏、凝析气藏和常规油藏的相态特征及其相图。

8. 什么是天然气的状态方程?请解释理想气体状态方程和真实气体状态方程的区别,并说明压缩因子Z的物理意义。

# 第三章 油藏工程设计基础

一个含油构造经过初探，发现工业油气流以后即需要进行详探并逐步投入开发。所谓油田开发，就是依据详探成果和必要的生产试验资料，在综合研究的基础上对具有工业价值的油田，按石油市场的需求，从油田的实际情况和生产规律出发，以提高最终采收率为目的，制定合理的开发方案，并对油田进行建设和投产，使油田按方案规划的生产能力和经济效益进行生产，直至油田开发结束的全过程。油田开发必须依据一定的技术方针来进行，在制订油田开发技术方针时要考虑采油速度(即年产油量占油藏可采储量的百分比)、油田地下能量的利用和补充、采收率的大小、稳产年限、经济效益及工艺技术等因素。

一个油田在明确的开发技术方针指导下，要想进入正规的开发，必须编制好油田开发方案，即依据油田开发的基础知识，对油田的开发程序、开发方式、层系划分、注水方式、井网密度、布井方式及经济指标等各因素进行充分的论证、细致的分析对比，最后制订出符合实际、技术上先进、经济上优越的方案。

## 第一节 油田勘探开发程序

一个油田从发现到开发是一个逐渐进行的过程，一般情况下要遵从一个合理的开发程序。合理开发程序是指将油田从勘探到投入开发的过程分成几个阶段，把油藏描述研究、油藏工程研究以及其他的工程技术有机结合起来，合理安排钻井、开发次序和对油藏的研究分析工作，争取用较少的井、较快的速度获取对油田(藏)的全面认识，并编制油田开发方案，指导油田逐步投入开发。

油田勘探开发是一个连续的过程。就油田勘探开发整体而言，可以将整个油田勘探开发过程划分为区域勘探(预探)阶段、工业勘探(详探)阶段和正式投入开发阶段。

### 一、区域勘探(预探)阶段

区域勘探是在一个地区(盆地或坳陷)开展的油气田勘探工作。它的主要任务是从区域出发，进行盆地(或坳陷)的整体调查，了解地质概况，查明生、储油条件，指出油气聚集的有利地带，并进行油气地质储量的初步估算，为进一步开展油气田工业勘探指出有利的含油构造。

该阶段的主要工作可以分为普查和详查两部分。普查是区域勘探的主体，具有战略性，其目的是了解盆地(或坳陷)的地层状况，判断是否具备生油环境和储油条件，并进一步分析油气聚集的可能地带。详查是在普查评价所指出的油气聚集带内进一步开展的调查工作，进一步落实地质状况，初步估算油气的地质储量，为下一步勘探工作指出有利的含油构造和勘探方向。

该阶段采用的主要研究方法有：①地质法，如进行野外地质调查、油气地质专题技术研究；②地球物理法，如在整个盆地范围内进行遥感探测、重力探测、磁力探测、地震勘探等工作；③地球化学法，如采用气测法、沥青法、水化学法、细菌法等判断是否具有油气显示；④钻井法，通过钻地质调查井取得资料后，直接进行分析研究。

## 二、工业勘探(详探)阶段

工业勘探是在区域勘探所选择的有利含油构造上进行的钻探工作，主要包括构造预探和油田详探两个阶段。

构造预探是在详查所指出的有利含油构造上进行地震详查和钻探井。它的主要任务是发现油气田，判断是否具有工业价值，并初步圈定出含油边界。油田详探是在构造预探提供的有利区域上，加密钻探，并加大地震测网密度。它的主要任务是获取较多的地下信息，查明油气藏的特征及含油气边界，圈定含油气面积，提高储量探明程度，并为油藏工程设计提供基础资料，其中包括油气田构造的圈闭类型、大小和形态，含油层的有效厚度，流体物性参数，以及油层压力系统、油井生产能力等油藏参数资料。

要完成详探阶段的任务，必须运用各种方法进行多方面的综合研究，将勘探工作和开发工作很好地结合起来，分阶段、有部署地使油田全面投入开发。为此，在详探阶段要有次序、有步骤地开展系列工作，主要包括地震细测、钻详探资料井、进行油井的试油和试采、开辟生产试验区等四项工作。

### (一) 地震细测工作

地震细测工作主要是指在预探成果的基础上，配合钻探，加大地震测网密度，进一步落实地下情况。如江汉的王场油田，预探阶段地震测网密度为1km，详探阶段地震测网密度加密到500m。通过对地震细测资料进行解释，落实构造形态和其中的断裂情况，从而为确定含油带圈闭面积、闭合高度等提供依据。

### (二) 钻详探资料井

在地震细测确定的含油范围上，进行详探资料井的钻井，取得岩心资料，直接认识地层性质，该项工作是详探阶段最重要和最关键的工作之一。详探资料井承担了直接认识油层属性的任务，同时还要兼顾探边、探测断层分布的目的，此外这些详探井还可能作为以后的生产井，故要考虑以后与正式开发井网的匹配。因此，对详探资料井数目的确定、井位的选择、钻井的顺序以及钻井过程中必须获取的资料等应做出严格规定，并作为详探设计的主要内容。

详探井的密度应在初步掌握构造情况的基础上，以井尽量少而又能准确认识和控制全部油层为原则来确定。在简单构造上，井距通常在2km以上；在复杂断块油田上，一口探井控制的面积为1~2km$^2$，甚至更小。

详探资料井要进行录井、取心、钻杆测试、测井解释等工作，在这些工作所取得资料的基础上，对地层进行详细对比，确定油层详细的分布范围和隔层的分布状况，为下一步的井网部署和层系划分提供资料。

**（三）油井的试油和试采**

对详探资料井进行的下一步工作是试油和试采。试油和试采的主要目的是确定地层、流体、驱动能量、生产能力等参数，为指定开发方案提供第一手资料。

试油是指在油井完井后，把油、气、水从地层中诱导到地面上来并经过专门测试取得各种资料的工作。试油主要确定的资料有：①油、气、水产量数据；②油层静压、流动压力、压力恢复数据、井口的油管及套管压力数据；③油、气、水基本物性资料；④地层温度数据。

通过油井试采可以确定地下开采动态资料，从而确定开发方案中的部分技术界限和技术指标。试采井的选择要有代表性，平面上既要考虑到构造高部位、油层性质好的高产井，又要考虑到边部物性差的低产井，同时还要考虑到油水、油气边界及断层附近的井；纵向上要考虑在不同含油层系进行试采。试采井的工作制度以接近合理工作制度为宜，不应过大或过小。试采期限的确定视油田大小而有所不同，总的要求是：通过试采，暴露油田在生产过程中的矛盾，以便在开发方案中加以考虑和解决。

试采的主要任务如下。

（1）认识油井生产能力，特别是分布稳定的主力油层的生产能力及其产量递减情况。

（2）认识油层天然能量的大小以及驱动类型和驱动能量的转化。

（3）认识油层的连通情况和层间干扰情况。

（4）认识生产井的合理工艺技术和油层改造措施。

（5）落实某些影响生产的地质因素，如边界影响、断层封闭情况等，为今后合理布井和研究注采系统提供依据。

**（四）开辟生产试验区**

1. 开辟生产试验区的目的

（1）深刻认识油田的地质特点。通过生产试验区较密井网的解剖，主要理清油层的组成及其砂体的分布状况，掌握油层物性变化规律和非均质特点，为新区开发提供充分的地质依据。

（2）落实油田储量。油田的储量及分布是油田开发的物质基础，但利用探井、资料井计算储量，由于井网密度较小，储量计算总有一定的偏差。因此对一个新油田来说，落实油田储量是投入开发前的一项十分重要的任务。

（3）研究油层对比方法和各种油层参数的解释图版。通过实际资料和理论分析，找出符合油田情况的各种研究方法。

（4）研究不同类型油层对开发部署的要求，可为编制开发方案提供油田的实际数据。探井、资料井的试油、试采资料，只能提供关于油井生产能力、油田天然能量和压力系统等大致资料，一般不能提供注水井的吸水能力、注水开发过程中油水运动特点以及不同开发部署对油层适应性的资料。但通过生产试验区，可以搞清油田天然能量的可利用程度、合理的注水方式、层系的划分与组合、井网的布置、油井的开采方式、油水井的工作制度以及对地面油气集输的要求等。

2. 开辟生产试验区的原则

（1）生产试验区开辟的位置和范围对全油田应具有代表性。试验区一般不要过于靠近油田边沿，所开辟的范围也应有一定的比例。

（2）试验区应具有相对的独立性，把试验区对全油田合理开发的影响减小到最小程度。

（3）试验项目要抓住油田开发的关键问题，针对性要强，问题要揭露得清楚，开采速度要较高，使试验区的开发过程始终走在其他开发区的前面，为油田开发不断提供实践依据。

（4）生产试验区要具有一定的生产规模，要使所取得的各种资料具有一定的代表性。

（5）生产试验区的开辟应尽可能考虑地面建设以保证试验区开辟的速度快、效果好。

## 三、油田正式投入开发

油田详探阶段是油田勘探开发整个程序中的一个独立的重要阶段。它是保证油田能够科学而合理地开发所必经的阶段，但是又必须考虑各阶段之间的衔接和交替。对于整装的大油田，根据详探资料井的钻探和生产试验区的解剖，虽然基本掌握了油层性质的变化特征和生产动态，但还存在较大的局限性。因为一般详探资料井的密度为每口井 1 ~2km$^2$，在这样大的井网下，一般很难掌握储层的非均质特点。为了解决这个问题，可以采用部署基础井网的方法。

基础井网是以某一主要含油层为目标而首先设计的基本生产井和注水井，是开发区的第一套正式开发井网。

基础井网的部署对象：对于油层较多，各类油层差异大，分布相对比较稳定，油层物性好，储量比较丰富，上、下有良好的隔层，生产能力比较高，具备独立开采条件的区块可以作为基础井网布置的对象。

基础井网的任务有两个：基础井网是开发区的第一套正式开发井网，它应合理开发主力油层，建成一定的生产规模；钻探开发区的其他油层，解决探井、资料井所没有完成的任务，搞清这些油层的分布情况、物理性质和非均质特点。

基础井网的部署要求如下。

（1）基础井网的部署应该在开发区总体开发设想的基础上进行，要考虑到将来不同层系井网的相互配合和综合利用，不能孤立地进行部署。

（2）掌握井网在实施上要分步进行，基础井网钻完后，暂不射孔，及时进行油层对比，理清地质情况，掌握其他油层特点，核实基础井网部署，落实开发区的全面设想，编制开发区的正式开发方案，并进行必要的调整。如为了提高注水开发效果，在断层附近的低渗透率区局部地进行注采系统和开发层系的调整，为了保证每套层系的独立开发条件，对隔层进行必要的调整，然后对基础井网再射孔投产。

一个合理的开发程序，只是指导了油田上各开发层系初期的合理开发部署，指导了油田合理的投入开发，为开发油田打下了基础。但在油田投入开发以后，地下油水就处于不断的运动状态之中，地下油水分布时刻发生着变化，各种不同类型油层地质特征对开发过程的影响将更加充分地表现出来。因此，在开采过程中，还需要分阶段有计划地进行调整工作，以不断提高油田的开发效果。

# 第二节 油藏评价

一个油藏在被勘探出以后，仅仅依靠初期的物探资料是难以准确描述其属性的。而油藏开发又需要在深入掌握油藏属性的基础上进行，因此在发现油藏后，往往需要依据一定的资料对油藏进行评价，为油藏开发方案设计和编制提供科学依据。

## 一、油藏评价的概念

所谓油藏评价，是指通过地震细测、地质综合分析、钻探评价井、录井、测井、试油和试采测试、取心、分析化验、开辟生产试验区等获取油藏各方面的信息，在此基础上进行多学科综合研究，形成对油藏更加全面的认识，并建立一个科学的油藏地质模型。利用该模型可以对开发方案中的技术经济指标进行对比、优化和筛选。

## 二、油藏评价的主要内容

储层和流体是构成油藏的两个基本要素，因此在油藏评价中需要对储层特征和流体特征进行详细的描述和评价，同时也需要对油藏的渗流特征进行研究。油藏评价主要包括以下几方面的内容。

### （一）构造特征评价

构造特征评价主要包括构造形态研究、圈闭分析和断层系统研究三个方面。其研究成果主要是形成反映构造特征的顶、底面构造图和必要的不同方向的剖面图。在构造形态研究中，需要确定油藏圈闭类型、长短轴及其比值、构造走向、构造顶面平缓度等；在圈闭分析中，主要确定圈闭的溢出点、闭合面积、闭合高(幅)度等参数；在断层系统研究中，主要确定断层走向、倾向及倾角、延伸范围、断距及断开层位、断层类型及其密封特性等。

### （二）油层特征评价

油层特征评价主要是采用测井资料对油层的平面分布延展规律和纵向油层分布进行分析。主要的成果为小层平面图、综合柱状图和必要的剖面图。由于岩石沉积过程和成岩过程复杂，导致含油层系分布也十分复杂，尤其是河流相沉积的油藏更是如此。目前一般按照储层的沉积旋回和韵律及油层之间的连通性将油层划分为小层、砂岩组、油层组和含油层系，然后逐一描述它们的形态、厚度、分布和连通关系等。油层之间由隔层分开，隔层与油层相伴而生。通过测井资料和其他资料可以确定隔层厚度、延伸范围、隔层岩性、隔层类型、隔层物性和隔层分布频率以及隔层在油藏中所起的作用等。

### （三）储集层特征评价

油藏是形成于储集层中的，储集层性质直接影响岩石储集油气的能力和流体在其中的渗流能力。通过储集层特征评价，主要确定岩石性质、物性特征和非均质状况。具体包括：岩石矿物组成、粒度组成及分选程度、胶结物、胶结类型及胶结程度、磨圆度及成熟度、黏土矿物含量；孔隙类型、孔隙结构、孔隙度及渗透率分布、渗透率变异系数等。在研究以上参数的基础上，还需要对储集层进行分类。

**(四) 油藏流体特征评价**

油藏含有油、气和水等流体，它们的富集状态、物理性质和分布规律对油气开采有很大的影响，弄清油水关系是做好开发工作的前提条件。

1. 确定油水关系

油藏流体包括油、气、水，它们在油藏中按密度的大小呈规律性分布，描述油、气、水分布的主要参数有以下几个。

(1) 含油边缘：油水接触面与含油层顶面的交线。这是水和油的外部分界线。对气顶来说，称为气顶边缘。

(2) 含水边缘：油水接触面与含油层底面的交线。这是油和水的内部分界线，一般情况下，在此线以内没有可流动的水。

(3) 油水过渡带：含油边缘与含水边缘之间的地带。

(4) 含油面积：含油边缘所圈定的面积。

(5) 边水和底水：在含油边缘内的下部支托着油藏的水，称为底水；在含油边缘以外衬托着油藏的水，称为边水。

(6) 含油高度：油、水接触面与油藏最高点的海拔高差。

利用以上参数即可表述油藏中的油水分布规律。

2. 确定油藏初始油、气、水饱和度分布

初始油、气、水饱和度参数可以通过室内岩心分析得到，也可以利用测井曲线分析计算取得。

3. 油、气、水常规物性和高压物性分析

常规物性主要包括：地面脱气原油密度、脱气原油黏度、凝固点、初馏点及馏分、含蜡量、含硫量、含水量、原油组成、胶质沥青及灰分含量等；天然气相对密度、天然气组成等；地层水密度、氯离子含量、矿物组成及矿化度、pH 值、地层水型等。高压物性主要包括：油、气、水相态特征、饱和压力、黏温曲线、原油析蜡温度、原油溶解气油比、溶解系数、地层原油体积系数、地层和地面条件下的流体密度、地层条件下的流体压缩系数、气液相色谱分析、油气组成、凝析油含量和重烃含量、地层流体黏度等。

**(五) 油藏压力系统评价**

油藏的压力系统是油藏评价的主要内容，因为油藏压力的大小是油藏天然能量的重要标志。在压力系统评价中，主要需要确定油藏的原始地层压力、地层压力系数、压力梯度、地层破裂压力等参数，并进行油藏压力系统分析、正常及异常压力状态分析。油藏的地层压力经常表示成如下形式：

$$p_i = \alpha h / 100 \tag{3-1}$$

式中 $p_i$——油藏的原始地层压力，MPa；

$\alpha$——地层压力梯度，MPa/100m；

$h$——油藏中部深度，m。

一般认为，当 $\alpha < 0.8$MPa/100m 时，油藏为异常低压油藏；当 $\alpha$ 为 0.8～1.2MPa/100m 时，为正常压力系统；当 $\alpha > 1.2$MPa/100m 后，形成的油藏为异常高压油藏。

**(六) 油藏温度系统评价**

油藏的温度系统是油藏评价的主要内容，温度常常是决定某种驱替剂是否有效的关键因素。矿场上需要确定的主要温度参数有油藏原始地层温度和地温梯度。油藏原始地层温度一般是在探井测井和测压时用附带的温度计测量得到的。

应该指出的是，油藏的温度主要受地壳温度控制，一般不受储层岩石及其所含流体的影响，大部分地区地层温度与深度呈线性关系，可以用下式表示：

$$T=T_0+\beta h/100 \tag{3-2}$$

式中 $T$、$T_0$——油藏的温度和地表平均温度，℃；

$\beta$——地温梯度，℃/100m；

$h$——油藏深度，m。

实际资料表明，由于地壳温度受到构造断裂运动和岩浆活动的影响，不同地区的地温梯度不同，如我国东部地区油田的地温梯度一般为3.5~4.5℃/100m。

**（七）渗流物理特征评价**

储层岩石微观特征的多样性决定了储层具有不同的渗流物理特征，这些特征对水驱过程影响显著。渗流物理特征评价主要提供的参数和物性特征有：岩石润湿性特征、油水两相或油气水三相相渗曲线、毛管压力曲线、驱油效率分析和“六敏(水敏、速敏、酸敏、碱敏、盐敏、应力敏感性)”实验分析资料。

**（八）油藏天然能量评价**

油藏天然能量主要来自油藏自身的弹性储能和周围水体的弹性膨胀能。油藏评价阶段需从静态的角度分析研究以下几个方面：溶解气及弹性膨胀能量分析；地饱压差和弹性采收率计算，气顶气能量大小估算，边底水水体大小、水体补充能量的方式和途径等研究内容，在此基础上评价天然能量驱替的可行性。

**（九）油藏储量计算和评价**

一定规模的油气地质储量是进行油气田开发的物质基础，储量计算正确与否直接影响着开发决策的成败与得失。根据计算储量时对地下情况掌握的详细程度，通常又将地质储量分为预测储量、控制储量和探明储量，从预测储量到探明储量表明了对油藏的认识程度逐级提高。地质储量必须达到探明级别才能进行开发设计。

**（十）产能特征评价**

油藏(井)的产能大小是油气田开发建设和合理开发油气资源的重要依据，必须在油藏评价阶段认真研究并加以确定。

产能特征评价主要确定的参数以下几个。

(1) 油井单井产能。油井单井产能是通过试油、试采资料分析得到的，除此之外还必须分析研究油井试采过程中油气产量和地层压力的递减情况以及含水上升情况，并以此为基础预测油气生产动态，研究确定相应的开发措施。

(2) 油井产能分布特征。由于我国大部分油田是陆相沉积，非均质性严重，不同部位生产井产能差异较大，因此平面上需要找出高产井和低产井的分布，纵向上要找出主力层位和非主力层位，为合理布置开发井和充分发挥各个层段的产油气能力提供基本资料。

(3) 确定合理的油气层保护与改造措施。通过生产试验区取得开发经验，提出适当的油藏保护措施或相应的增产改造措施，如压裂方法、防砂方法等。

(4) 水井注入能力分析。必要时需开展一定的注入试验，以确定油井和油层的注入能力，为日后注水系统的设计和实施提供一定的参数和依据。

油藏评价是油田开发的一个重要环节。油藏评价结果的准确程度将直接影响后期开发方案设计效果的好坏，进而影响整个油田最终的开发效果，因此需要重视油藏评价工作。

## 第三节　油藏储量

油藏储量是石油和天然气在地下的蕴藏量，它是油藏勘探综合评价的重要成果之一，也是制订油藏开发方案、确定油藏建设规模和投资的依据。本节主要介绍有关储量的基本概念及油藏储量的计算方法和评价标准。

### 一、有关储量的基本概念

油藏的储量是指在一个特定的地质构造中所聚集的油气数量，如油区地质储量、油田地质储量和油藏地质储量。由于一个油田从勘探到开发要经历几个不同的阶段，随着各阶段的不断深入，人们对油田地质规律的认识不断深化，掌握的动态和静态资料越来越多，因此计算的储量和核实储量的级别也不断提高。由于计算储量过程中采用的数据量、数据种类不同，应用的计算方法不同，储量的含义也有一定的区别。下面介绍常用的储量定义。

根据目前的油气生成理论，石油是聚集在地层圈闭中的，因此圈闭是找到石油的潜在场所。根据区域勘探的结果，当发现石油探区的圈闭以后，根据一定的经验可以预测在该石油探区的油气资源量，此时计算出的数值称为潜在资源量。

从另外一个角度来说，石油是在生油岩中生出的，因此根据区域勘探结果，当估算出石油探区生油岩的体积后，可以采用下式简单估算油气资源量：

$$N=V_s c_1 c_2 c_3 c_4 \tag{3-3}$$

式中　$N$——油气资源量，t；

$V_s$——生油岩体积，$m^3$；

$c_1$——单位体积生油岩中有机质的含量，$t/m^3$；

$c_2$——烃类转化系数，小数；

$c_3$——生油岩排烃效率，小数；

$c_4$——烃类聚集系数，小数。

利用式(3-3)计算出的油气量一般称为远景资源量。

如果一个圈闭被钻井证实含油，但该圈闭的大小和含油范围尚不清楚，则可以通过一定的预测方法对圈闭面积和含油范围做出预测，此时也可以计算得到一个储量，称为预测地质储量。

潜在资源量和远景资源量计算过程中采用的参数具有较大的不确定性，因此计算的结果可信程度较低，仅仅作为初步的估计和期望数值，不能作为开发数据使用。预测地质储量是经过钻井证实含油的，因此可信级别要比潜在资源量和远景资源量高。

在圈闭证实含油后，需要继续增加探井数量，当一个含油圈闭有 3 口以上探井发现工业油气流后，在初步掌握油藏类型、大体明确含油范围的基础上计算的储量称为控制地质储量。这里涉及一个工业油流的概念，是对具有经济开发价值的单井产量的估计。不同深度的油藏，其工业油流的数值不同，目前我国一般采用表 3-1 所示的标准。

表 3-1　工业油流的标准

| 井深/m | <500 | 500~1000 | 1000~2000 | 2000~3000 | >3000 |
| --- | --- | --- | --- | --- | --- |
| 产量/($t \cdot d^{-1}$) | 0.3 | 0.5 | 1.0 | 3.0 | 5.0 |

在预探的基础上再进行详探工作，在探井、资料井达到详探设计的井网密度，取得相当数量的分层试油、部分井试采资料的基础上，进行储量计算，这时得到的储量称为探明地质储量。

根据探明的石油地质储量，对油藏进行开发设计和规划，待开发井钻完并取得一定的生产资料后，需要根据测井、地质研究资料对油藏的构造、储层、流体性质重新进行核实和计算，采用这些数据计算得到的储量称为开发地质储量。

## 二、储量计算方法

从油气田的勘探阶段到开发阶段，根据取得的资料不同，产生了各种各样的计算方法，大体上可以分为类比法、容积法和动态法三大类。

类比法是利用已知相似油气田的储量参数类推尚不确定的油气田储量。该方法可以用于推测尚未打预探井的圈闭构造的资源量，或者已经打少量评价井并已经获得工业性油气流，但尚不具备计算储量各项参数的构造。类比法确定的储量可信程度相对较低，只在勘探阶段采用。

容积法是在油气田经过早期评价勘探，基本弄清楚含油气构造、油气水分布、储层类型、岩石性质及流体性质后计算原始地质储量的方法。由于容积法采用的各项参数比较落实，因此可信程度较高。容积法主要用在开发初期。

在油气田投入开发以后，油气田开发过程中表现出来的动态特征也可以反映储量的大小，因此产生了多种动态方法，如适用于定容封闭气藏的压降法、适用于水驱油藏开发中后期的水驱特征曲线法、适用于油藏进入递减阶段的产量递减法、适用于多种油藏的物质平衡法、适用于油田开发初期的试井法等。这些方法从不同的角度对油藏的储量进行了反映。但应该指出的是，利用动态方法计算的储量是动用储量，该数值往往小于等于原始地质储量。动用储量与原始地质储量的比值称为储量动用程度。

动态法在试井、物质平衡方程和产量递减内容中进行阐述，下面主要介绍使用容积法计算地质储量。

## 三、容积法计算油藏储量

可以采用下式进行油藏地质储量计算：

$$N=100Ah\phi(1-S_{wi})\rho_o/B_{oi} \tag{3-4}$$

式中　$N$——原油地质储量，$10^4$t；

$A$——油田的含油面积，$km^2$；

$h$——平均有效厚度，m；

$\phi$——平均有效孔隙度，小数；

$S_{wi}$——油层平均原始含水饱和度，小数；

$\rho_o$——平均地面原油密度，$t/m^3$；

$B_{oi}$——原始原油体积系数，$m^3/m^3$。

对于油藏来说，原油中都溶解有部分溶解气，此时也可以利用原油地质储量公式计算溶解气的地质储量：

$$G_s = 10^{-4} N R_{si} \tag{3-5}$$

式中 $G_s$——溶解气的地质储量，$10^8 m^3$；

$R_{si}$——原始溶解气油比，$m^3/t$。

从式(3-4)、式(3-5)可以看出，计算储量需要含油面积、有效厚度、有效孔隙度、原始含水饱和度、地面原油密度和原始条件下的原油体积系数等参数，这些参数的取值关系到储量计算的精度。

在储量计算过程中，常常要用到两个概念，即储量丰度和单储系数。油田单位含油面积下所控制的地质储量称为储量丰度($\Omega$)；油田单位含油面积和单位有效厚度控制的地质储量称为单储系数($SNF$)。这两个参数的单位分别为$10^4 t/km^2$和$10^4 t/(km^2 \cdot m)$。

$$\Omega = \frac{N}{A} = 100 h \phi (1 - S_{wi}) \rho_o / B_{oi} \tag{3-6}$$

$$SNF = \frac{N}{Ah} = 100 \phi (1 - S_{wi}) \rho_o / B_{oi} \tag{3-7}$$

应该注意的是，对于已经开发的油田，地层孔隙中的含水饱和度已经发生变化，原油地面密度和体积系数由于地层压力的改变也与原始状况下的数值不同。因此，如果将目前开发条件下的平均含水饱和度、原油地面密度和体积系数代入式(3-6)、式(3-7)中，就可以得到目前开发条件下的剩余储量丰度和剩余储量单储系数。

## 四、油藏储量评价

**表 3-2 油田储量评价参数和评价标准**

| 评价参数 | 指标范围 | 评价结果 |
|---|---|---|
| 流度/[$\times 10^{-3} \mu m^2/(mPa \cdot s)$] | >80 | 高流度 |
| | 30~80 | 中流度 |
| | 10~30 | 低流度 |
| | <10 | 特低流度 |
| 地质储量丰度/($\times 10^4 t/km^2$) | >300 | 高丰度 |
| | 100~300 | 中丰度 |
| | 50~100 | 低丰度 |
| | <50 | 特低丰度 |
| 地质储量/($\times 10^8 t$) | >10 | 特大油田 |
| | 1~10 | 大型油田 |
| | 0.1~1 | 中型油田 |
| | <0.1 | 小型油田 |
| 储层埋藏深度/m | >4000 | 超深层 |
| | 3200~4000 | 深层 |
| | 2000~3200 | 中深层 |
| | <2000 | 浅层 |

续表

| 评价参数 | 指标范围 | 评价结果 |
|---|---|---|
| 产能大小（千米井深稳定油气产量）/[t/(km·d)] | >15 | 高产 |
| | 5~15 | 中产 |
| | 1~5 | 低产 |
| | <1 | 特低产 |

在地质储量计算完成后，还应该对储量进行评价。即使是两个储量相同的油气田，其储量的品位并不一定相同，不同品位的储量意味着开发程度的难易和开发效果的好坏。通常，对于新油田，新颁布的储量规范规定必须按表 3-2 中的五个方面进行评价。

# 第四节　油藏驱动方式及开采特征

油藏的驱动方式是全部油层工作条件的综合，它是指油层在开采过程中，主要依靠哪一种能量来驱油。

驱动方式对油田开发来说具有重要的意义。油藏的驱动方式不同，开发方式也不同，从而在开发过程中产量、地层压力、生产气油比等重要开发指标有不同的变化特征。因此，驱动方式会影响到合理选择注采井、布井方案及合理的开发制度和单井工作制度，这些因素又会影响最终采收率。

## 一、天然能量开发方式

### （一）弹性驱动

依靠油层岩石和流体的弹性膨胀能量驱油的油藏为弹性驱动。在该种驱动方式下油藏无边水(底水或注入水)，或有边水而不活跃，油藏压力始终高于饱和压力。油藏开始时，随着压力的降低，地层将不断释放出弹性能量，将油驱向井底。其开采特征曲线如图 3-1 所示。

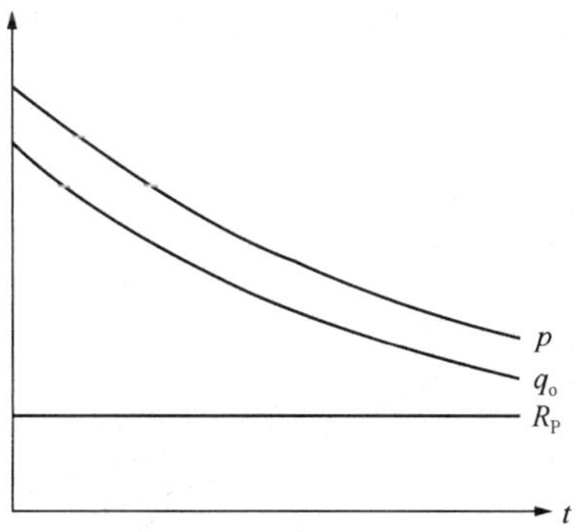


图 3-1　弹性驱动油藏开采的特征曲线

$p$—地层压力；$q_o$—产油量；$R_P$—生产气油比

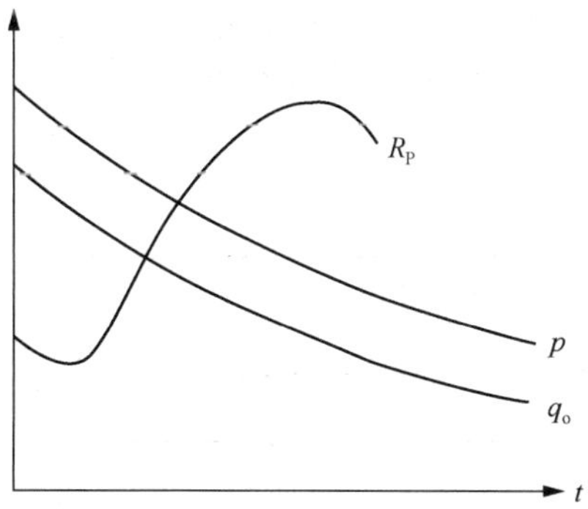


图 3-2　溶解气驱油藏开采特征曲线

$p$—地层压力；$q_o$—产油量；$R_P$—生产气油比

### （二）溶解气驱动

当油层压力下降到低于饱和压力时，随着压力的降低，溶解状态的气体从原油中分离出来，形成气泡，气泡膨胀而将石油推向井底。

形成溶解气驱的油藏应无边水(底水或注入水)、无气顶，或有边水而不活跃，地层压力低于饱和压力。

由于地层压力急剧下降，井底附近严重脱气，油层孔隙中便很快形成两相流动，随着压力的降低，超出的气量增加，相应的含油饱和度和相对渗透率则不断减少，使油的流动更加困难，同时，原油中的溶解气逸出后，使原油的黏度增加，因而油井产量和累积采油量开始以较快的速度下降。开发初期压降较小时，气油比急剧增加，地层能量大大消耗，最后枯竭，所以气油比开始上升很快，然后又以很快的速度下降，其开采特征如图 3-2 所示。

**(三) 水压驱动**

当油藏存在边水或底水时，则会形成水压驱动。水压驱动分为刚性水驱和弹性水驱两种。

1. 刚性水驱

驱动能量主要是边水(或底水、注入水)的重力作用。形成刚性水驱的条件是：油层与边水或底水相连通；水层有露头，且存在着良好的供水水源，与油层的高差也较大；油水层都具有良好的渗透性；在油水区间又没有断层遮挡。因此，该驱动方式下能量供给充足，其水侵量完全补偿了液体采出量，总压降越大，则采液量越大，反之当总压降保持不变时，液体流量基本不变。

油藏进入稳定生产阶段以后，由于有充足的边水、底水或注入水，能量消耗能得到及时的补充，所以在整个开发过程中，地层压力保持不变。随着原油的采出并当边水、底水或注入水推至油井后，油井开始见水，含水将不断增加，产油量也开始下降，而产液量逐渐增加。开采过程中气全部呈溶解状态，因此气油比等于原始溶解气油比，其开采特征如图 3-3 所示。

2. 弹性水驱

弹性水驱主要是依靠采出液体使含水区和含油区压力降低而释放出的弹性能量来进行开采的。其开采特征为，当压力降到封闭边缘后，要保持井底压力为常数，地层压力将不断下降，因而产量也将不断下降，由于地层压力高于饱和压力，因此不会出现脱气，气油比不变，其开采特征如图 3-4 所示。

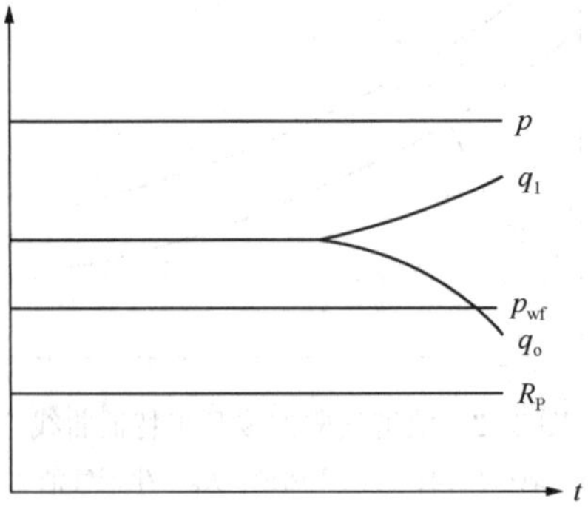


图 3-3　刚性水驱油藏开采特征曲线

$p$—地层压力；$q_1$—产液量；$q_o$—产油量；

$p_{wf}$—井底流压；$R_P$—生产气油比

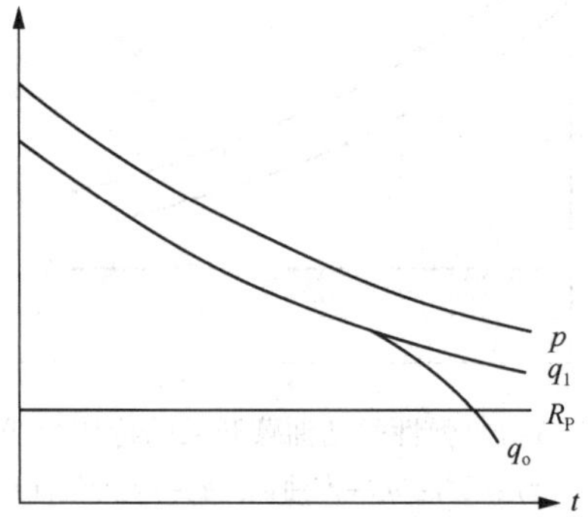


图 3-4　弹性水驱油藏开采特征曲线

$p$—地层压力；$q_1$—产液量；

$q_o$—产油量；$R_P$—生产气油比

形成弹性水驱的条件是：边水活跃程度不能弥补采液量，一般边水无露头，或有露头但水源供给不充足，或存在断层或岩性变化等方面的原因。若采用人工注水时，注水速度赶不上采液速度，也会出现弹性水驱的特征。

一般来说，弹性水压驱动的驱动能量是不足的，尤其当开采速度较大时，它很可能向着弹性—溶解气驱混合驱动方式转化。

**（四）气压驱动**

当油藏存在气顶时，气顶中的压缩气为驱油的主要能量，该驱动方式称气压驱动。气压驱动可分为刚性气驱和弹性气驱。

1. 刚性气压驱动

只有在人工向地层注气，并且注入量足以使开采过程中地层压力保持稳定时，才能呈现刚性气压驱动。在自然条件下，如果气顶体积比含油区的体积大得多，能够使得在开采过程中气顶或地层压力基本保持不变或下降很小，也可看作是刚性气压驱动，但这种情况是较少见的。

该驱动方式的开采特征与刚性水驱的开采特征相似，开始地层压力、产量和气油比基本保持不变，只是当油气边界线不断推移至油井之后，油井开始气侵，则气油比增加，其开采特征如图 3-5 所示。

2. 弹性气压驱动

弹性气压驱动和刚性气压驱动的区别在于，当气顶的体积较小，而又没有进行注气的情况下，随着采油量的不断增加，气体不断膨胀，其膨胀的体积相当于采出原油的体积。虽然在原油采出过程中，由于压力下降，要从油中分离出一部分溶解气，这部分气体将补充到气顶中去，但总的来说影响较小，所以地层能量还是要不断消耗，即使减少采液量，甚至停产，也不会使地层压力恢复到原始状态。由于地层压力的不断下降，使得产油量不断下降，同时，气体的饱和度和相对渗透率却不断提高，因此气油比也就不断上升，其开采特征如图 3-6 所示。

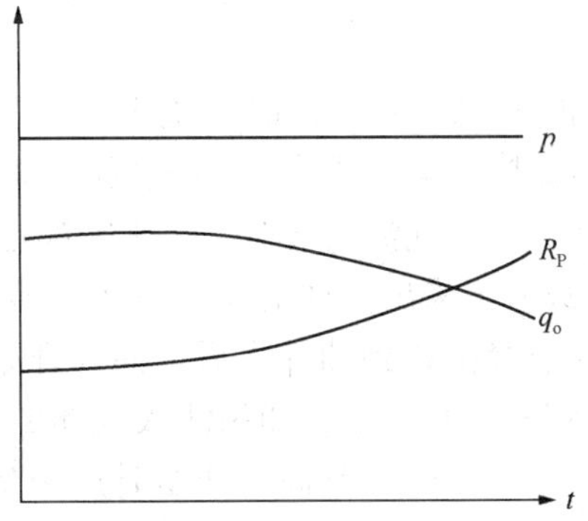


图 3-5 刚性气驱油藏开采特征曲线（注采比等于 1）

$p$—地层压力；$q_o$—产油量；$R_P$—生产气油比

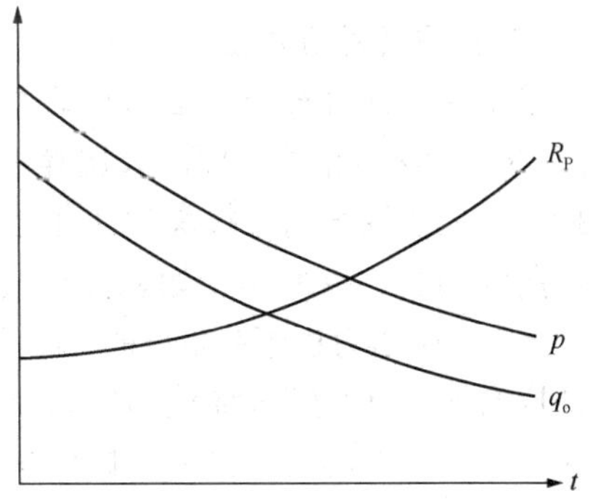


图 3-6 弹性气驱油藏开采曲线（注采比小于 1）

$p$—地层压力；$q_o$—产油量；$R_P$—生产气油比

**（五）重力驱动**

靠原油自身的重力将油驱向井底称为重力驱油。一般油藏，在其开发过程中，重力驱油往往是与其他能量同时存在的，但多数所起的作用不大。以重力为主要驱动能量的多发生在油田开发后期或其他能量已枯竭的情况下，同时还要求油层具备倾角大、厚度大、渗透性好等条件。开采时，含油边缘逐渐向下移动，地层压力(油柱的静水压头)随时间而减小，油井产量在上部含油边缘到达油井之前是不变的，其开采特征如图 3-7 所示。

## 二、人工补充能量开发方式

人工补充能量主要包括向油层注水、注气和注蒸汽等。利用人工补充能量开发有下述几种方式。

**(一) 注水驱动开发**

采用人工注水补充能量的驱动方式称为注水驱动。在油藏条件下，如果注入水量(地下体积)与采出液量(地下体积)相等，即注采比等于 1，地层压力保持稳定，开采特征曲线如图 3-3 所示；如果注入水量小于采出液量，即注采比小于 1，油层亏空，地层压力下降，开采特征曲线如图 3-4 所示；如果注入水量大于采出液量，即注采比大于 1，油层盈余，地层压力逐渐上升，开采特征曲线如图 3-8 所示。

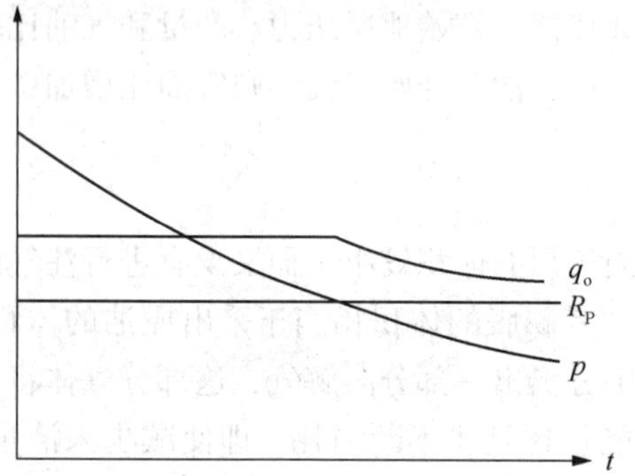


图 3-7　重力驱油开采特征曲线

$q_o$—产油量；$p$—地层压力；$R_P$—累积生产气油比

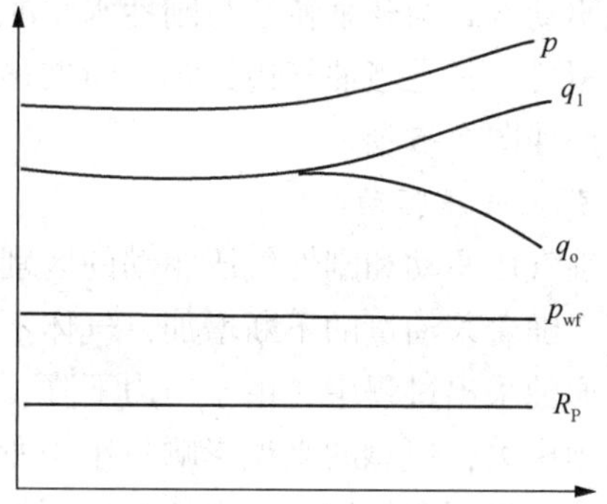


图 3-8　水驱油藏开采特征曲线(注采比大于 1)

$p$—地层压力；$q_1$—产液量；$q_o$—产油量；$p_{wf}$—井底流压；$R_P$—累积生产气油比

**(二) 注气驱动开发**

采用人工注气补充能量的驱动方式称为注气驱动。如果注入气量(地下体积)与采出液量(地下体积)相等，即注采比等于 1，地层压力保持稳定，开始时产油量和气油比基本保持不变，当油气前缘推移到油井之后，油井开始气侵，气油比增加，产油量降低，开采特征曲线如图 3-9 所示；如果注入气体的地下体积小于采出流体的地下体积，即注采比小于 1，地层压力逐渐降低，产油量下降，当油气前缘推移到油井之后，油井开始气侵，气油比增加，开采特征曲线与气顶驱基本相同，如图 3-6 所示；如果注入气体的地下体积大于采出流体的地下体积，即注采比大于 1，地层压力逐渐升高，开始时产油量升高，当油气前缘推移到油井之后，油井开始气侵，气油比增加，产油量逐渐降低，开采特征曲线如图 3-10 所示。

**(三) 注蒸汽开发**

对于稠油油藏，原油黏度对温度特别敏感，温度升高，黏度将急剧下降，正是利用这种性质，稠油油藏一般采用注蒸汽开发。注蒸汽开发分蒸汽吞吐和蒸汽驱两种开发方式。蒸汽吞吐是指从生产井向油层中注入蒸汽，达到一定累积量后，焖井一段时间，然后开井采油，能量耗尽后，再向油层中注入蒸汽，周而复始，开采特征曲线如图 3-11 所示。

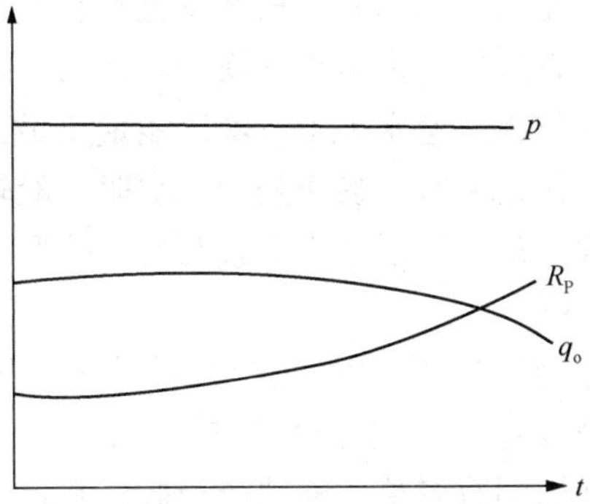


图 3-9 气驱油藏开采特征曲线(注采比等于 1)

p—地层压力；$q_o$—产油量；$R_P$—累积生产气油比

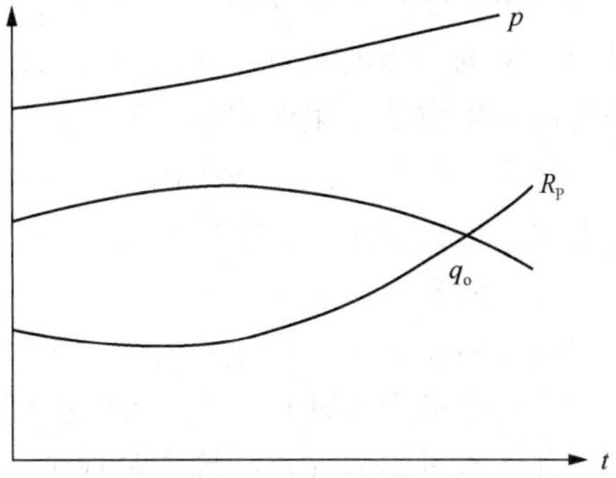


图 3-10 气驱油藏开采特征曲线(注采比大于 1)

p—地层压力；$q_o$—产油量；$R_P$—累积生产气油比

蒸汽驱是指从注入井注入蒸汽，在油层中将原油驱替到生产井井底，然后举升到地面。一般情况下，注入油层中的蒸汽在驱油过程中，热量与地下流体、油层岩石发生交换，到达生产井之前已经液化成水的状态，开采特征曲线与水驱油藏基本相同。

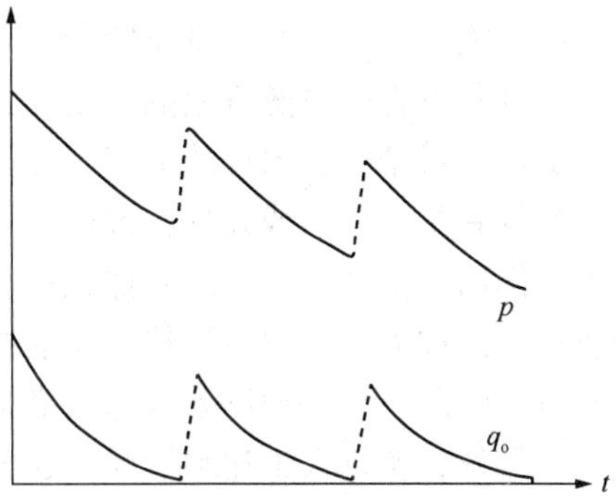


图 3-11 蒸汽吞吐开采特征曲线

p—地层压力；$q_o$—产油量

## 三、开发方式选择

油田开发到底选择哪一种开发方式，是由油藏自身性质和当时的经济、技术条件所决定的。在选择油田开发方式时，一般考虑天然能量、采收率、注入技术和开发效益等因素。对于一个具体的油田，选择开发方式的原则是：既要合理的利用天然能量，又要有效的保持油藏能量，以确保油田具有较高的采油速度和较长的稳产时间。为此，必须进行区域性的调查研究，了解整个水压系统地质、水文地质特征和油藏本身的地质—物理特征，即必须了解油田有无边底水，有无液源供给区，中间是否有断层遮挡和岩性变异现象，油藏有无气顶及气顶大小等。

油藏岩石和流体的弹性能量一般都很小，靠弹性驱动原油的采收率低于 10%，平均只有 5%左右，因此，评价一个油藏天然能量高低主要是看边水、底水是否活跃。一般情况下，边水油藏的水体可利用性差，底水油藏的水体可利用性强；中大型油藏的水体可利用性差，小型油藏的水体可利用性强。

当通过预测及研究确定油田天然能量不足时，则应考虑向油层中注入驱替工作剂，如水、气等。

人们最初向油层注水，是当油藏开采了相当长的时间，天然能量接近枯竭的时候，为了进一步采出油层中剩余的原油而进行的，这种做法称为晚期注水。在长期的油田开发实践中，人们发现保持油层压力越早，地下能量损耗就越少，能开采出的原油也就越多，于是就有意识地在油田开发初期向油层注水保持压力，这种方法称为早期注水。目前，世界上许多油田都采用了早期注水。我国的大庆油田，在总结了国内外油田开发经验和教训的基础上，根据油田的特点，在油田投入开发的初期，就采用了内部早期横切割注水保持油层压力的开发方式。生产实践表明，由于油层压力保持在一定水平上，油层能量充足，油田产量稳定。另外，还应该指出，由于水的来源广、价格便宜、易于处理，水驱一般较溶解气等驱动方式效果好，因此凡是有条件的油田，我国都采用了注水方式开发，并取得了显著的经济效益。

但也应该指出，人工注水并不是唯一最佳的开发方式，它是一定阶段科技水平的产物。对于一些低渗透油田，由于油层中黏土矿物含量高，一般会产生比较严重的水敏现象，水井注水困难，在水井周围形成憋压区，而油井周围收效差，油井产量低，并且由于低渗透油层孔隙结构的复杂性，水驱油效率低，平均水驱采收率只有20%左右。因此，对于低渗透油田，人们提出了注气开发，注入气体包括天然气、二氧化碳气、氮气、烟道气等，以利于尽快补充地层能量，扩大注入剂的波及体积，提高驱油效率，但也存在成本较高的缺陷，目前正处于试验阶段。对于稠油油藏，最有效的开发方式是向油层中注入蒸汽，采取蒸汽吞吐或蒸汽驱的开发方式，我国辽河油田稠油区块普遍采用这一开发方式取得了成功。对于高含水期的油田，在注入水中加入一定量的化学剂，如聚合物、碱、表面活性剂等其中的一种或几种，改变注入剂的性质，起到增加注入剂的黏度或降低油水界面张力的作用，提高注入剂波及体积和驱油效率，降低含水率，达到提高采收率的效果，这种驱替方式称为化学驱。显然，向油层注入化学驱替剂需要增加油田前期的投资、设备和工作量。因此，需要预测采取这一措施所能获得的采收率大小和经济效益，看是否能得以偿失。另外，实行人工注水、注气还要考虑注入剂的来源及处理问题。注水必然要涉及水质是否与储层配伍及环保等问题。注冷水、淡水可能会对地下温度、原油物性及黏土矿物产生影响，因而需要考虑是否要加添加剂，是否要做加热预处理等。

总之，人工保持油层压力的方法，要根据油田的具体情况来确定。

## 第五节　油田开发层系划分与组合

### 一、划分开发层系的意义

当前世界投入开发的多油层大油田，在大量进行同井分采的同时，基本上采取划分多套开发层系进行开发的方法。例如，苏联投入开发的萨莫特洛尔油田，9个油层划分为4套层系开发，我国大庆、胜利等油田也都是采取划分多套层系进行开发的。

**（一）合理划分开发层系，可发挥各类油层的作用**

合理地划分与组合开发层系，是开发好多油层油田的一项根本措施。所谓开发层系，就是把特征相近的油层组合在一起，采用单独一套开发系统进行开发，并以此为基础进行生产规划、动态研究和调整。

在同一油田内，由于储油层在纵向上的沉积环境及其条件不可能完全一致，因而油层特性自然会有差异，所以在开发过程中也就不可避免要出现层间矛盾。若高渗透层和低渗透层合采，则由于低渗透层的油流动阻力大，生产能力往往受到限制；低压层和高压层合采，则低压层往往不出油，甚至高压层的油有可能窜入低压层。在水驱油田，高渗透层往往很快水淹，在合采的情况下会使层间矛盾加剧，油水层相互干扰，严重影响采收率。

例如，我国某油田某井分层测试发现，该井主力油层萨Ⅱ3+6压力高达10.17MPa，而差油层萨II5+16压力只有8.43MPa，相差1.74MPa。若油层本身渗流阻力比较大，在多层合采的情况下，油井的流动压力主要受高渗透主力层控制。在注水油田上，主要油层出水后，流动压力不断上升，全井的生产压差越来越小。这样，注水不好的差油层的压力可能与全井的流压相近，因而出油不多，甚至根本不出油，在某些时候，还会出现高压含水层的油和水往差油层中倒流的现象，这就是见水层与含油层之间的倒流现象，如图3-12所示。

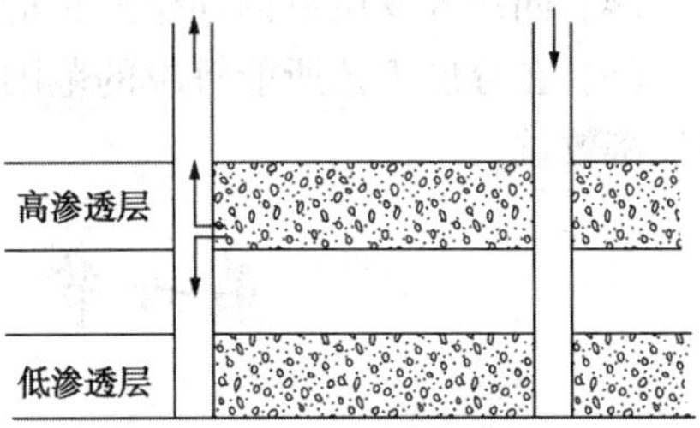

图3-12 倒流现象示意图

**(二) 划分开发层系是部署井网和规划生产设施的基础**

确定了开发层系，就确定了井网套数，因而使得研究和部署井网、注采方式以及地面生产设施的规划和建设成为可能。开发区的每一套开发层系，都应独立进行开发设计和调整，对其井网、注采系统、工艺手段等都要独立做出规定。

**(三) 采油工艺技术的发展水平要求进行层系划分**

一个多油层油田，其油层数目很多，往往多达几十个，开采井段有时可达数百米。采油工艺的任务在于充分发挥各类油层的作用，使它们吸水均匀、出油均匀，因此，往往采取分层注水、分层采油和分层控制的措施。由于地质条件的复杂性，目前的分层技术还不可能达到很高的水平，因此，就必须划分开发层系，使一个开发层系内部的油层不致过多、井段不致过长。

**(四) 油田高速开发要求进行层系划分**

用一套井网开发一个多油层油田必须充分发挥各类油层作用，尤其是当主要出油层较多时，为了充分发挥各类油层作用，就必须划分开发层系，这样才能提高采油速度，加快油田的生产，从而缩短开发时间，并提高基本投资的周转率。

## 二、划分开发层系的原则

划分开发层系就是要把特征相近的油层组合在一起，用一套生产井网单独开采。总结国内外在开发层系划分方面的经验教训，合理地划分与组合开发层系需考虑的原则如下。

(1) 把特征相近的油层组合在同一开发层系以保证各油层对注水方式和井网具有共同的适应性，以减少开采过程中的层间矛盾。

油层性质相近主要体现在：沉积条件相近，渗透率相近，组合层系的基本单元内油层的分布面积相近，层内非均质程度相近。

通常人们以油层组作为组合开发层系的基本单元。有的油田根据大量的研究工作和生产实践，提出以砂岩组来划分和组合开发层系，因为它是一个独立的沉积单元，油层性质相近。

(2) 一个独立的开发层系应具有一定的储量，以保证油田满足一定的采油速度，具有较长的稳产时间，并达到较好的经济指标。

(3) 各开发层系间必须具有良好的隔层，以在注水开发的条件下，层系间能够严格地分开，确保层系间不发生串通和干扰。

(4) 同一开发层系内油层的构造形态、油水边界、压力系统和原油物性应比较接近。

(5) 在分层工艺所能解决的范围内，开发层系不宜划分过细，以减少建设工作量，提高经济效益。

## 第六节　井网与注水方式

### 一、油田注水时间

油田合理的注水时间和压力保持水平是油田开发的基本问题。对不同类型的油田，在油田开发的不同阶段进行注水，对油田开发过程的影响是不同的，其开发效果也有较大的差别。根据注水时间不同，大致可以分为三种类型：早期注水、晚期注水、中期注水。

#### (一) 早期注水

早期注水就是在油田投产的同时进行注水，或是在油层压力下降到饱和压力之前就及时进行注水，使油层压力始终保持在饱和压力以上，或保持在原始油层压力附近。由于油层压力高于饱和压力，油层内不脱气，原油性质较好。注水以后，随着含水饱和度增加，油层内只是油水两相流动，其渗流特征可由油水两相相对渗透率曲线来反映。

这种早期注水可以使油层压力始终保持在饱和压力以上，使油井有较高的产能，并由于生产压差的调整余地大，有利于保持较高的采油速度和实现较长的稳产期。但是，这种方式使油田投产初期注水工程投资较大，投资回收期较长，所以早期注水方式不一定对所有油田都是经济合理的，对地饱压差较大的油田更是如此。

#### (二) 晚期注水

晚期注水是指油田利用天然能量开发时，在天然能量枯竭以后进行注水。这时的天然能量将由弹性驱转化为溶解气驱。所以在溶解气驱之后注水，称为晚期注水，也称二次采油。溶解气驱以后，原油严重脱气，原油黏度增加，采油指数下降，产量下降。注水以后，油层压力回升，但一般只是在低水平上保持稳定。由于大量溶解气已被采出，在压力恢复后，只有少量游离气重新溶解到原油中去，溶解气和原油性质不能恢复到原始值。因此注水以后，采油指数不会有大的提高，而且此时注水将形成油水两相或油气水三相流动，渗流过程变得更加复杂。对原油黏度和含蜡量较高的油田，还将由于脱气使原油具有结构力学性质，渗流条件更加恶化。

但晚期注水方式使初期生产投资少，原油成本低。对原油性质好、面积不大且天然能量比较充足的油田可以考虑采用。

#### (三) 中期注水

中期注水介于早期注水和晚期注水两种方式之间，即投产初期依靠天然能量开采，当油层压力下降到饱和压力以后，在生产气油比上升到最大值之前进行注水。

在中期注水时，油层压力要保持的水平可能有两种情形。

(1) 使油层压力保持在饱和压力或略低于饱和压力，在油层压力稳定条件下，形成水驱混气油驱动方式。如果保持在饱和压力，此时原油黏度低，对开发有利；如果油层压力略低于饱和压力(一般认为在15%以内)，此时从原油中析出的气体尚未形成连续相，这部分气体有较好的驱油作用。

(2) 通过注水逐步将油层压力恢复到饱和压力以上，此时脱出的游离气可以重新溶解到原油中，但原油性质不可能恢复到原始状态，产能也将低于初始值，然而由于生产压差可以大幅度提高，仍然可使油井获得较高的产量，从而获得较长的稳产期。

对于中期注水，初期利用天然能量开采，在一定时机及时进行注水，将油层压力恢复到一定程度。这种注水开采使开发初期投资少，经济效益较好，也可以保持较长稳产期，并且不影响最终采收率。对于地饱压差较大，天然能量相对较大的油田，中期注水是比较适用的。

## 二、注水时机的确定

### (一) 考虑油田本身的特征

1. 油田天然能量的大小

油田的天然能量是指弹性能量、溶解气能量、边底水能量、气顶气能量和重力能量等，这些能量都可以作为驱油动力，对于不同的油田，由于各自的地质条件不同，天然能量的类型将不一样，能量的大小也不一样。要确定一个油田的最佳注水时机，首先要研究油田天然能量的大小以及这些能量在开发过程中可能起的作用。如有的边水充足且很活跃，水压驱动能够满足油田开发要求时，就不必采用人工注水方式开采；如有的油田地饱压差较大，有较大的弹性能量，此时就不必采用早期注水。总之，应该尽量利用天然能量，提高经济效益。

2. 油田的大小和对油田产量的要求

不同油田由于地质和地理条件以及储量规模不同，对产量的要求是不同的。从技术经济角度来看，宏观经济的石油市场对其影响也是不同的。

3. 油田的开采特点和开采方式

不同油田的地质条件差别较大，因此其开采方式的选择对注水时间的确定也有一定关系。采用自喷方式开采时，就要求注水时间相对早一些，压力保持的水平相对高一些。有的油田原油黏度高，油层非均质性严重，只能适合机械采油方式时，油层压力就没有必要保持在原始油层压力附近，就不一定采用早期注水开发。

### (二) 考虑油田经营管理者所追求的目标

(1) 原油采收率最高。

(2) 未来的纯收益最高。

(3) 投资回收期最短。

(4) 油田的稳产期最长。

总之，确定开始注水最佳时机最好的办法是先设计几个可能的开始注水时间，计算可望达到的原油采收率、产量和经济效益，然后研究对达到期望目标的影响因素。

## 三、油田注水方式

所谓注水方式，就是油水井在油藏中所处的部位和它们之间的排列关系。目前国内外应用的注水方式或注采系统主要有边缘注水、切割注水、面积注水、点状注水四种方式。

### (一) 注水方式分类

1. 边缘注水

边缘注水就是把注水井按一定的形式布置在油水过渡带附近进行注水。

采用边缘注水方式的条件为：油田面积不大，构造比较完整，油层稳定，边部和内部连通性好，流动系数较高，特别是钻注水井的边线地区要有较好的吸水能力，能保证压力有效地传播，使油田内部收到良好的注水效果。

边缘注水根据油水过渡带的油层情况又分为以下三种。

1）边外注水

注水井按一定方式(一般与等高线平行)分布在外油水边缘处，向边水中注水。这种注水方式要求含水区内渗透性较好，含水区与含油区之间不存在低渗透带或断层(图 3-13)。

2）边上注水

由于一些油田在含水外缘以外的地层渗透率显著变差，为了提高注水井的吸水能力和保证注入水的驱油作用，而将注水井布在含油外缘上，或在油藏以内距含油外缘不远的地方(图 3-14)。

3）边内注水

如果地层渗透率在油水过渡带很差，或者过渡带注水根本不适宜，而应将注水井布置在内含油边界以内，以保证油井充分见效和减少注水外逸量(图 3-15)。

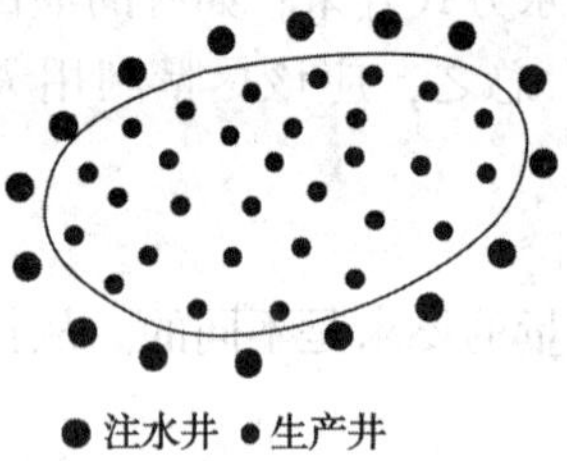


图 3-13　边外注水

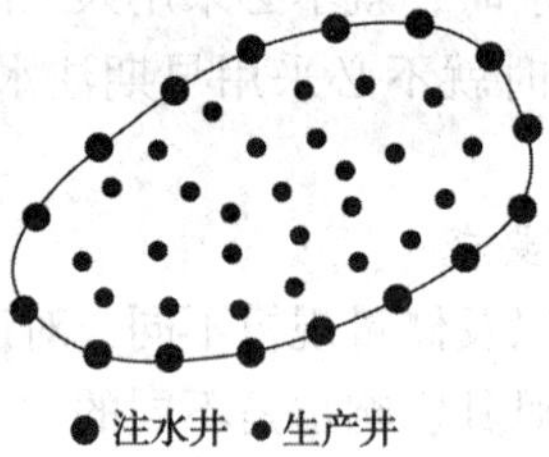


图 3-14　边上注水

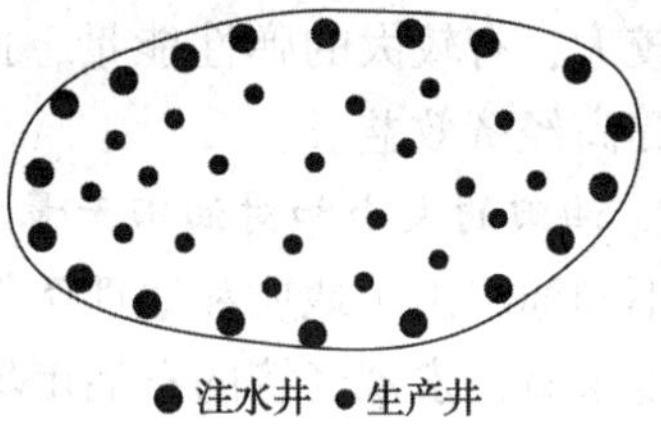


图 3-15　边内注水

采用边缘注水方式时，注水井排布置一般与等高线平行，而且生产井排和注水井排基本上与含油边缘平行，这样将有利于油水前缘均匀向前推进，以取得较高的采收率。

边缘注水的优点比较明显，表现为油水界面比较完整，水线推动均匀，逐步由外向油藏内部推进，因此较容易控制，无水采收率和低含水采收率较高。

但是，边缘注水方式也有一定的局限性，如注入水的利用率不高，一部分注入水向边外四周扩散；由于能够受到注水井排有效影响的生产井排数一般不多于三排，因此对较大的油田，其构造顶部的井往往得不到注入水的能量补充，形成低压带，在顶部区域局部出现弹性驱或溶解气驱。在这种情况下，仅仅依靠边缘注水就不够了，应该采用边缘注水并辅以顶部点状注水方式开采，或采用环状注水方式开采。

环状注水的特点是：注水井按环状布置，把油藏划分为两个不等区域，其中较小的是中央区域，而较大的是环状区域，如图 3-16 所示。理论研究表明，当注水井按环状布置在相当于油藏半径的 0.4 倍的地方时，能达到最佳效果。

2. 切割注水方式

对于面积大，储量丰富，油层性质稳定的油田，一般采用内部切割行列注水方式。在这种注水方式下，利用注水井排将油藏切割成为较小单元，每一块面积(一个切割区)可以看成是一个独立的开发单元，可分区进行开发和调整，如图 3-17 所示。

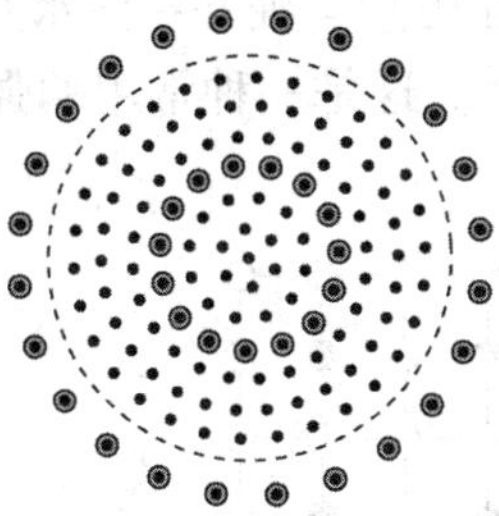


图 3-16 环状注水

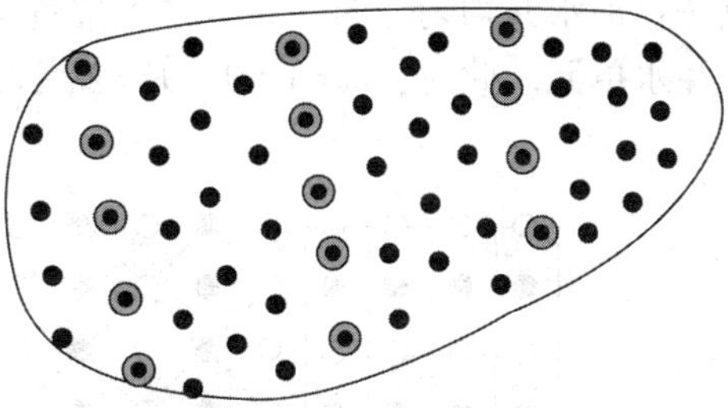


图 3-17 切割注水

切割注水方式适用的条件是：油层大面积分布(油层要有一定的延伸长度)，注水井排上可以形成比较完整的切割水线；保证一个切割区内布置的生产井和注水井都有较好的连通性；油层具有较高的流动系数，保证在一定的切割区和一定的井排距内，注水效果能较好地传到生产井排，以便确保在开发过程中达到所要求的采油速度。

国内外的一些大油田，如美国的凯利—斯奈德(Kelly-Snyder)油田、苏联的罗马什金油田和我国的大庆油田，都采取边内切割的注水方式。

采用切割行列注水的优点是：可以根据油田的地质特征来选择切割井排的最佳方向及切割区的宽度(即切割距)；可以根据开发期间认识到的油田详细地质构造资料，进一步修改所采用的注水方式；用这种切割注水方式可优先开采高产地带，从而使产量很快达到设计水平；在油层渗透率具有方向性的条件下，采用行列井网，由于水驱方向是恒定的，只要弄清油田渗透率变化的主要方向，适当地控制注入水流动方向，就有可能获得较好的开发效果。

但是这种注水方式也暴露出其局限性，主要表现在：这种注水方式不能很好地适应油层的非均质性；注水井间干扰大，井距小时干扰就更大，吸水能力比面积注水低；注水井成行排列，在注水井排两边的开发区内，压力不需要总是一致，其地质条件也不相同，这样便会出现区间不平衡，内排生产能力不易发挥，而外排生产能力大、见水快。

在采用行列注水的同时，为了发挥其特长，减少其不利之处，主要采取的措施是：选择合理的切割宽度；选择最佳的切割井排位置，辅以点状注水，以发挥和强化行列注水系统；提高注水线同生产井井底(或采油区)之间的压差等。

*3. 面积注水方式*

面积注水方式是将注水井按一定几何形状和一定的密度均匀地布置在整个开发区上。根据采油井和注水井之间的相互位置及构成井网形状的不同，面积注水可分为四点法面积注水、五点法面积注水、七点法面积注水、歪七点法面积注水等。各种井网的特征如图 3-18所示。

在假定油田具有足够大的线性尺寸前提下，可以用以下参数表示布井方案的主要特征：生产井数与注水井数之比 $m$，每口注水井的控制面积单元 $F$，在正方形和三角形井网条件下井网的钻井密度 $S$。

(1) 直线排状井网：注采井的排列关系为一排生产井和一排注水井相互间隔，生产井与注水井相互对应，井排中井距与排距可以不等。在此情况下，$m=1:1$，$F=2a^2$，$S=a^2$。

(2) 五点法：油水井均匀分布，相邻井点位置构成正方形，油井在注水井正方形的中心，构成一个注水单元。此时，$m=1:1$，$F=2a^2$，$S=a^2$。这是一种常用的强注强采的注采方式。

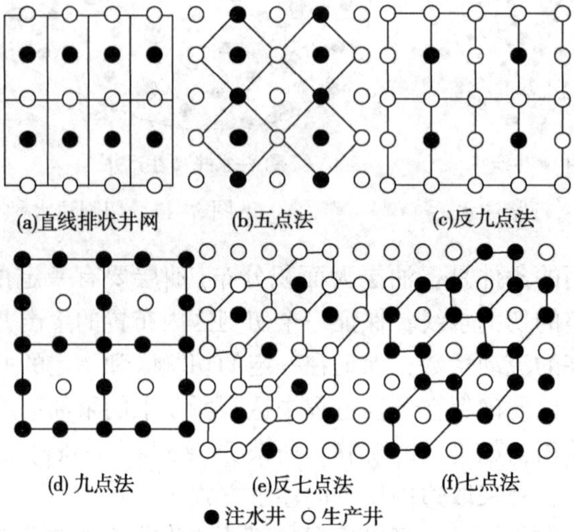


图 3-18 面积注水井网示意图

(3) 反九点法：每一个注水单元为一个正方形，其中有一口注水井和八口生产井，注水井位于中央，四口生产井分布于四个角上(角井)，另外四口生产井分布于正方形四个边上(边井)。此时，$m=3:1$，$F=4a^2$，$S=a^2$。

(4) 九点法：每一个注水单元为一个正方形，其中有一口生产井和八口注水井，生产井位于中央，四口注水井分布于四个角上(角井)，另外四口注水井分布于正方形四个边上(边井)。此时，$m=1:3$，$F=1.333a^2$，$S=a^2$。

(5) 反七点法：注水井的井点构成三角形，生产井布于三角形中心，生产井构成歪六边形。此时，$m=2:1$，$F=3a^2$，$S=a^2$。

(6) 七点法：注水井构成歪六边形，生产井布于三角形中心。此时，$m=1:2$，$F=1.5a^2$，$S=a^2$。

将不同面积井网的井网参数简要列于表 3-3 中。

**表 3-3 不同面积井网的井网参数**

| 井　网 | 直线排状 | 五点 | 反九点 | 九点 | 反七点 | 七点 |
|---|---|---|---|---|---|---|
| 生产井与注水井比例，$m$ | 1∶1 | 1∶1 | 3∶1 | 1∶3 | 2∶1 | 1∶2 |
| 每口注水井的控制面积，$F$ | $2a^2$ | $2a^2$ | $4a^2$ | $1.333a^2$ | $3a^2$ | $1.5a^2$ |

要注意的是，布井术语中所说的“反”井网，就是每个单元中只有一口注水井，这是“正”井网与“反”井网之间的区别。

早期进行面积注水开发时，注水井经过适当排液，即可转入注水，并使油田全面投入开发。这种注水方式实质上是把油层分割成许多更小的单元，一口注水井控制其中一个单元，并同时影响几口油井。而每口油井又同时在几个方向上受注水井的影响。显然这种注水方式有较高的采油速度，生产井容易受到注水的充分影响。采用面积注水方式的条件如下。

（1）油层分布不规则，延伸性差，多呈透镜状分布，用切割式注水不能控制多数油层。

（2）油层的渗透性差，流动系数低。

（3）油田面积大，构造不够完整，断层分布复杂。

（4）适用于油田后期的强化开采，以提高采收率。

（5）要求达到更高的采油速度时。

4. 点状注水方式

点状注水方式是指注水井不成规则地、零星地分布在开发区内，常作为其他注水方式的补充。这种注水方式多适用于断块油藏断块面积小、地质条件较复杂的情况。布井时既要考虑原有探井位置和断块内的油井注水效果，又要考虑断层的位置、性质和构造形态。点状注水方式还适用于非均质油藏采用规则井网开发后期，开采剩余油块，解决局部开采不平衡问题。

**（二）选择注水方式的原则**

（1）与油藏的地质特性相适应达到70%以上。

（2）波及体积大，驱替效果好，不仅连通层数和厚度要大，而且多向连通的井层要多。

（3）满足一定的采油速度要求，在所确定的注水方式下，注水量可以达到注采平衡。

（4）建立合理的压力系统，油层压力要保持在原始压力附近且高于饱和压力。

（5）便于后期调整。

**（三）影响注水方式选择的因素**

1. 油层分布状况

合理的注水方式应当适应油层分布状况，以达到较大的水驱控制程度。对于分布面积大，形态比较规则的油层，采用边内行列注水或面积注水，都能达到较高的控制程度。采用行列注水方式，由于注水线大体垂直砂体方向有利于扩大水淹面积。对于分布不稳定、形态不规则、小面积分布呈条带状油层，采用面积注水方式比较适用。

2. 油田构造大小与断层、裂缝的发育状况

大庆油田北部的萨尔图地区构造，面积大、倾角小、边水不活跃，对其主力油层从萨北直到杏北大都采用了行列注水方式，在杏四至六区东部，由于断层切割影响，采用了七点法面积注水方式；位于三肇凹陷的朝阳沟油田，由于断层裂缝发育，各断块确定为九点法面积注水。

3. 油层及流体的物理性质

对于物性差的低渗透油层，一般都选用井网较密的面积注水方式。因为只有这样的布置，才可以达到一定的采油速度，取得较好的开发效果和经济效益。在选择注水方式时，还必须考虑流体的物理性质，因为它是影响注水能力的重要因素。大庆油田的喇、萨、杏纯油区，虽然注水方式和井网布置多种多样，但原油性质较差的油水过渡带的注水方式却比较单一，主要是七点法面积注水。

4. 油田的注水能力及强化开采情况

注水方式是在油田开发初期确定的，因此，对中低含水阶段是适应的。油田进入高含水期后，为了实现原油稳产，由自喷开采转变为机械式采油，生产压差增大了2~3倍，采液量大幅度增加，为了保证油层的地层压力，必须增加注水强度，改变或调整原来的注水方式，如对于行列注水方式，可以通过切割区的加密调整，转变成为面积注水方式。

在油田开发过程中，人们在深入研究油藏的地质特性的基础上，进行了多种方法的研究探讨，来选择合理的注水方式。一是采用钻基础井网的做法，即通过基础井网进一步对各类油层的发育情况进行分析研究，针对不同类型的油层来选择合理的注水方式；二是开展模拟试验和数值模拟理论计算，来研究探讨不同注水方式的水驱油状况和驱替效果，找出能够增加可采水驱储量的合理注水方式；三是开展不同的注水先导试验。

合理选择井网密度一直是油田开发中一个重要的问题，一般应以最少的井数能获得最大的最终采出油量及最佳的经济效益为目标进行选择。

## 四、井网密度、合理井网密度和极限井网密度

### （一）井网密度

井网密度是油田开发的重要数据，它涉及油田开发指标的计算和经济效益的评价，对于一个固定的井网来说，其井网密度的大小与井距大小和井网的形式(三角形或正方形)有关。

井网密度有两种表示方法：一种是平均单井控制的开发面积，常以“$km^2$/井”表示。其计算方法是：对于一套固定的开发层系，当按照一定的井网形式和井距钻井投产时，开发总面积除以总井数；另一种是用开发总井数除以开发面积，即平均每平方千米开发面积所占有的井数，常以井/$km^2$表示。

### （二）合理井网密度与极限井网密度

随着井网密度的增大，原油最终采收率增加，也就是总的产出增加，但开发油田的总投资也增加，而开发油田的总利润等于总产出减去总投入，总利润是随着井网密度而变化的。当总利润最大时，就是合理井网密度；当总的产出等于总的投入时，也就是总的利润等于零时，所对应的井网密度是极限井网密度。

在确定一个油田的井网密度时，由于要考虑到市场对原油的需求情况，往往实际的井网密度介于合理井网密度和极限井网密度之间。

## 五、确定井网密度时要考虑的几个关系

### （一）井网密度与水驱控制储量的关系

水驱控制储量是制约最终采收率至关重要的因素。研究表明，要使最终采收率达到50%，水驱控制储量至少要达到70%，而加大井网密度，可以提高水驱控制储量。

加密井网之所以能加大水驱控制储量，是由于通过加密井网来提高小层的连通程度，增加波及厚度，提高层内低渗透区的波及程度，加强不吸水层或吸水很少的层的开发。

### （二）井网密度与井间干扰的关系

井网加密造成的井间干扰，将不能充分发挥各井的作用，从而降低各井的利用率，因此在确定井网密度及进行井网调整时，不应使加密井造成的井间干扰与加密井提高的可采

储量收益相抵消。

**（三）井网密度与最终采收率的关系**

井网密度与最终采收率经验式较多，例如指数关系为

$$E_{RU}=E_D\exp(-aF) \tag{3-8}$$

式中　$F$——单井控制面积；

$E_D$——驱油效率，对于一个油田应为常数；

$E_{RU}$——最终采收率；

$a$——系数，用回归方法确定。

从式(3-8)可以看出，随井网密度的减小，最终采收率呈减速递增趋势，井网密度越小，最终采收率越大。用该式可以对开发过程中的井网密度与最终采收率进行分析。

**（四）井网密度与采油速度的关系**

从某油田的资料统计得出采油速度与井网密度的关系如图3-19所示。

从图3-19可以看出，初期随着井网密度的增加，采油速度明显提高，继续加密井网，采油速度的(增势)减缓，因此，通过加密井网提高采油速度的效果是有限的。

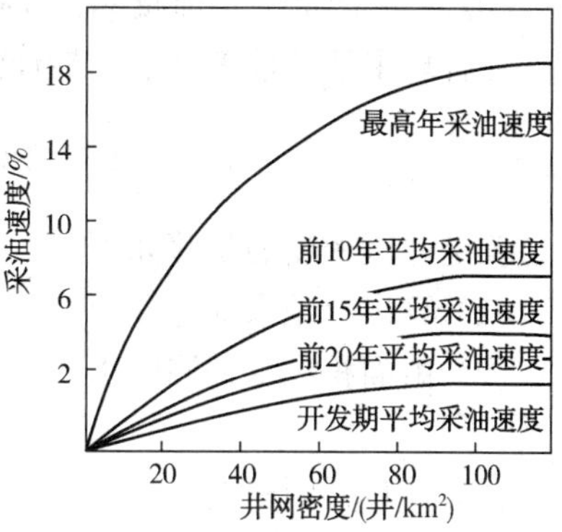

图3-19　井网密度与采油速度关系曲线

**（五）经济效益与井网密度的关系**

在当前的价格体系下，考虑加密井网所投入的资金与增加可采储量收回的资金之间的关系，要达到一定的利润，也就是要有一定的经济效益。

## 六、确定合理井网密度的几种方法

**（一）加密调整合理井网密度计算方法**

(1) 用同类油田的数据，用最小二乘法回归出采收率与井网密度的指数关系。

(2) 设油田当前的井控面积 $F_1$($km^2$/井)，按上述采收率为 $E_{R1}$，如果钻新井的累计采油量达到 $N_P$时，钻新的采油井就是合适的，即 $N_P$是能获得经济效益的采油量，加密后的采收率是 $E_{R2}$，则加密井井控面积为：

$$F_2=N_P/[(E_{R1}-E_{R2})N] \tag{3-9}$$

又由于：

$$E_{R2}=E_D\exp(-aF_2) \tag{3-10}$$

所以有：

$$[E_D\exp(-aF_2)-E_{R1}]F_2=N_P/N \tag{3-11}$$

式中　$F_2$——加密后的井控面积，$km^2$/井；

$N_P$——累积采油量，t；

$E_{R1}$、$E_{R2}$——加密前和加密后的采收率；

$N$——单位面积的地质储量，$t/km^2$。

这里 $N_P/N$、$E_D$、$a$、$E_{R1}$是已知的，故可以确定出加密后的井控面积 $F_2$。

### (二)最佳经济效益时合理井网密度计算方法

本方法用实际的统计资料,以最大经济效益为前提,得出井网密度与最终累计采油量的定量关系。考虑到采油费用、钻井公用等因素得出最佳经济效益下的采油井数 $n_o$ 为:

$$n_o=\left(\frac{678.4R_1}{R_2\ln D_R-q_oR_3}\right)^{4.77} \tag{3-12}$$

式中 $n_o$——最佳经济效益下的采油井数,口;

$R_1$——每吨原油销售价,元/t;

$R_2$——每口井的钻井费,元/井;

$R_3$——每吨石油的采油费,元/t;

$q_o$——每井递减前的月产油量,t;

$D_R$——产量综合递减率,$mon^{-1}$。

在合理采油井数条件下,最佳经济效益时的最终采油量为

$$N_{peco}=\left[858.2\times\left(\frac{678.4R_1}{R_2\ln D_R-q_oR_3}\right)^{4.77}-103.59\right]\left(\frac{1}{\ln D_R}\right) \tag{3-13}$$

确定井网密度的步骤如下。

(1)算出合理采油井数 $n_o$。

(2)由面积注水井网的生产井 $n_o$ 与注水井数比 $\varphi$,算出注水井数 $n_w$:

$$n_w=n_o/\varphi \tag{3-14}$$

(3)计算井网密度。

(4)计算出最终采油量 $N_{peco}$,则可求出最终采收率为:

$$E_{RU}=\frac{N_{peco}}{N}\times 100\% \tag{3-15}$$

### (三)稳产期加密井数简单计算方法

为了保持油田稳产,如果提高单井产液量受到泵的限制,则每年需要增加一定数量的加密井以弥补油田产量递减。由油田产量的递减规律,可求出下一年的加密井数 $n_1$ 与上年基础井数 $n_o$ 之比为:

$$\frac{n_1}{n_0}=\frac{2-D_R^{-12}-D_R^{12}}{D_R^{12}-1} \tag{3-16}$$

例如 GD 油田从 1978 年 4 月平均单井日产油由 20.3t 降至 1985 年 12 月单井日产油 14.7t,历时 93 个月,GD 油田的递减率 $D_R=0.996535mon^{-1}$,将其代入式(3-16)得:

$$\frac{n_1}{n_0}=\frac{2-0.9965^{-12}-0.9965^{12}}{0.9965^{12}-1}=0.04167 \tag{3-17}$$

即每年应增加 4.2%的油井。

根据多种方法,计算出稳产期为 5 年,1985 年 12 月开井数为 865 口(油井数 1069 口),基础井数为 $n_j$,则从井数 $n_j$ 开始计算到 $t_a$ 年(即 1990 年)稳产期末时油田总井数 $n_z$ 为:

$$n_z=n_j\left(1+\frac{n_1}{n_0}\right)^{t_a}=1069\,(1+0.04167)^5=1259(口) \tag{3-18}$$

式中　$n_z$——稳产期末的总井数，口；

$n_j$——目前基础井数，口；

$t_a$——稳产时间，a。

因此有

$$n_z = n_j \left(1+\frac{n_1}{n_0}\right)^{t_a} = 1069\ (1+0.04167)^5 = 1259(\text{口}) \tag{3-19}$$

即 GD 油田稳产期结束(1990 年)的总井数应为 1295 口井(井数每年增加 4.2%)。

确定合理的井网密度是油田开发方案的关键问题，本节所介绍的确定合理井网密度的方法，是针对特定条件而言的，这些经验式只能用于简单的开发分析。在全面考虑各种因素的条件下确定合理的井网密度，必需进行油田开发技术指标及经济指标的计算。

## 七、布井方式

合理井网密度是井网部署过程中的宏观指标，可以确定油田的总井数，而布井方式则要具体落实到井网形状、注水方式和井位。在开发方案设计过程中，布井方式遵循的基本原则如下。

(1) 最大限度地适应油层分布状况，控制住较多的储量。

(2) 所布井网在既要使主要油层受到充分的注水效果，又能在达到规定采油速度的基础上，实现较长时间的稳产。

(3) 所选择的布井方式具有较高的面积波及系数，实现油田合理的注采平衡。

(4) 选择的井网要有利于今后的调整与开发，在满足合理的注水强度下，初期注水井不宜多，以利于后期补钻注水井或调整，提高开发效果。此外，还应考虑各套层系井网应很好地配合，以利于后期油井的综合利用。

(5) 不同地区油砂体及物性不同，对合理布井也有不同要求，应分区、分块确定合理井网密度。

(6) 应达到良好的经济效益，包括投资效果好、原油成本低、劳动生产率高。

(7) 实施的布井方案要求采油工艺技术先进、切实可行。

具体布井时考虑到某些情况，如断层、局部构造、井斜、油藏构造、地表条件(障碍物、居民点、森林、街道、铁路、河流等)、气顶分布情况、边水位置等，往往要造成井网的变形及井位的迁移和变更。

# 第七节　油田开发方案报告编写

油田开发方案是指导油田开发全过程的纲领性文件，其中对开发层系划分注水方式、采油方式、驱动方式、采油速度等做出详细论证和具体规定。油田投入开发必须有正式批准的开发方案。

## 一、油田开发方案的主要内容

开发方案设计报告应包括以下四个方面的内容：油田概况、油藏特征描述、油藏工程设计、钻井、采油、地面建设工程设计、油田开发方案实施要求。

**(一) 油田概况**

油田概况主要描述油田地理位置、气候、水文、交通及经济状况，阐述油田勘探历程和开发准备，包括地震工作量及处理技术，测线密度及成果，探井、评价井井数及密度，取心及分析化验资料数量，测井及地层测试情况，试油、试气、试水工作量及成果，试采成果及开发试验情况，并陈述油田规模、层系及类型。

**(二) 油藏描述**

油藏描述是指发现一个油气藏后，对其开发地质特征进行全面的综合描述，为合理制定油藏开发战略和技术措施提供必要和可靠的地质依据和地质模型。

油藏描述可分成：储层的构造、储层物性的空间分布、储层内流体的分布及其性质、渗流物理特性、油藏天然能量。

1. 储层的构造

储层构造特征形态描述包括以下几点。

(1) 构造类型、形态、倾角、闭合高度、闭合面积。

(2) 断层类型、条数、分布状态、密封程度、断层要素。

(3) 划分油层组，描述其岩性及分布状况。

(4) 划分沉积相带，描述沉积类型、砂体形态、砂体分布状况等。

(5) 分层组描述储集层埋藏深度、储层总厚度、砂岩净厚度及有效厚度、单层层数、分布状况、单层砂岩厚度及有效厚度。

2. 储层物性的空间分布

储层物性的空间分布描述包括以下几点。

(1) 有效孔隙度、渗透率、原始含油饱和度、压缩系数、导热系数。

(2) 非均质性描述，包括层间非均质性、平面非均质性、层内非均质性。

(3) 描述储集层的矿物组成及微观孔隙结构，包括孔隙类型、孔喉形态、黏土矿物组分、含量及分布。

(4) 描述隔层或夹层的岩性、厚度分布、渗透性、水敏性及隔层或夹层在开发中的作用。

(5) 对储集层的水敏性、酸敏性、速敏性、盐敏性及碱敏性的分析评价。

(6) 对储集层厚度、孔隙度、渗透率、砂体连续性、平均喉道半径等主要参数进行综合评价和分类。

3. 储层内流体的分布及其性质

储层内流体的分布及其性质描述包括以下几点。

(1) 分区块、分层系的油、气、水分布特点。

(2) 油气界面、油水界面以及油、气、水分布的控制因素。

(3) 油、气、水饱和度分布。

(4) 原油的组分、密度、黏度、凝点、含蜡量、含硫量、析蜡温度、蜡熔点、胶质沥青含量和地层原油的高压物性(PVT 性质)、流变性等特性。

(5) 天然气性质主要描述相对密度、组分、凝析油含量。

(6) 地层水性质主要描述组分、水型、硬度、矿化度、电阻率。

4. 渗流物理特性

(1) 测定油层岩石润湿性、界面张力、油水及油气相对渗透率曲线、毛管压力曲线。

(2) 测定水驱油效率。

5. 油藏天然能量

(1) 统计油层的原始地层压力、压力系统、压力梯度、温度及温度梯度。

(2) 确定边水、底水、气顶的活跃程度。

(3) 对油藏天然能量进行评价和分类。

根据油藏描述结果，计算油田地质储量。综合分析各项地质资料，建立储层静态模型。

**(三) 油藏开发方案主要内容**

在编制油田开发方案之前，必须对物探(主要搞清地下构造)、钻井、录井、取心、测井、分析化验各项工作取得的成果进行综合地质研究，编制各种地质图件，并根据所钻详探井、评价井、资料井及必要的试验区的井所录取的静态资料和试油、试采的动态资料，研究开发区的静态地质特征及动态反应情况，从而编制出正式开发方案，以指导开发区全面进行开发。在正式开发方案中必须对以下的油藏工程问题加以研究。

(1) 分层系开采的油藏要合理划分与组合开发层系。

(2) 不同开发层系经济合理的井网密度。

(3) 油藏的驱动方式及油井的采油方式。

(4) 生产井的合理工作制度。

(5) 需注水开发的油藏，还要确定不同层系的合理注水方式、合理工作制度及最佳注水时机。

(6) 保持压力水平。

(7) 合理采油速度，预测稳产年限及最终采收率。

(8) 对断块油田，分开发单元研究其静、动态特征及各单元油藏工程技术对策。

(9) 对低渗透油田，要研究裂缝方位与井网优化配置和采用水平井整体注水开发裂缝性低渗透油藏。

(10) 对于稠油油田需研究热采问题。

(11) 开发区经济技术指标，预测油田开发趋势。

(12) 各种开发方案的分析对比，提出最优方案。

以上问题的研究完成之后，就要提出开发方案实施的要求、步骤、开发设计井位图和完整的开发方案报告。

## 二、油田开发方案所需资料

编制油田开发方案需要大量的静、动态资料，对开发区掌握的情况越多，编制的开发方案越符合该区的实际状况，在编制一个区的油田开发方案时需要以下资料。

**(一) 地质特征资料**

通过地震资料分析，用钻井、取心、地球物理测井及试油等手段，掌握开发区地层、构造、油层、储集层、隔层与夹层、油藏类型、地质储量等静态特征方面的资料。

**(二) 室内物理模拟实验资料**

通过室内物理模拟研究，掌握岩石润湿性，油、水相对渗透率，水敏、速敏、酸敏，水驱油微观特征，常温、常压及高温、高压下流体的物性参数等方面的资料。

**(三) 压力、温度系统及初始油分布资料**

用测试资料回归可以得出不同油藏、不同区块或不同砂岩组的压力和深度、温度和深度的关系曲线，从而判断油藏的压力系统和温度系统，并由油层中部深度求得原始地层压力及原始油藏温度的数值。

利用相对渗透率曲线及测井曲线解释资料，对要开发区域的初始含油饱和度进行分析得出其变化规律。

**(四) 动态资料**

利用试油、试采井取得单井日产油量的数据，并掌握其产油量、压力、含水随时间的变化规律，分析采出(油、液)指数与生产压差随含水的变化和产出油的含硫、含蜡、密度及凝固点。而对于要进行注水开发的油藏，通过试注要掌握注入量随注入压力变化规律及分层吸水量方面的资料。

**(五) 一些特殊资料**

进行开发方案设计时，对于某些油藏需要掌握夹层分布对开发动态的影响，底水油藏射开程度对生产的影响，油层厚度和渗透率比值对底水油藏开发效果及影响采收率的因素等方面的资料；对于碳酸盐岩油藏，需要掌握油藏裂缝特征方面的资料；对于低渗油藏，需要掌握低渗油藏驱替特征方面的资料。

总之，在开发方案设计之前，对油藏各方面的资料掌握得越全面越细致，做出的开发方案就会越符合实际，对某些一时弄不清楚而开发方案设计时又必需的资料，则应开展室内试验和开辟生产试验区。

## 第八节　油田开发调整

油田开发的过程是一个不断认识和改造的过程，对油田的不断认识是油田改造的基础，也是油田开发调整的依据。油田开发调整是否有效，取决于对油藏的认识程度，而对油藏的了解又是对油藏进行地质、地球物理性质、岩样、流体样品和生产资料的研究和综合，这是一个高度综合的问题，也是油藏工程师的主要任务。从原则上说，油田稳产阶段的调整必须以延长稳产期为目的并有利于提高采收率；而递减阶段的调整则以提高采收率为主要目的，同时尽可能减缓产量的递减幅度。当然，两者都要考虑经济效益问题。本章主要介绍生产过程中油藏开发总体上的调整，主要包括开发层系调整、注采系统调整和井网加密调整。

### 一、油田开发调整的必要性及内容

油田开发是一个漫长的生产过程，随着人们对油藏客观规律认识的不断加深，需要适时调整油田开发方案来改善油田开采状况，从而获得较高的采收率和最佳的经济效果。为此，油田开发中的调整是经常发生的，这是使主观认识符合于客观规律的一种重要方法。但是要进行比较大规模的开发调整，就必须仔细地研究编制油田开发调整方案。当出现以下情况时，需要进行油田开发调整。

(1) 原油田开发设计与实际开发情况出入较大，采油速度达不到设计的要求，需对原设计做调整和改动、甚至重新设计。

(2) 改变油田开发方式，由靠天然能量开采调整为人工注水、注气，由自喷采油转变为机抽等。

(3) 根据国家对原油的需求，要求油田提高采油速度，增加产量，采取提高注采强度和井网加密等调整措施。

(4) 改善油田开发效果、延长油田稳产期和减缓油田产量递减。这方面的调整是最大量的、经常的，当其涉及面积较大时，如采取分层工艺技术措施、改变注水方式、对井网层系进行调整等，需要编制调整方案。

(5) 为提高油田采收率对油田进行的调整，包括采用各种物理、化学方法、热采法、钻调整井等方法。

**(一) 油田开发调整的必要性**

1. 根据不同阶段开采条件的变化进行调整

油田开发初期，对于多油层油田，一般至少划分为主力油层和非主力油层两套层系进行开发。实践证明，初期井网对每套层系中的主力油层和油砂体中渗透率相对比较高的部分适应性较好。在注水开发中，这些油层能充分收到注水效果，地层压力保持在原始地层压力附近，油井保持了旺盛的生产力，实现了较长时间的高产稳产。然而由于井网较稀，层系划分较粗，使一部分油砂体形态较复杂、渗透率较低的差油层不能有效地投入开发。以大庆油田为例，为改善差层动用状况，从 1964 年开始，普遍采用了注水井同井分注技术；从 1975 年开始又普遍提高了注水泵压。这些对提高中低渗透层的吸水量及改善其动用状况起到了一定的作用，但大部分连通不好或渗透率很低的差油层仍不能有效投入开发，特别是油田进入高含水开采期后，稳产条件发生了变化，主力油层提液、自喷开采和分层调整受到限制，这样，油田进入了以细分层系为主的一次开发调整阶段。与此同时，开采方式由自喷采油转为机械采油。当调整层系的油井进入高含水采油阶段，全区进入高含水后期，水驱曲线又出现新的直线段，可采储量不再增加。这时，调整层系中动用层和不动用层已显示出来，因此，开发调整和开发阶段又要相应转变，进入以井网加密为主的二次开发调整阶段。

2. 油田开发调整可以加深对油层的认识

我国目前已开发的油田大都是陆相沉积形成的，由于陆相沉积储层所具有的不稳定性及严重的非均质性，在稀井网条件下不可能一次完成对它的认识。对油层属性的了解，必须在油田开发实践中进行，而且只有在“动”的条件下，不同的油层属性才会逐渐显露出来。开发方案中不可避免地存在不完善之处，必须根据实际情况调整完善。同时，随着油田开发调整、井网加密、开发技术水平提高，对油层具体属性的认识会逐步发展并深化，才会逐渐认清地下油层的本来面貌，这也是实现油田提高采收率的目标所必须做的。

大庆油田开发地质的研究工作，经历了三个阶段：开发初期通过小层对比，搞清油砂体分布；通过细分沉积相研究，搞清不同油层的沉积类型，为层系细分调整提供了依据；在密井网条件下，对低渗透薄油层和表外储层进行深入细致的再认识。

资料表明，油田的开发地质研究工作只有随着井网密度的增加和开发动态资料的补充，不断修改完善对油层的认识，才能为油田开发提供更加可靠的地质依据。

另外，在初期井网条件下，未水淹、未动用储量的多少及其在开发区平面上的分布特点，是油田开发部署调整的重要依据。油田分层水淹状况监测资料的分析表明，大庆某些油田在初期井网条件下进入高含水开采阶段后，大约仍有40%左右的油层厚度、30%左右的地质储量尚未动用，其中喇嘛甸油田萨、葡、高油层储气井网下平均单井未动用厚度可达20~25m；萨尔图油田萨、葡油层平均未动用厚度为10~15m；杏树岗油田平均未动用厚度为8~12m。这些未动用的差油层以及原井网条件下动用差的油层，通过层系细分、井网加密、开采方式转变等调整措施，大部分可以投入有效开发，为改善油田开发效果，进行开发部署调整提供了可行性。

**（二）油田开发调整的原则**

1. 不同地质条件和驱动方式下油田开发调整的原则

油田开发调整的原则是由油田的地质条件和驱动方式所决定的，具体如下所述。

（1）对于平面上具有均质结构的单层层系、低原油黏度油田，或低原油黏度、区域性非均质结构的单层层系油田，合理的调整原则可加速其高产区的开采。含油边界(边外或边缘注水时)或注水前缘(边内注水时)的突进，能使高产区首先开采和注水，并把油藏"天然"地切割成一个个区块。实施这一原则时，"天然"切割可以用对高产区的注水井加大注入量、采油井提高产液量来实现，然后在"天然"切割区将水淹开采井转注，以加强低产区的开采速度。

（2）多层系大油田一般采用边内注水，开发调整的最佳原则是在其含油边界和注入水前缘均匀推进的情况下，在剖面上以均匀速度开采所有小层。但只有当层系内各层具有相同生产能力、平面上性质均匀时，该原则才可能实现，但在自然界中很难遇到这样的油田。大多数情况，各层层系具有明显的岩石储集性能的变异性，其间渗透率有差异。对这类非均质层系确定调整原则时，起着决定性作用的是具有结构性的储集层特征、地层非均质特征。当地层非均质很严重、层系各小层产能大致相当时可采用的调整原则是：在最大限度地减小其开采速度差异的条件下，尽可能使所有小层全面地投入工作。

（3）对于具有很大储油厚度的块状油藏，当主要靠底水驱油或者采用注水提高油水界面时，合理的调整原则是在整个油藏面积上相对均匀地提高油水界面。为此，沿着剖面向上逐次射孔，并确定开采井的合理工作制度。

（4）气顶油田在天然边水活跃或边缘注水条件下，可采用的原则是：保持气油界面位置不动，并尽可能均匀提高油水界面和含油边界的推进。保持油气界面不动，可以通过调整气区采气量、油区采液量来维持油气区压力平衡，或在界面处注入流体形成屏障的方法实现。

（5）在对气田开发调整时，应考虑到其开采时的驱动类型。在气压驱动下，调整的主要目的是最大限度地降低地层中的非生产损失。为此，需重新分配各井产量，以便按体积将压力拉平。当气藏在水压驱动下开采时，开发调整应能保证气水界面的均匀上升和含气边界的均匀推进，不使水沿高渗透小层突进。为此，可对各井确定合理产量水平，并考虑非均质特征，对气井含水情况进行调整。

2. 同一油藏不同开发阶段的调整原则

同一油藏处于不同的开发阶段，调整原则也不同。我国某油田针对油藏的具体情况，在以细分层系为主的一次开发调整阶段遵循了下述原则。

（1）以初期井网下未水淹动用层为调整对象，组合在同一层系内油层沉积条件、油层物性要大体接近，渗透率级差一般小于或等于5。

（2）调整层系划分要严格，调整井与老井开采对象完全分开，每套层系要有独立、完整的注采系统。

（3）部署调整井网时，要兼顾水驱控制程度、采油速度和单井控制储量三个方面对井距的要求，处理好井网与层系的关系。新老井要错开分布，不要用老井代替部分新井。

（4）以调整对象细分沉积相后的油砂体图为基础，结合吸水剖面、出油剖面、水淹层解释、密闭取心和试油等资料，综合分析并确定调整井射孔层位，水淹层不射孔。

（5）要在认真分析调整对象的吸水、产液能力的基础上，结合原井网的注采系统，合理确定调整井的注水方式。一般原行列井网注水井排两侧第一排间的调整井，采用线状注水开采方式；第二排间调整井，采用五点法或反九点法开采方式；面积井网调整井注水方式一般和原井网一致。

而在基础井网的初期开发阶段，油田调整总的指导思想是：立足于现有开发井网，立足于自喷开采方式，立足于充分发挥主力油层作用，立足于现有工艺技术。全油田在加强分层注水的基础上，采取放大生产压差和压裂等措施，进一步完善和发展分层开采工艺技术，在以主力油层为主要稳产对象的同时，改善和发挥中低渗透率油层的作用，实现层间接替稳产。

对于像大庆油田这样层间非均质性严重的多油层油田，开发部署的调整不可能一次完成，必须多次调整、多次认识、逐步前进。只有不断深化对各类储层及储量动用状况的认识，在此基础上分阶段搞好开发调整，发展调整挖潜技术，才能取得较好的开发效果。

## 二、油田开发调整方案的内容

### （一）开发层系调整

重新划分组合开发层系，将差油层单独组成一套层系进行开发，以减缓层间干扰，提高差油层动用程度，改善差油层的开发效果，一般通过井网加密调整来实现。

1. *开发层系调整方法*

（1）新、老层系完全分开，通常是封堵老层系的井下部的油层，全部转采上部油层，而由新打的调整井来开采下部的油层。

（2）老层系的井不动，把动用不好的中、低渗透油层整层剔出，另打一套新的层系井来进行开发。

（3）把开发层系划分得更细一些，用一套较密的井网打穿各套层系，先开发最下面的一套层系，采完后逐层上返。

（4）不同油层对井网的适应性不同，细分时对中、低渗透层要适当加密。

（5）细分层系，打一批新井也有助于不断增加油田开采强度，提高整个油田产液水平。

（6）层系细分调整与井网调整同时进行。

（7）主要进行层系细分调整，把井网调整放在从属位置。

（8）对层系进行局部细分调整。

2. 开发层系细分调整要注意的问题

(1) 油田地下调整要和地面流程、站库改造同时进行。

(2) 除必须进行可行性研究外，还要开辟试验区。

(3) 掌握好细分调整的时间。

(4) 调整井打完后，应进行水淹层测井解释，确定射孔层位和井别，补孔也需一样，这样才能保证效果。

(5) 层系细分越早，开发效果越好。

3. 层系细分调整的合理排序

(1) 通过油水井分层测试和观察井的分析，弄清油层动用状况及潜力所在，确定调整对象。

(2) 编制细分调整井部署方案或其他形式的调整方案。

(3) 通过测井，弄清调整对象(调整井或补孔井)分层水淹情况，对地层情况、水淹状况和生产状况进行再认识，确定每口井的具体射孔方案和注采井别。

(4) 制定射孔方案的实施步骤。

(5) 观察方案实施效果，并认真进行总结。

**(二) 注采系统调整**

注采系统调整包括注水方式调整和油水井工作制度调整，在不增加新井的条件下，通过改变注水方式和油水井工作制度(不稳定注水、周期注水、水气交替注入等)，提高注入水在平面和纵向的波及系数，改善油田开发效果。

1. 注水方式调整

1) 合理油、水井数比的确定

在总井数一定、保持注采平衡的条件下，能获得最高产液量的合理油水井数比为：

$$R=(I_w/J_l)^{\frac{1}{2}} \tag{3-20}$$

式中 $R$——合理油水井数比；

$I_w$——吸水指数；

$J_l$——采液指数。

2)注水方式调整的主要方法

以九点法面积井网为例，如图3-20(a)所示，改变注水方式的主要形式有以下几种

(1) 将所有角井转为注水井形成五点法面积注水网，油水井数比由3∶1变为1∶1，如图3-20(b)所示。

(2) 沿注水井方向的边井转为注水井，形成线状注水井网，油水井数比由3∶1变为1∶1，如图3-20(c)所示。

(3) 沿井排角井转注，形成注水井排，每两排中间夹三排井，中间井排为间注间采，形成斜行列中间井排点状注水井网，如图3-20(d)所示，油水井数比由3∶1变为1.4∶1。

3) 注水方式调整效果

(1) 注水量增加，地层压力回升，压力系统得到调整。

(2) 产液量增加，产油量基本保持稳定，减缓了递减速度。

(3) 含水上升速度减缓。

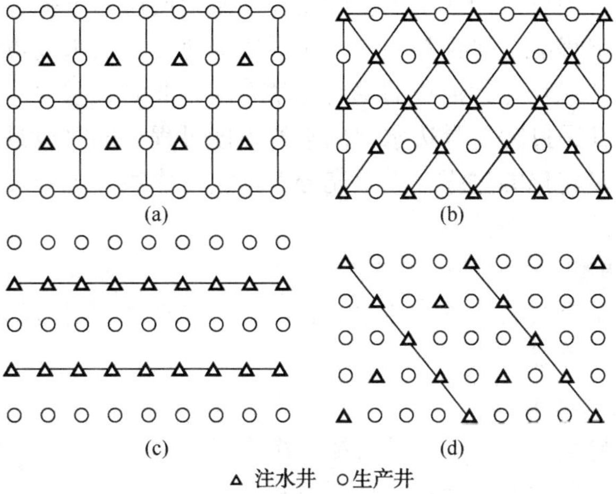


图 3-20 九点法面积井网的注水方式调整方法

2. 油水井工作制度调整

油水井工作制度调整也称水动力学调整，通过改变油水井产出、注入量，造成地下压力场发生波动，将滞留区或低渗透部位的剩余油采出，主要包括不稳定注水、水气交替注入和降压开采。

1）不稳定注水

不稳定注水是指通过改变注水量对油层施加脉冲作用，从而改变液流方向，有利于注入水在层间和层内发生渗流，促使毛管渗吸，提高注入水在中、低渗透层中的波及系数，降低含水，最终恢复油井生产能力。

不稳定注水机理：由于地层宏观非均质性引起的不平衡、不稳定的压力降，使水进入低渗透部分，而介质的微观非均质性引起的毛管渗吸作用将水滞留在低渗透部分；由于毛管渗吸作用使油层中出现强烈的液体重新分布，结果从低渗透小层中驱出原油而使高渗透层的含水饱和度减小。

2）水气交替注入

为了改善正韵律厚油层底部水淹、顶部存在大量剩余油的开发状况，大庆油区进行了一系列水气交替注入提高采收率的矿场试验。经过水气交注，使地层保持一定的含气饱和度，导致注入能力降低，从而改善流度比，进而扩大水驱驱油效率，驱扫厚油层顶部的剩余油。

3）降压开采

降压开采主要用于油田开发的晚期，其目的主要是通过大幅度地降低油藏压力来提高采收率。水驱或其他的传统提高采收率的措施使油藏中仍存有大量的残余油，而且大量的残余油被封闭在未波及区，降压开采能使自由气和残余油从未波及区被采出。传统的降压开采主要应用于有气顶的油藏中。

在油田的主要开发阶段，气顶并不产气，这主要是为了增加产油量并且保持油藏的能量，注水和注气也有助于维持油藏压力。然而在降压阶段，可以在气顶处钻井和射孔，这样可以产气并且使油藏压力迅速降低。这时气顶处就会产气、产液，并且水层的流动可以使油环处产出剩余油。随着人为注水强度改变和油藏地层压力下降，边水、底水将逐步入侵，使地层能量在一定程度上得到补充，并减缓压降速度；当水侵量使地层压力达到新的平衡时，天然水压驱动就转化为油藏的主要驱动方式。此时，重力作用将得到充分的体现和发挥。因此，降压开采过程就是边水、底水的入侵过程，同时也是人工注水驱动方式向天然水压驱动方式逐步转化的过程，更是充分发挥重力作用改善开发效果的过程，这些都是降压开采取得成效的重要条件。

**（三）井网加密调整**

通过井网加密，结合层系调整、注水方式调整，提高井网对砂体的控制程度和水驱控制程度，改善油田开发效果。

1. 井网加密调整的必要性

（1）油层多、差异大，开发部署不可能一次完成。

（2）油藏复杂非均质性不可能一次认识清楚。

（3）油藏开发是动态的变化过程，一次性的、固定的开发部署不可能适应各开发阶段变动过程的需要。

2. 井网加密调整原则

（1）调整表内储层和表外储层相结合。

（2）井网部署应有利于向块状注水转化。

块状注水就是用老注水井、新打调整注水井，包括目前和今后要转注的井，逐步变成用注水井切割和包围不同开采对象的一组油井，最后把一个开发面积较大的对象切割成许多较小的、封闭的开发动态单元。

（3）加密井与更新井统一考虑。

（4）均匀布井选择性射孔。

3. 井网加密调整方法

1）井网加密方式

（1）油水井全面加密。

（2）主要加密水井。

（3）难采层加密调整井网。

（4）高效调整井。

2）加密时机

（1）零星的注水井和采油井。

（2）普遍打加密调整井。

（3）主要打水井。

3）加密调整注意事项

（1）在同一层系，新老井网注采系统必须协调。

（2）加密井网应尽可能同层系的调整结合起来统一考虑。

（3）井网加密除提高采油速度外，应尽可能提高水驱动用储量，这样有利于提高水驱采收率。

（4）射孔时要避开高含水层，以提高这批井的开发效果。

（5）解决好钻加密调整井的工艺和测井工艺是调整效果好的保证。

4）井网局部完善调整

就是在油藏高含水后期，针对纵向上、平面上剩余油相对富集井区的挖潜，以完善油砂体平面注采系统和强化低渗薄差层注采系统而进行的井网局部调整。

**（四）工艺措施调整**

工艺措施调整主要包括分层注水调整、压裂酸化调整、堵水调剖调整等，其主要作用是提高差油层的动用程度。

# 第九节　油田开发方案的经济评价

经济评价是从事石油勘探开发工作的重要组成部分，是企业现代化经营管理的标志之一。经济评价的结果是企业领导进行决策的重要依据，有了经济评价，就能使领导者对企业的经营方向和目标、经营方法和经济效益以及企业的经营状况进行定量分析，从而果断地做出正确的决策。

经济分析的主要目的，是依据油田开发的方针和原则，在确保获得最高的油田最终采收率的前提下，选择节省投资、经济效益好的开发设计方案，从而为国家节约和积累资金。

进行油田开发经济分析或计算的基本方法是统计法。按照统计方法所找出的规律或所建立的经验公式，特别是其中的经验参数往往与不同油田的具体条件有关，因此，不同油田在使用这些经验公式时，应根据本油田的具体情况加以校正，以使经济指标的计算更为准确。

## 一、经济评价的任务、原则、依据和步骤

**（一）经济评价的任务**

油田开发经济评价可以分析开发技术方案的经济效益，从而为投资决策提供依据。结合油气田开发工程的特点，油田开发经济评价的主要任务有以下三个方面。

1. 进行工程技术方案的经济评价与可行性研究

油田开发经济评价应配合各级生产管理部门和设计部门做好工程技术方案的经济评价与可行性研究，为提高工程投资项目的综合经济效益提供决策依据。工程技术方案主要包括下述内容。

（1）新区开发方案。

（2）老区调整方案。

（3）中外合作开发方案。

（4）未开发储量经济评价等。

2. 开展油田开发边际效益分析

有时，为了分析技术方案或技术措施的经济极限，要开展油田开发边际效益分析，在实践中需分析的问题如下。

（1）极限产能或极限单井日产量。

（2）合理井网密度分析。

（3）单井极限含水率。

（4）热采极限气油比。

3. 开展油田开发经济动态预测与分析

为了预测油区中长期开发规划的经济效果或分析油田开发经济动态，需分析的问题如下。

(1) 中长期开发规划的经济效果预测。

(2) 油田开发经济动态分析等。

油田开发经济评价与分析的工作内容将在实践中不断扩展。

**(二) 经济评价的原则**

当前我国实行社会主义的市场经济，项目经济评价应在国家宏观经济政策指导下进行，同时又要充分结合石油工业部门的特点，建立适合本部门的经济评价方法。经济评价应遵循以下原则。

(1) 必须符合国家经济发展的产业政策、投资方针以及有关法规。

(2) 经济评价工作必须在国家和地区中长期发展规划的指导下进行。

(3) 经济评价必须注意宏观经济分析与微观经济分析相结合，选择最佳方案。

(4) 经济评价必须遵守费用与效益的计算具有可比基础的原则。

(5) 项目经济评价应使用国家规定的经济分析参数。

(6) 经济评价必须保证基础资料来源的可靠性与时间的同期性。

(7) 经济评价必须保证评价的客观性与公正性。

**(三) 经济评价的依据**

油田开发经济分析的首要任务，是对不同油田开发方案进行技术经济指标的分析、计算和综合对比，以获得选择最优开发方案的依据。因此，进行经济分析的基本数据就是油田开发方案中各项主要技术指标，以及与这些技术指标有密切关系的储集层和流体物性情况、开采的工艺设备、建筑工程设施以及油田的自然地理环境等。

每一个完整的油田开发方案，都可根据油田的地质情况及流体力学的计算和开采的工艺设备，得出该开发方案下的技术指标。开发方案不同，这些技术指标也就各有差异，进行经济分析，就是要对不同设计方案的技术指标进行经济分析，并最终算出全油田开发的经济效益。对于注水开发油田，进行经济分析或计算所依据的主要技术指标如下。

(1) 油田布井方案，特别是油田的总钻井数、采油井数和注水井数。

(2) 油田开发阶段的采油速度、采油量、含水上升百分数。

(3) 各开发阶段的开发年限及总开发年限。

(4) 不同开发阶段所使用的不同开采方式的井数，即自喷井数及机械采油井数。

(5) 油田注水或注气方案，不同开发阶段的注水量或注气量。

(6) 不同开发阶段的采出程度和所预计的最终采收率。

(7) 开发过程中的主要工艺技术措施等。

**(四) 经济评价的步骤**

经济评价工作贯穿于方案实施的各个阶段，而且随研究对象的不同而有所区别，但其具体工作而言，大体可分为下述步骤。

(1) 确定评价项目。

(2) 研制或修改计算机软件。

(3) 核定基础数据和计算参数。

（4）计算。

（5）输出计算结果，编写评价报告。

## 二、经济评价指标

经济评价包括盈利能力分析和清偿能力分析。以财务内部收益率、投资回收期、资产负债率、财务净现值等作为主要评价指标。此外，根据项目特点和实际需要，还要计算投资利润率、投资利税率、资本金利润率、借款偿还期、流动比率、速动比率及其他价值指标或实物指标，以便进行辅助分析。

### （一）盈利能力分析

盈利能力分析主要是考察投资的盈利水平，用以下指标表示。

1. 原油发现成本

原油发现成本为单位新动用可采储量的勘探投资与开发投资之和，即：

$$C_{fx}=(I_e+I_t)/N_{rz} \tag{3-21}$$

式中　$C_{fx}$——原油发现成本，元/t；

$I_e$——勘探投资，$10^4$元；

$I_t$——开发投资，$10^4$元；

$N_{rz}$——新动用可采储量，$10^4$元。

2. 总投资

总投资包括固定资产投资、建设期利息和流动资金，即：

$$I_p=I_d+I_l+I_f \tag{3-22}$$

式中　$I_p$——总投资，$10^4$元；

$I_d$——固定资产投资，$10^4$元；

$I_l$——建设期利息，$10^4$元；

$I_f$——流动资金，$10^4$元。

3. 单位生产成本

单位生产成本等于采油总成本除以商品油量，即：

$$C_{od}=C_{oz}/Q_s \tag{3-23}$$

式中　$C_{od}$——单位生产成本，元/t；

$C_{oz}$——采油总成本，$10^4$元；

$Q_s$——商品油量，$10^4$元。

4. 百万吨产能建设投资

百万吨产能建设投资（ITB）是指建成百万吨原油生产能力所需的开发投资。

5. 利润总额

利润总额（LR）等于产品销售收入减去成本、费用、销售税金及附加值。

6. 投资利润率

投资利润率是指评价期内年平均利润与项目总投资的比值，它是考察项目单位投资盈利能力的静态指标：

$$R_{lr}=\frac{ALR}{I_p}\times 100\% \tag{3-24}$$

式中　$R_{lr}$——投资利润率，%；

$ALR$——评价期内年平均利润，$10^4$元。

7. 投资利税率

投资利税率是指项目达到设计生产能力后的一个正常生产年份年利税总额或项目生产期内的年平均利税总额与项目总投资的比率：

$$R_{ls}=\frac{ALS}{I_p}\times 100\% \tag{3-25}$$

式中　$R_{ls}$——投资利税率，%；

$ALS$——评价期内年平均利税，$10^4$元。

8. 投资回收期

投资回收期是指以项目的净收益抵偿全部投资(固定资产投资、投资方向调节税和流动资金)所需的时间，它是考察项目在财务上投资回收能力的主要静态评价指标，表达式为：

$$PT=(CPT-1)+\frac{ACIO}{DCIO} \tag{3-26}$$

式中　$PT$——投资回收期，a；

$CPT$——累计净现金流量开始出现正值时的年次，整数；

$ACIO$——至 $CPT$ 前一年累计现金流量的绝对值，$10^4$元；

$DCIO$——$CPT$ 当年净现金流量，$10^4$元。

9. 净现值

净现值是指项目按行业的基推收益或设定的折现率，将项目计算期内各年的净现金流量折算到建设初期的现值之和。它是考察项目在计算期内盈利能力的动态指标，其表达式为：

$$NPV=\sum_{t=1}^{n}(C_I-C_O)_t(1+i_c)^{-t} \tag{3-27}$$

式中　$NPV$——净现值，$10^4$元；

$C_I$——现金流入量，$10^4$元；

$C_O$——现金流出量，$10^4$元；

$t$——第 $t$ 年；

$n$——评价期，a；

$i_c$——基准收益率。

10. 内部收益率

内部收益率是指在整个计算期内各年净现金流量现值等于零时的折现率，它反映项目所占用资金的盈利率，是考察项目盈利能力的主要动态评价指标，其表达式为：

$$\sum_{t=1}^{n}[(C_I-C_O)_t(1+IRR)^{-t}]=0 \tag{3-28}$$

式中　$IRR$——内部收益率；

$C_I$——现金流入量；

$C_O$——现金流出量；

$(C_I-C_O)_t$——第 $t$ 年的净现金流量；

$n$——计算期。

**（二）清偿能力分析**

项目的清偿能力分析，主要考察计算期内各年的财务状况及偿债能力，它依据资产负债表、资金来源与运用表、借贷还本付息估算表，计算项目的资产负债率、流动比率及固定资产投资借款偿还期。

1. 资产负债率

资产负债率是反映项目各年所面临的财务风险程度及偿债能力的指标，它等于负债总额与全部资产总额的比率。

2. 流动比率

流动比率是反映项目各年偿付流动负债能力的指标，它等于流动资产总额与流动负债总额的比率。

3. 速动比率

速动比率是反映项目快速偿付流动负债能力的指标，它等于流动资产总额减去存款额后再与流动负债总额的比率。

4. 借款偿还期

借款偿还期是指在国家财政规定及项目具体财务条件下，以项目投产后可用于还款的利润、折旧、摊销费及其他收益额偿还固定资产投资借款本金和建设期利息所需要的时间。它还可由资金来源及国内借款还本付息估算表直接计算，以年表示。通过资金来源与运用表，可看出除做到资金收支平衡外是否还有盈余。

## 三、不确定性分析

由于油田开发指标和基础参数的选取大部分来自预测或估计，为了分析这些不确定性因素对方案的影响，需要进行不确定性分析。不确定性分析主要是进行盈亏平衡分析和敏感性分析。

**（一）盈亏平衡分析**

盈亏平衡分析主要是算出盈亏平衡产量，即：

$$Q_{BEP}=\frac{S_f}{P-A-B\dfrac{f_w}{1-f_w}-TAX} \tag{3-29}$$

$$A=RL+DL+YQCL+ZHS\cdot R_{IP}\cdot B_O/\gamma \tag{3-30}$$

$$B=RL+DL+YQCL+ZHS\cdot R_{IP} \tag{3-31}$$

式中 $Q_{BEP}$——盈亏平衡产量，$10^4$t；

$S_f$——产品固定成本总额，$10^4$元；

$P$——单位产品价格，元/t；

$f_w$——含水率；

$TAX$——单位产品税金，元/t；

$RL$——每生产 1t 液量的燃料费，元/t；

$DL$——每生产 1t 液量的动力费，元/t；

$YQCL$——每生产 1t 液量的油气处理费，元/t；

$ZHS$——每注入 1t 水的注水费，元/t；

$R_{IP}$——注采比，一般情况下可取值 1；

$B_o$——原油体积系数；

$\gamma$——原油相对密度。

**(二) 敏感性分析**

敏感性分析是考察方案的产量、价格、成本、投资等主要因素发生变化时对项目经济效益的影响。通常这些因素单独变化或同时变化，对净现值、内部收益率和投资回收期将产生不同程度的影响。因此，在这些主要敏感因素发生不同的变化后，通过计算净现值、内部收益率和投资回收期等经济指标的相应变化程度，分析方案的主要敏感性因素变化对经济指标的影响程度，做出风险分析结论。

## 四、最优方案的选择

在计算油田开发技术指标时，设计不同的井网、井距、井别、注水方式、层系划分、采油速度、驱替方式及层系接替，可以组合到多个技术指标不同的方案，将技术上可行的一些方案进行经济评价，计算其投资、成本、税金、利润等各项经济指标，并进行综合分析对比，采用打分办法进行优选，各方案的分数为决策的依据，得分高则方案优，反之则差。例如某油田在八个技术上可行的方案，其各方案的经济技术指标见表 3-4，从表中看出，方案Ⅱ为最佳，其累计利润、投资利润率、投资利税率均高于其他方案。

**表 3-4 方案指标汇总表**

| 方　案 | Ⅰ | Ⅱ | Ⅲ | Ⅳ | Ⅴ | Ⅵ | Ⅶ | Ⅷ |
|---|---|---|---|---|---|---|---|---|
| 总投资/$10^4$元 | 53984 | 46715 | 36885 | 46715 | 46715 | 46715 | 46715 | 46715 |
| 累计产油量/$10^4$t | 353.70 | 409.90 | 300.70 | 374.90 | 368.80 | 328.90 | 438.60 | 234.40 |
| 平均采油成本/(元/t) | 317.17 | 265.67 | 284.57 | 278.36 | 278.65 | 277.84 | 330.37 | 300.60 |
| 内部盈利率/% | 18.21 | 27.29 | 27.20 | 25.05 | 25.15 | 18.31 | 32.67 | 25.73 |
| 投资回收期/a | 3.99 | 3.12 | 2.90 | 3.22 | 3.18 | 4.36 | 2.55 | 2.77 |
| 累计净现值/$10^4$元 | 25808 | 44057 | 31365 | 37280 | 36863 | 24540 | 51358 | 31661 |
| 净现值率/% | 47.81 | 94.36 | 67.14 | 79.80 | 78.91 | 52.53 | 109.94 | 67.77 |
| 累计利润/$10^4$元 | 39044 | 53619 | 37545 | 46768 | 46175 | 37773 | 50223 | 37687 |
| 投资利润率/% | 7.23 | 11.48 | 10.18 | 10.01 | 9.88 | 8.08 | 10.24 | 8.07 |
| 投资利税率/% | 19.93 | 21.49 | 19.16 | 18.84 | 18.59 | 15.37 | 20.94 | 15.55 |
| 建百万吨产能投资/$10^4$元 | 107969 | 93429 | 73771 | 93429 | 93429 | 93429 | 93429 | 93429 |

### 习 题

1. 简述各种开发方式的适用条件及开采特征。
2. 如何选择合理的开发方式？

3. 划分开发层系的意义及原则是什么？
4. 选择注水方式的原则是什么？列举三种常见的注水方式并简要说明其适用条件。
5. 影响注水方式选择的因素有哪些？
6. 确定井网密度时应考虑哪些因素？
7. 布井方式遵循的基本原则是什么？
8. 油田开发方案中应包括哪些主要内容？
9. 试述油田开发方案的编制流程。
10. 简述油田开发方案的经济评价方法。
11. 如何优选油田开发方案？

# 第四章　油田开发动态分析方法

油气田投入开发以后，其地下流体（油、气、水）的分布及状态将发生变化，这些变化因受某些因素的控制和约束而遵循着一定的规律。油气开采动态规律分析的主要任务是：对油气田投入开发以后因这些因素的控制和约束而呈现的规律进行研究，并且运用这些规律来预测未来的油气田的开发动态趋势或当前的某些未知参数等，从而调整和完善油气田的开发方案，使之取得更好的开发效果。

油气开采动态规律分析一般由如下三个阶段组成，历史拟合阶段、动态预测阶段、校正和完善阶段，将这三个阶段有机地结合，可以基本完成油气田评价和开发方案制订等工作。历史拟合阶段是充分利用油气田已有的开发资料，针对油气田开发过程的特点和规律，选取能反映其特点和规律的数学模型来再现油气田已开发的历程。动态预测阶段是将历史拟合阶段建立起来的描述油气田动态的数学模型。用于预测油气田今后的开发动态趋势及当前的某些未知参数等，并为确定油气田必要的调整措施提供帮助。对预测期内理论数学模型所提供的油气田开发的动态指标和实际油气田开发的动态指标进行对比后，可以发现这二者往往会存在一定差别，有些差别的出现是由于偶然因素的影响，而相当多的情况下是因为历史拟合所确定的数学模型还不够完善，这就要求人们根据新的生产情况来校正和完善它们，即校正和完善阶段。从认识论的角度来看，油气开采的动态规律分析过程其实就是一个不断认识并使之逐渐趋于实际规律的过程。

## 第一节　物质平衡方程

为了对油藏中开采动态规律进行分析，1953 年，R. J. Schithuis 首先引入了油藏的物质平衡方程式，并发现其对于油气开采的动态规律分析有很大作用。本节主要推导了油藏的物质平衡方程式。将油藏作为一个整体来处理，描述油藏动态的指标代表的是油藏的平均指标。

### 一、油藏类型的划分

对于一个新发现的油藏，可以通过探井的测压和高压物性的分析资料确定出油藏的原始地层压力和饱和压力。根据两者数值的大小及其关系，可将原始条件的油藏划分为如下两大类。

（1）未饱和油藏：当原始地层压力大于饱和压力（$P_i>P_b$）时，叫做未饱和油藏或欠饱和油藏。

(2) 饱和油藏：当原始地层压力等于饱和压力($P_i=P_b$)时，叫做饱和油藏。

在原始条件下的饱和油藏，可以有气顶也可以没有气顶。无论是未饱和油藏还是饱和油藏，饱和压力都有从构造顶部向翼部增加的趋势，这是由于油藏的饱和压力与其压力、温度和油气的组成有关。因此，在物质平衡方程式的建立中，无论是原始地层压力还是饱和压力都需要考虑使用加权平均后的数据。

在确定油藏饱和性的前提下，可以根据油藏的原始边界条件，即有无边、底水和气顶等，以及作用于地层中油、气渗流的驱动力情况，将油藏的天然驱动类型划分为表 4-1 所示类型。

**表 4-1　油藏驱动类型的划分简介**

| | | |
|---|---|---|
| 未饱和油藏 | 封闭型未饱和油藏 | 封闭弹性驱动 |
| | 不封闭型未饱和油藏 | 弹性水压驱动 |
| 饱和油藏 | 无气顶，无边、底水活动的饱和油藏 | 溶解气驱动 |
| | 无气顶，有边、底水活动的饱和油藏 | 溶解气驱和天然水驱综合驱动 |
| | 有气顶，无边、底水活动的饱和油藏 | 溶解气驱和气顶驱综合驱动 |
| | 有气顶，有边、底水活动的饱和油藏 | 气顶驱、溶解气驱和天然水驱综合驱动 |

对于油藏的不同驱动类型，需要建立与之相应的物质平衡方程式。在矿场实际应用中，也需要根据油藏的驱动类型，选择不同驱动方式的物质平衡方程式。

## 二、油藏物质平衡方程通式的建立

物质平衡方程式是按体积平衡思想进行推导的，这就是说以地下条件表示的地面累积产量应等于油藏中因压力下降引起的流体膨胀量与侵入的流体量之和。考虑一个实际的断块油藏，其原始压力低于油藏泡点压力(有气顶)，并且有一定的供水区，存在边底水的作用，其流体分布形式如图 4-1 所示。在开发过程中，随着油藏地层压力的下降，引起边水的入侵、气顶膨胀、溶解气的分离和膨胀等一系列变化，成为驱油过程中的各种能量。在这种综合驱动方式下所建立的物质平衡方程式，我们称之为物质平衡方程通式。

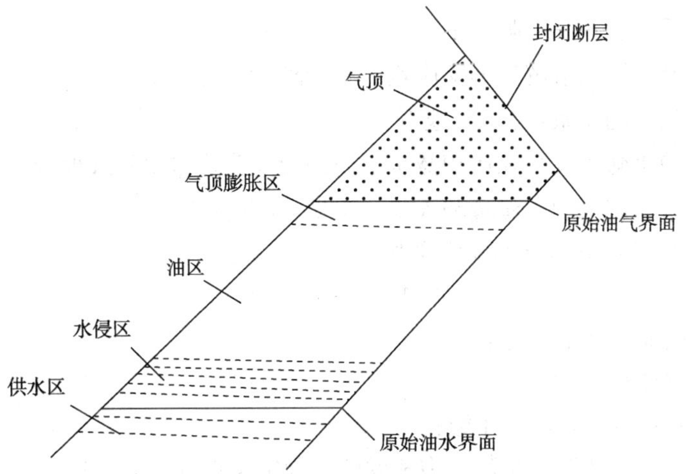


图 4-1　综合驱动方式下断块油藏的流体分布示意图

为了便于物质平衡方程通式的推导，我们把实际油藏模型进行了简化。将其假想为一个容积不变的大储罐，在原始地层压力 $P_i$ 下，实际油藏中的油、气全部充满于这个大储罐之中。如图 4-2(a)所示，图中总的流体体积是油藏中含烃孔隙体积(即假设的储罐体积)。图 4-2(b)表示压力降低 $\Delta P$ 时，油藏中各部分体积的变化量。图中 $A$ 是油加上原始溶解气因膨胀而增加的体积，$B$ 是原始气顶膨胀增加的体积，$C$ 是地层中束缚水的膨胀和油藏孔隙体积减少的综合作用引起的含烃孔隙体积的减小量，$D$ 是由于边水、底水侵入而引起的含烃孔隙体积的体积减少量。

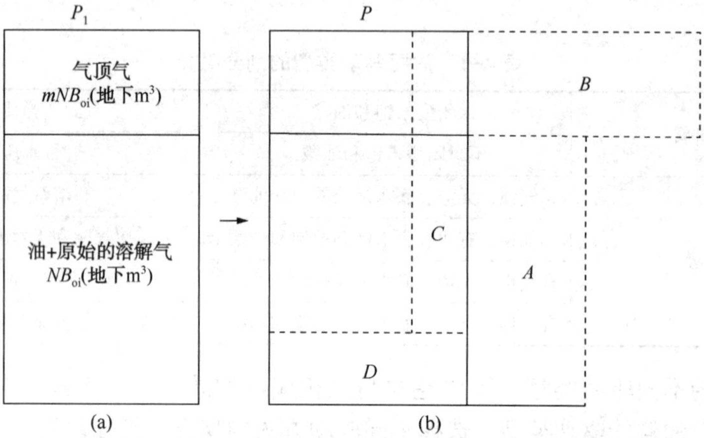


图 4-2 油藏随着压力下降 $\Delta P$(微小量)时发生的体积变化

地层压力的下降实际上就是由油藏生产造成的。如果将地面的油、气和水的总产量按目前地层温压条件下折算到地层中，那么油、气和水的体积之和就应与 $A+B+C+D$ 的综合体积变化量一致。从另一方面理解，$A+B+C+D$ 的综合体积变化量也可以看成是人为地让油藏发生膨胀的结果。当然，也可以认为这些体积变化实际上就是油藏产出油、气、水的驱动方式，因此体积平衡可以表示为：

在目前压力 $P$ 下的地下产量 $V_t$ 为：

$$V_t = V_A + V_B + V_C + V_D \tag{4-1}$$

式中 $V_t$——地下产量，$m^3$(地下)；

$V_A$——油及其原始溶解气的膨胀量，$m^3$(地下)；

$V_B$——气顶气的膨胀量，$m^3$(地下)；

$V_C$——束缚水膨胀及孔隙体积减小引起的含烃孔隙体积的减少量，$m^3$(地下)；

$V_D$——边水、底水的入侵量和人工注水量，$m^3$(地下)。

在计算上式中的各分量之前需定义如下参数：

$$N = V\phi(1-S_{wc})/B_{oi} \tag{4-2}$$

式中 $N$——油的原始储量，$m^3$；

$V$——油藏体积，$m^3$；

$\phi$——油藏地层孔隙度，小数；

$S_{wc}$——束缚水饱和度，小数；饱和度的一种定义形式，表示的是未经开发的油藏中油区的含水饱和度；

$B_{oi}$——原油体积系数，$m^3/m^3$。

$$m=\frac{原始状态气顶占的孔隙体积}{原始状态油占的孔隙体积} \tag{4-3}$$

式中 $m$——系数，一般可由测井资料提供。

$$R_P=\frac{G_P}{N_P} \tag{4-4}$$

式中 $N_P$——累积产油量，$m^3$；

$G_P$——累积产气量，$m^3$；

$R_P$——累积生产气油比。

这样，在物质平衡方程式中的膨胀量便可计算出来了。

**（一）体积变化量的分解**

1. 油与原始溶解气的膨胀量

1）油的体积变化量

在原始压力下，油的原始储量 $N$（地面 $m^3$）在油藏中占据的体积为 $NB_{oi}$（地下 $m^3$），而压力降到 $P$ 时，油的原始储量 $N$（地面 $m^3$）在油藏中占据的体积为 $NB_o$（地下 $m^3$），其中 $B_o$ 是压力降到 $P$ 时原油在地层中的体积系数。上述两个体积之差即为液体油的膨胀量 $V_{Ao}$，即：

$$V_{Ao}=N(B_o-B_{oi})（地下\ m^3） \tag{4-5}$$

2）原始溶解气的膨胀量

由于在原始条件下油与气顶是平衡的，因此油必然处于饱和压力条件下。压力下降时，溶解气逸出，原始条件下油中溶解气总量是 $NR_{si}$（地面 $m^3$），压力降低至 $P$ 后仍然溶于原油 $N$（地面 $m^3$）中的气体数量为 $NR_s$（地面 $m^3$），其中 $R_{si}$，$R_s$ 分别为对应于原始压力 $P_i$ 下和目前压力 $P$ 下的溶解气油比，因此，在压力降低 $\Delta P$ 的过程中从油中逸出的气体折算为压力 $P$ 时的原始溶解气体积量 $V_{Ag}$ 为：

$$V_{Ag}=N(R_{si}-R_s)B_g（地下\ m^3） \tag{4-6}$$

式中 $B_g$——在压力 $P$ 下的气体体积系数。

2. 气顶气的膨胀量

气顶气的总体积 $mNB_{oi}$（地下 $m^3$）在地面条件下的体积表示为：

$$G=\frac{mNB_{oi}}{B_{gi}}（地面\ m^3） \tag{4-7}$$

在压力降到 $P$ 时，气顶气在油藏中占据的体积是：

$$G'=\frac{mNB_{oi}B_g}{B_{gi}}（地下\ m^3） \tag{4-8}$$

式中 $B_{gi}$、$B_g$——气体对应于压力 $P_i$ 和压力 $P$ 下的体积系数，因此气顶气的膨胀量 $V_B$ 为：

$$V_B=mNB_{oi}\left(\frac{B_g}{B_{gi}}-1\right)（地下\ m^3） \tag{4-9}$$

3. 束缚水膨胀及孔隙体积减少引起的含烃孔隙体积的变化量

这些效应的综合作用引起的总体积变化可以表示为：

$$dV_{HC}=dV_w+dV_P \tag{4-10}$$

或表示为含烃孔隙体积的减少量:

$$dV_{HC}=-(C_wV_w+C_fV_P)dp \tag{4-11}$$

式中 $V_{HC}$——含烃孔隙体积，$m^3$；

$V_P$——孔隙体积，$m^3$，$V_P=V_{HC}/(1-S_{wc})$；

$V_w$——束缚水体积，$m^3$，$V_w=V_PS_{wc}=V_{HC}S_{wc}/(1-S_{wc})$；

$C_w$——地层水的压缩系数，$MPa^{-1}$；

$C_f$——岩石的压缩系数，$MPa^{-1}$。

由于包括气顶气在内的总含烃孔隙体积 $V_{HC}$ 是：$(1+m)NB_{oi}$(地下 $m^3$)，因此，$V_{HC}$ 的减少量 $V_C$ 可表示为:

$$V_C=(1+m)NB_{oi}\frac{C_wS_{wc}+C_f}{1-S_{wc}}\Delta P \tag{4-12}$$

其中: $\Delta P=P_i-P$

这个可容纳烃类的体积在压力降至 $P$ 时的减少量必然相应于从油藏采出的与之等量的流体，因此应把它加到流体膨胀项中。

4. 天然水侵量 $W_e$ 及人工注水量 $W_i$

油藏生产过程是一个消耗能量的过程，而表征驱动能量变化的平均压力是逐渐下降的。当压力降落的漏斗传播至供水区后，会引起供水区中流体和岩石的弹性膨胀，使得供水区中的水侵入到油藏，其侵入油藏的水量相当于排出油藏中等量的流体。考虑水的压缩系数 $B_w$(近似为1)，则其在压力 $P$ 下所占据的体积 $V_{we}$ 为:

$$V_{we}=W_eB_w(\text{地下 m}^3) \tag{4-13}$$

若油藏中有一定量注水井进行人工注水保持地层能量的开发，则在压力 $P$ 时地面上累积注水量为 $W_i$(地面 $m^3$)，其在地下所占据的体积 $V_{wi}$ 为:

$$V_{wi}=W_iB_w(\text{地下 m}^3) \tag{4-14}$$

5. 地下产量

在压力下降 $\Delta P$ 的过程中，在地面测得的累积产油量为 $N_P$(地面 $m^3$)，累积产气量为 $N_PR_P$(地面 $m^3$)。把这些油和气放回压力 $P$ 的油藏中，油加上溶解气的体积是 $N_PB_o$(地下 $m^3$)。如果将产出地面总气量放回压力 $P$ 的油藏中，将有 $N_PR_s$(地面 $m^3$)溶于 $N_P$(地面 $m^3$)的油中，$N_P$ 为累计产油量；其余的气量 $N_P(R_P-R_s)$(地面 $m^3$)是在压力下降 $\Delta P$ 的过程中从油藏采出的逸出气和气顶之和，把它放回压力已降至 $P$ 的油藏中时，占据的体积为 $N_P(R_P-R_s)B_g$(地下 $m^3$)。考虑到地面可能有一定的产水量 $W_P$ 并将其放回到压力 $P$ 的油藏中占据体积为 $W_PB_w$。因此，总的地下产量 $V_t$ 为:

$$V_t=N_P[B_o+(R_P-R_s)B_g]+W_PB_w(\text{地下 m}^3) \tag{4-15}$$

**(二)油藏物质平衡方程通式的建立**

令地下产量等于油藏中体积变化之和，得出物质平衡的通式为:

$$N_P[B_o+(R_P-R_s)B_g]=NB_{oi}\left[\frac{B_o-B_{oi}+(R_{si}-R_s)B_g}{B_{oi}}+m\left(\frac{B_g}{B_{gi}}-1\right)+(1+m)\left(\frac{C_wS_{wc}+C_f}{1-S_{wc}}\right)\Delta P\right]+(W_e+W_i-W_P)B_w \tag{4-16}$$

若将压力 $P$ 与 $P_i$ 下地层原油的两相体积系数 $B_t$ 与 $B_{ti}$ 分别表示为：

$$B_t=B_o+(R_{si}-R_s)B_g \tag{4-17}$$

$$B_{ti}=B_{oi} \tag{4-18}$$

则通式可简化为：

$$N=\frac{N_P(B_t-R_{si}B_g)-(W_e+W_i-W_P)B_w+N_PR_PB_g}{B_t-B_{ti}+\frac{mB_{ti}}{B_{gi}}(B_g-B_{gi})+(1+m)B_{ti}\left(\frac{C_wS_{wc}+C_f}{1-S_{wc}}\right)\Delta P} \tag{4-19}$$

上述物质平衡方程通式具有如下特点。

(1) 它是零维的，即它是按油藏中一点来计算的，而这一点代表油藏的平均性质。

(2) 虽然它一般表现出与时间无关，但是天然水侵量 $W_e$ 的大小是与时间有关的。

(3) 虽然压力只在水和孔隙压缩系数项中明显出现，其形式为 $P_i-P$，但它也隐含在所有其他项中，因为 PVT 参数 $B_o$、$R_s$ 和 $B_g$ 都是压力的函数，水侵量也与压力有关。

(4) 物质平衡方程通式总是按推导时使用的方法计算的，也就是说把压力降至 $P$ 时的体积拿来同原始压力 $P_i$ 下的体积进行比较，而不是使用逐段方法来计算的。

## 三、不同驱动方式下物质平衡方程式的简化

虽然物质平衡方程通式看似复杂，但其本质是如下压缩率定义的形式：

$$\Delta V=CV\Delta P \tag{4-20}$$

即产量=油藏流体的膨胀量。

根据油藏不同驱动类型，可对上述物质平衡方程式通式进行简化，从而得到其相应的特定条件下的物质平衡方程。

### （一）未饱和油藏的物质平衡方程式

1. 未饱和油藏的封闭弹性驱动

未饱和油藏的封闭弹性驱动的条件：$P_i>P_b$，$m=0$，$W_i=0$，$W_e=0$，$W_P=0$，$R_P=R_s=R_{si}$，$B_o-B_{oi}=B_{oi}C_o\Delta P$。

故由其通式可得：

$$N=\frac{N_PB_o}{B_{oi}C_o\Delta P+B_{oi}\left(\frac{C_wS_{wc}+C_f}{1-S_{wc}}\right)\Delta P}=\frac{N_PB_o}{B_{oi}\left(C_o+\frac{C_wS_{wc}+C_f}{1-S_{wc}}\right)\Delta P} \tag{4-21}$$

式中 $C_o$——原油的压缩系数，$MPa^{-1}$。

设：

$$C_t=C_o+\frac{C_wS_{wc}+C_f}{1-S_{wc}} \tag{4-22}$$

则：

$$N=\frac{N_PB_o}{B_{oi}C_t\Delta P} \tag{4-23}$$

2. 未饱和油藏的天然弹性水压驱动

该油藏的固有条件为：$P_i>P_b$，$m=0$，$W_i=0$，$R_P=R_s=R_{si}$，$B_o-B_{oi}=B_{oi}C_o\Delta P$。由通式

可得：

$$N=\frac{N_PB_o-(W_e-W_P)B_w}{B_{oi}C_t\Delta P} \tag{4-24}$$

或写为：

$$N_PB_o=NB_{oi}C_t\Delta P+(W_e-W_P)B_w \tag{4-25}$$

3. 未饱和油藏的天然水驱和人工注水的弹性水压驱动

该油藏的开发除有天然弹性水压驱动之外，还进行人工注水，因此有：

$$N=\frac{N_PB_o-(W_e+W_i-W_P)B_w}{B_{oi}C_t\Delta P} \tag{4-26}$$

或写为：

$$N_PB_o=NB_{oi}C_t\Delta P+(W_e+W_i-W_P)B_w \tag{4-27}$$

**(二) 饱和油藏的物质平衡方程式**

对于饱和油藏可以根据不同驱动能量的组合得到如下不同驱动类型油藏的物质平衡方程式。

1. 溶解气驱动油藏

这种油藏的开发主要靠溶解气的分离膨胀所产生的驱动作用，当同时考虑由于地层压降所引起的地层束缚水和地层岩石的弹性膨胀作用时，因为 $m=0$，$W_i=0$，$W_e=0$，$W_P=0$，故由通式可得：

$$N=\frac{N_P[B_t+(R_P-R_{si})B_g]}{(B_t-B_{ti})+B_{ti}\left(\dfrac{C_wS_{wc}+C_f}{1-S_{wc}}\right)\Delta P} \tag{4-28}$$

当忽略地层束缚水和地层岩石的弹性膨胀作用时，由上式可以得到纯溶解气驱动的物质平衡方程式：

$$N=\frac{N_P[B_t+(R_P-R_{si})B_g]}{B_t-B_{ti}} \tag{4-29}$$

2. 气顶气、溶解气驱和弹性驱动油藏

$$N=\frac{N_P[B_t+(R_P-R_{si})B_g]}{(B_t-B_{ti})+\dfrac{mB_{ti}}{B_{gi}}(B_g-B_{gi})+(1+m)B_{ti}\left(\dfrac{C_wS_{wc}+C_f}{1-S_{wc}}\right)\Delta P} \tag{4-30}$$

3. 气顶气、溶解气、天然水驱和弹性驱动油藏

$$N=\frac{N_P[B_t+(R_P-R_{si})B_g]-(W_e-W_P)B_w}{(B_t-B_{ti})+\dfrac{mB_{ti}}{B_{gi}}(B_g-B_{gi})+(1+m)B_{ti}\left(\dfrac{C_wS_{wc}+C_f}{1-S_{wc}}\right)\Delta P} \tag{4-31}$$

## 四、油藏物质平衡方程在油藏开采动态规律分析中的应用

物质平衡方程式的主要功能在于：确定油藏的原始地质储量与天然水侵量的大小，判断油藏的驱动机理，预测油藏未来的动态指标。

**(一) 油藏的驱动机理分析**

由物质平衡可知封闭型弹性驱动累计产量的理论值为 $NB_{oi}C_t\Delta P$，所以采出油量与封

闭型弹性驱动产量的比值 $N_{pr}=\dfrac{N_P B_o}{NB_{oi}C_t\Delta P}$ 可用来衡量弹性驱动能量在总采油能量中的比例。如果为纯弹性驱动，则 $N_{pr}=1$。

每采出 1%地质储量的压降值 $\Delta P$ 也可用来衡量天然能量的大小。如果天然能量很充足，则 $\dfrac{\Delta P}{R}$ 值很小。表 4-2 是天然能量驱动能力的分级情况。

**表 4-2　天然能量驱动能力的分级**

| 指　　标 | 充　　足 | 较充足 | 有一定 | 不　　足 |
|---|---|---|---|---|
| $\Delta P$/MPa | <0.2 | 0.2~0.5 | 0.5~2.5 | >2.5 |
| $N_{pr}$ | >30 | 10~30 | 2~10 | <2 |
| $V$ | 一般大于 2% | 可达 1.5%~2% | 可达 1%~1.5% | 多数达不到 1% |

判别各种天然能量在驱动中所起的作用，需计算驱动指数。一个油藏的全部驱动指数之和等于 1.0。某一驱动指数值越大，该驱动能量所起的作用越大。

改造物质平衡方程可以用于衡量油藏开采过程中的各种能量。变换式(4-19)使右端等于 1，即：

$$\frac{N(B_o-B_{oi})+N(R_{si}-R_s)B_g}{N_P[B_t+(R_P-R_{si})B_g]+W_PB_w}+\frac{mNB_{ti}(B_g-B_{gi})/B_{gi}}{N_P[B_t+(R_P-R_{si})B_g]+W_PB_w}+$$

$$\frac{(1+m)NB_{ti}\left(\dfrac{C_wS_{wc}+C_f}{1-S_{wc}}\right)\Delta P}{N_P[B_t+(R_P-R_{si})B_g]+W_PB_w}+\frac{W_eB_w}{N_p[B_t+(R_P-R_{si})B_g]+W_PB_w}+$$

$$\frac{W_iB_w}{N_P[B_t+(R_P-R_{si})B_g]+W_PB_w}=1 \tag{4-32}$$

式中　$\dfrac{N(B_o-B_{oi})+N(R_{si}-R_s)B_g}{N_P[B_t+(R_P-R_{si})B_g]+W_PB_w}$ ——溶解气驱动指数；

$\dfrac{mNB_{ti}(B_g-B_{gi})/B_{gi}}{N_P[B_t+(R_P-R_{si})B_g]+W_PB_w}$ ——气顶气驱动指数；

$\dfrac{N(B_o-B_{oi})+(1+m)NB_{ti}\left(\dfrac{C_wS_{wc}+C_f}{1-S_{wc}}\right)\Delta P}{N_P[B_t+(R_P-R_{si})B_g]+W_PB_w}$ ——弹性驱动指数；

$\dfrac{W_eB_w}{N_P[B_t+(R_P-R_{si})B_g]+W_PB_w}$ ——天然水侵驱动指数；

$\dfrac{W_iB_w}{N_P[B_t+(R_P-R_{si})B_g]+W_PB_w}$ ——人工注水驱动指数。

当油藏中没有哪一项驱动作用，或不考虑哪一项驱动影响时，这一项的驱动指数就等于 0。

**(二) 油藏的原始地质储量计算**

在用物质平衡求原始地质储量或天然水侵量时，根据不同驱动类型选择适当的坐标系使其成为直线，便可确定其数值。

(1) 对于封闭弹性驱动油藏，物质平衡方程可简化为：

$$N=\frac{N_PB_o}{C_tB_{oi}\Delta P} \tag{4-33}$$

因此，$Y=N_PB_o=NB_{oi}C_t\Delta P=NX$。

即在 $N_PB_o$ 与 $NB_{oi}C_t\Delta P$ 坐标系中确定其斜率，就可求出地质储量。

(2) 对于溶解气驱油藏，物质平衡方程可写为：

$$Y=N_P[B_t+(R_P-R_{si})B_g]=N(B_t-B_{ti})=NX \tag{4-34}$$

即在 $N_P[B_t+(R_P-R_{si})B_g]$ 与 $(B_t-B_{ti})$ 坐标系中，直线的斜率为 $N$。

(3) 对于气顶—溶解气驱油藏，物质平衡方程可写成：

$$Y=\frac{N_P[B_t+(R_P-R_{si})B_g]}{B_t-B_{ti}}=N+G\frac{B_g-B_{gi}}{B_t-B_{ti}}=N+GX \tag{4-35}$$

即在 $\frac{N_P[B_t+(R_P-R_{si})B_g]}{B_t-B_{ti}}$ 与 $\frac{B_g-B_{gi}}{B_t-B_{ti}}$ 坐标系中，直线的截距 $N$，斜率为 $G$。

**(三) 油藏的天然水侵量计算**

对于其他类型驱动的油藏，其边界经常局部或全部受含水层包围，这些含水层叫做供水区，对于具有供水区的油藏在用物质平衡方法计算其水侵量与油藏储量时，需要了解开发过程中水侵量的变化情况，而水侵量的变化情况与供水区的供给能力有关，有的油藏有边水露头，可以得到地面水的补充，有的油藏天然供水区虽然不是敞开式的，但供水区面积很大，使油藏能量也得到一定的补充。有的油藏由于被断层切割或被不渗透层所包围，连通的天然水域很局限，或者直接就是完全封闭的，则此时天然水能量对油田开发影响很小。就目前研究而言，水侵量的大小主要取决于供水区域的几何形状、地层的渗透率、孔隙度、油水黏度比、供水区中岩石和水的压缩系数等。

当油藏的天然水域比较小时，油藏开采所引起的地层压力下降可以很快波及整个天然水域范围。此时，天然水域的累积水侵量与时间无关。

$$W_e=V_{pw}(C_w+C_P)\Delta P \tag{4-36}$$

式中 $V_{pw}$——天然水域的地层孔隙体积，$m^3$；

$\Delta P$——油藏的地层压降，MPa。

当天然水域很大时，压力波不可能波及到整个水域，水侵量的大小除与地层压降有关外，还应与开发时间有关。目前的实际生产中一般都采用稳定流法和非稳定流法两种评价方式，其中非稳定流法中有一种方式还考虑了天然水侵区的几何形状，故根据天然水侵区形状又可将其分为直线流、平面径向流和半球形流三种形式。

1. 稳定流法——稳定状态公式

Schilthuis 于 1936 年基于达西定律，提出了计算进入到油藏中的水侵量的近似方法，这一方法的方程可表示为：

$$W_e=K_2\int_0^t(P_i-P)\,dt \tag{4-37}$$

$$q_e=\frac{dW_e}{dt}=K_2(P_i-P) \tag{4-38}$$

式中 $P_i$——原始边界压力，MPa；

$P$——某时间 $t$ 时的油气边界处压力（一般用油藏平均压力代替），MPa；

$K_2$——水侵系数，$m^3/(mon \cdot MPa)$ 或 $m^3/(a \cdot MPa)$；

$q_e$——水侵速度，$m^3/mon$ 或 $m^3/a$；

$t$——时间，mon 或 a。

式(4-37)和式(4-38)为稳定状态方程。仅对上式进行分析就可看出，按其假设，在一个特定的时间间隔内给定一个压力，所得到的水侵量总是一定的。水的侵入速度与压降成正比，即压降越大，水侵速度越大。而压降越小，水侵速度越小。当地层压力等于原始地层压力时，压降为零，水侵速度也就为零。这种假设太过于理想化，所以造成稳定状态公式有很大的适用局限性。

稳定状态公式仅适用于当油藏有充足的边水补给，或者因采油速度不高而油层压降能相对稳定的情况，此时水侵速度与原油采出速度相等，此种情况被称为稳定态水侵。

根据上述公式可以判断，研究天然水的活动规律其实只需求出水侵系数即可，水侵系数的大小直接表示了天然水的活跃程度。下面对用物质平衡方法求水侵系数的方法做简要叙述。

首先，用物质平衡方法求出不同时间下的水侵量。根据式(4-37)可判断，在地层压力稳定的条件下，水侵速度是一个常数，水侵量与时间是直线关系，所以在作出水侵量与时间的关系曲线以后，求出曲线的斜率，即得水侵速度 $q_e$ 值，最后由式(4-37)便可求出水侵系数 $K_2$。

由以上分析，使用稳定状态水侵公式进行计算时，必须在地层压力稳定的阶段，此时水侵速度与采出速度相等，则水侵量与时间才可成直线关系。若地层压力达不到稳定时，则需要我们对公式进一步优化，准稳定状态公式及修正稳定状态公式就此应运而生。

2. 非稳定流法

1）准稳定状态公式

它的应用条件为：油藏有充足的边水供给，即供水区的压力稳定，但油藏压力还未达到稳定状态，可把这个压力变化阶段看作是无数稳定状态的连续变化，如图 4-3 所示。这时的水侵速度仍为式(4-38)，即：

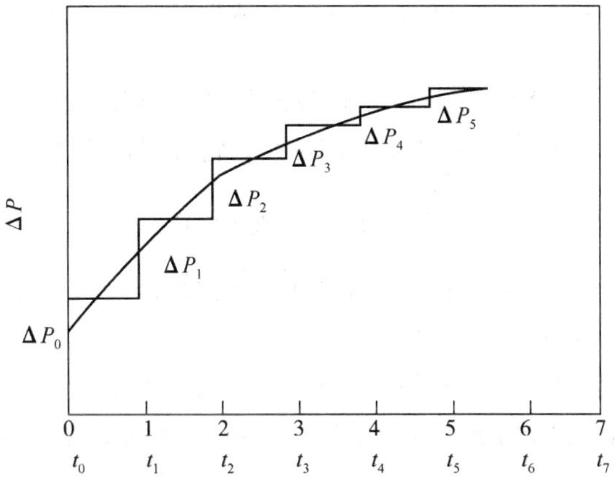


图 4-3　准稳定状态公式简化运算示意图

$$q_e=\frac{dW_e}{dt}=K_2(P_i-P) \tag{4-39}$$

将式(4-39)积分后，得到水侵量 $W_e$ 与时间的关系：

$$W_e=K_2\int_0^t \Delta\bar{P}dt=K_2\sum(\Delta\bar{P}\Delta t) \tag{4-40}$$

以 $W_e$ 为纵坐标，以 $\sum(\Delta\bar{P}\Delta t)$ 为横坐标作图，便可得到一条水侵量变化的趋势线，该直线的斜率就是水侵系数 $K_2$。另外，准稳定状态公式是准定态水侵的一种特殊形式，是一种水侵规律的估算技巧。

$$K_2=\frac{W_e}{\sum(\Delta P\Delta t)} \tag{4-41}$$

2）修正的准稳定状态公式

为了更加符合实际的天然水水侵情况，Hurst 于 1945 年又提出了一个修正的准稳态方程。它的适用条件是：与含油区相比，供水区很大；油层产生的压力将不断向外传播，使流动阻力增大，因而边水侵入速度减小，也就是水侵系数变小。另外，这一规律一般用于油田生产一段时间以后压力处于平稳下降的阶段，这种描述水侵的方法可表示为：

$$W_e=K_2\int_0^t \frac{P_i-P}{\lg at}dt$$

$$\frac{dW_e}{dt}=K_2\frac{P_i-P}{\lg at} \tag{4-42}$$

式中 $K_2$——水侵系数，$m^3/(mon \cdot MPa)$ 或 $m^3/(a \cdot MPa)$；

$a$——时间换算系数，它取决于所选用的时间 $t$ 的单位。

上述式(4-42)中第一个式子与准稳态水侵和稳态水侵的主要区别在于，在积分符号内引入了一个时间的对数函数，反映在压降地区不断扩大的情况下，油藏水侵的不稳定性和水侵量逐渐减小，因而水侵系数要变小，即式中 $K_2/\lg at$ 随开发时间的增加而减小。

经过大量的生产实践，发现上述三种模拟公式，都不能得到令人十分满意的结果。由于水侵量的大小与天然水侵区形状有直接关系，因此为了引入这方面因素，一种非定态水侵的计算公式被引入到了水侵量的表达式之中。这种方式更实际地考虑到了水侵量的大小与供水区形状的关系。

这种情况下的水侵量推导结果中，水侵量的表达式不光与压降、时间这两者有关，在公式中还引入了可以表示水域形状的自变量参数。将此时的天然水侵量表示为：

$$W_e=B\sum_0^t \Delta PQ(t_D) \tag{4-43}$$

式中 $Q(t_D)$——与时间和水域形状有关的无单位的物理量；

$\Delta P$——油藏阶段压降，MPa；

$B$——水侵系数，压力每降低 1MPa 时靠水的弹性能驱入油藏中水的体积。

上述所有等式，都是通过式(4-43)变形得到的。也就是说式(4-43)可以表示任意条件下的天然水水侵量情况。

由于我们获取必要参数值(油藏的原始地质储量以及天然水水侵量等)的手段有限，

在实际应用中，往往运用油藏物质平衡方程将二者统一起来，在坐标图上画得直线，计算截距与斜率。

对于弹性水压驱动的油藏，物质平衡方程可写为：

$$Y=\frac{N_{\mathrm{P}}B_{\mathrm{o}}+(W_{\mathrm{e}}-W_{\mathrm{i}})B_{\mathrm{w}}}{C_{\mathrm{t}}B_{\mathrm{oi}}\Delta P}=N+B\frac{\sum_{0}^{t}\Delta PQ(t_{\mathrm{D}})}{B_{\mathrm{oi}}C_{\mathrm{t}}\Delta P}=N+BX \tag{4-44}$$

即在$\frac{N_{\mathrm{P}}B_{\mathrm{o}}+(W_{\mathrm{P}}-W_{\mathrm{i}})B_{\mathrm{w}}}{C_{\mathrm{t}}B_{\mathrm{oi}}\Delta P}$与$\frac{\sum_{0}^{t}\Delta PQ(t_{\mathrm{D}})}{B_{\mathrm{oi}}C_{\mathrm{t}}\Delta P}$的坐标系中，直线的截距是$N$，斜率为$B$(水侵系数)。

对于溶解气—天然水混合驱动的油藏，物质平衡方程可写为：

$$Y=\frac{N_{\mathrm{P}}[B_{\mathrm{t}}+(R_{\mathrm{P}}-R_{\mathrm{si}})B_{\mathrm{g}}]+(W_{\mathrm{P}}-W_{\mathrm{i}})B_{\mathrm{w}}}{B_{\mathrm{t}}-B_{\mathrm{ti}}}=N+B\frac{\sum_{0}^{t}\Delta PQ(t_{\mathrm{D}})}{B_{\mathrm{t}}-B_{\mathrm{ti}}}=N+BX \tag{4-45}$$

即在$\frac{N_{\mathrm{P}}[B_{\mathrm{t}}+(R_{\mathrm{P}}-R_{\mathrm{si}})B_{\mathrm{g}}]+(W_{\mathrm{P}}-W_{\mathrm{i}})B_{\mathrm{w}}}{B_{\mathrm{t}}-B_{\mathrm{ti}}}$与$\frac{\sum_{0}^{t}\Delta PQ(t_{\mathrm{D}})}{B_{\mathrm{t}}-B_{\mathrm{ti}}}$的坐标系中，直线的截距为$N$，斜率为$B$。

对于在注水保持地层压力情况下的溶解气—气顶—边水驱动油藏，物质平衡方程可写为：

$$Y=\frac{N_{\mathrm{P}}[B_{\mathrm{t}}+(R_{\mathrm{P}}-R_{\mathrm{si}})B_{\mathrm{g}}]+(W_{\mathrm{P}}-W_{\mathrm{i}})B_{\mathrm{w}}}{B_{\mathrm{t}}-B_{\mathrm{ti}}+mB_{\mathrm{ti}}\frac{B_{\mathrm{g}}-B_{\mathrm{gi}}}{B_{\mathrm{gi}}}}=N+B\frac{\sum_{0}^{t}\Delta PQ(t_{\mathrm{D}})}{B_{\mathrm{t}}-B_{\mathrm{ti}}+mB_{\mathrm{ti}}\frac{B_{\mathrm{g}}-B_{\mathrm{gi}}}{B_{\mathrm{gi}}}}=N+BX \tag{4-46}$$

即在$\frac{N_{\mathrm{P}}[B_{\mathrm{t}}+(R_{\mathrm{P}}-R_{\mathrm{si}})B_{\mathrm{g}}]+(W_{\mathrm{P}}-W_{\mathrm{i}})B_{\mathrm{w}}}{B_{\mathrm{t}}-B_{\mathrm{ti}}+mB_{\mathrm{ti}}\frac{B_{\mathrm{g}}-B_{\mathrm{gi}}}{B_{\mathrm{gi}}}}$与$\frac{\sum_{0}^{t}\Delta PQ(t_{\mathrm{D}})}{B_{\mathrm{t}}-B_{\mathrm{ti}}+mB_{\mathrm{ti}}\frac{B_{\mathrm{g}}-B_{\mathrm{gi}}}{B_{\mathrm{gi}}}}$的坐标系中，直线的截距是$N$，斜率为$B$(水侵系数)。

## 第二节　水驱特征曲线及应用

水驱油田油、水量变化规律受油田开发中的多方面因素影响，它既反映油层及原油物性对油层中油水流动规律的制约，也反映开采过程中多种技术措施的效果。因此，利用油田开采中的实际生产资料，分析认识油水变化规律，并建立一定的经验公式，能够实现对油田开发过程的定量认识，把握各开发指标之间的内在联系。

## 一、水驱油田油、水量变化规律

20世纪70年代，随着油田普遍进行注水开发，一个天然水驱或人工水驱的油藏，当它全面开发并进入稳定生产阶段后，含水率达到一定高度并逐渐上升，在半对数坐标纸上，以对数坐标作图的情况下，会出现如下两种直线关系：

$$\lg W_P = BN_P + A$$

$$R = B\lg\left(\frac{f_w}{1-f_w}\right) + A \tag{4-47}$$

式中 $f_w$——含水率，$f_w = \dfrac{q_w}{q_o+q_w}$；

$R$——采出程度，油藏累积产油量与地质储量的比值。

通过对实际数据的统计分析后，上述公式具有两个特点。

(1) 一般油田在含水20%前后才开始出现直线段；

(2) 在对油层采取重大措施(如压裂)或开发条件变动(如层系调整)时，开发效果突变，直线段发生转折。

目前，在矿场上，利用水驱油的变化规律判断或对比油田开发效果的好坏，判断油井出水层位以及来水方向或见效方向，预测油藏动态指标等方面都有较多应用。

## 二、水驱油田各个量之间的关系曲线

### 1. 水驱油田采出程度与水油比的关系曲线

由上述采出程度的概念可知油田的采出程度可表示为 $R=\dfrac{N_P}{N}$，还可以表示为 $R=\dfrac{N-N_r}{N}$，式中 $N_r$ 为没有开采出的可采储量。

将上述公式用容积法求解后可得：

$$R=\frac{[V\phi(1-S_{wc})\rho_0]/B_{oi}-[V\phi(1-S_w)\rho_0]/B_0}{[V\phi(1-S_{wc})\rho_0]/B_{oi}}=1-\frac{B_{oi}(1-S_w)}{B_o(1-S_{wc})}=1-\frac{B_{oi}}{B_o(1-S_{wc})}+\frac{B_{oi}S_w}{B_o(1-S_{wc})} \tag{4-48}$$

式中 $V$——岩石总体积，$m^3$；

$\phi$——孔隙度，小数；

$\rho_o$——原油的密度，$kg/m^3$；

$B_{oi}$——原始原油体积系数，$m^3/m^3$；

$B_o$——原油目前地层压力下的体积系数，$m^3/m^3$；

$S_w$——地层的目前含水饱和度，小数；

$S_{wc}$——束缚水饱和度，小数。

对于同一油田，上述表达式中只有一个未知数。所以只需找到 $S_w$ 这个唯一的未知数与水油比之间的关系函数，再与式(4-48)可以得到采出程度与水油比之间的关系。

水油比可用含水率表示为如下形式：

$$F_{wo}=\frac{f_w}{1-f_w} \tag{4-49}$$

又根据达西定律，可得 $q_w$ 与 $q_o$ 的表达式分别为：

$$q_o=\frac{KK_{ro}A\Delta P}{\mu_o L}$$

$$q_w=\frac{KK_{rw}A\Delta P}{\mu_w L} \tag{4-50}$$

将此式带入含水率的表达式中，可得：

$$f_w=\frac{1}{1+\dfrac{\mu_w K_{ro}}{\mu_o K_{rw}}} \tag{4-51}$$

经大量数据的经验统计发现水驱油田油、水相对渗透率比值可表示为含水饱和度的函数，即从相渗曲线中读出相对渗透率 $K_{ro}$ 和 $K_{rw}$ 的值并找到与之对应的含水饱和度 $S_w$，算出这两者的相对渗透率比值，即 $K_{ro}/K_{rw}$，再分别以 $S_w$ 和计算得到的比值为横纵坐标，将其绘制在半对数坐标上，得到如图 4-4 所示的曲线。该曲线的中间部分是直线，两端发生一定弯曲，通过拟合可得到曲线直线段的表达式：

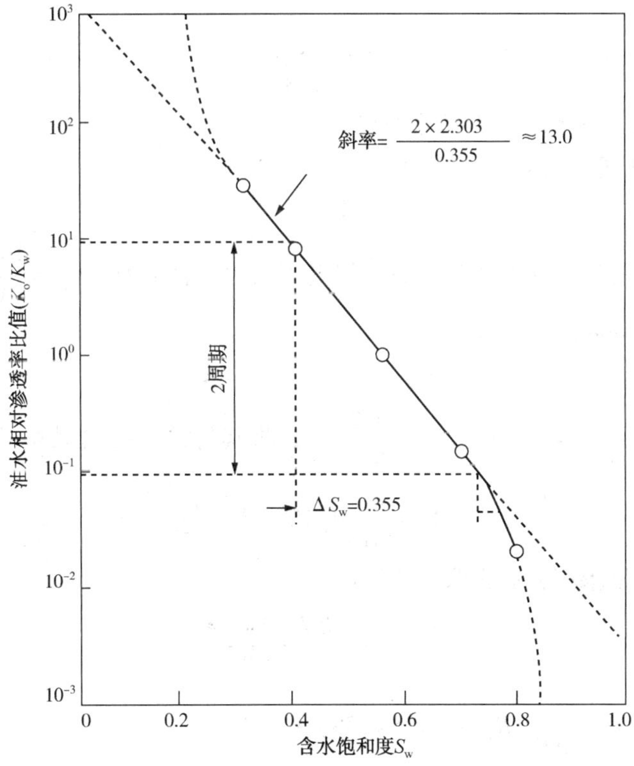


图 4-4　相对渗透率比值与含水饱和度拟合关系图

$$\lg\frac{K_{ro}}{K_{rw}}=\lg a-bS_w \tag{4-52}$$

式中 $a$——为直线段延长线在纵轴上的截距；

$b$——直线段的斜率。

将式(4-49)~式(4-51)三个等式联立，可得：

$$R=1-\frac{B_{oi}}{B_o(1-S_{wc})}+\frac{B_{oi}}{B_o(1-S_{wc})}\cdot\frac{1}{b}\lg\left(a\frac{\mu_w}{\mu_o}\right)-\frac{B_{oi}}{B_o(1-S_{wc})}\cdot\frac{1}{b}\lg\left(\frac{1-f_w}{f_w}\right) \tag{4-53}$$

经分析发现，对于同一油田，上述公式中的如下两部分都为常数：

$$1-\frac{B_{oi}}{B_o(1-S_{wc})}+\frac{B_{oi}}{B_o(1-S_{wc})}\cdot\frac{1}{b}\lg\left(a\frac{\mu_w}{\mu_o}\right)$$

$$\frac{B_{oi}}{B_o(1-S_{wc})}\cdot\frac{1}{b}$$

为了使式(4-53)对于各个层次的分析都具有一定的客观准确性，将其中的常数部分用$A$、$B$表示，将公式改写成如下形式：

$$R=A+B\lg\left(\frac{f_w}{1-f_w}\right) \tag{4-54}$$

经简单变换后得：

$$R=A+B'\ln\left(\frac{f_w}{1-f_w}\right) \tag{4-55}$$

其中：

$$B'=\frac{1}{2.3}B$$

2. 累积产水量与累积产油量关系曲线

由式(4-49)和式(4-54)经变形可得：

$$F_{wo}=10^{(N_P/N-A)/B} \tag{4-56}$$

由水油比定义可知，在开发的一段时间里水油比可表示为：$F_{wo}=\dfrac{dW_P}{dN_P}$。

将其代入式(4-56)后可得：

$$dW_P=10^{(N_P/N-A)/B}\cdot dN_P \tag{4-57}$$

又因 $d[10^{(N_P/N-A)/B}]=10^{(N_P/N-A)/B}\cdot\dfrac{\ln 10}{BN}dN_P$，将其与式(4-57)联立得：

$$dW_P=\frac{BN}{\ln 10}d[10^{(N_P/N-A)/B}] \tag{4-58}$$

对上式两边分别求积分后再取对数得：

$$\lg W_P=\lg\frac{BN}{\ln 10}+\frac{N_P}{NB}-\frac{A}{B} \tag{4-59}$$

令 $\lg\dfrac{BN}{\ln 10}-\dfrac{A}{B}=A_1$，$\dfrac{1}{NB}=B_1$，将式(4-59)化简为：

$$\lg W_P=A_1+B_1N_P \tag{4-60}$$

式(4-60)即为油、水关系曲线的表达式，为了在对数坐标的表示中斜率与截距更有意义，可变形为

$$N_P=a(\lg W_P-\lg b) \tag{4-61}$$

## 三、利用水驱规律曲线预测开发指标

水驱油田开发到达一定阶段以后，在半对数坐标系下，以累积产油量为直角坐标，以累积产水量为对数坐标，绘制出水驱规律曲线为一条直线，其直线斜率可由下式求得：

$$\frac{1}{a}=\frac{\lg W_{P2}-\lg W_{P1}}{N_{P2}-N_{P1}} \tag{4-62}$$

将直线段延长与纵轴相交，得截距 $b_o$，求出常数 $a$、$b$。根据式(4-61)进行开发动态预测。

### (一) 预测产水量 $W_P$

将方程(4-61)变形为：

$$W_P=b\cdot 10^{(N_P/a)}$$

$$W_P=10^{(\lg b+N_P/a)} \tag{4-63}$$

在给定产量 $N_P$ 的条件下，根据上述两式即可求得产水量 $W_P$。

### (二) 预测含水率

对式(4-63)取微分有：

$$\frac{dN_P}{dt}=a\cdot\lg e\cdot\frac{1}{W_P}\frac{dW_P}{dt} \tag{4-64}$$

又因为$\frac{dN_P}{dt}=q_o$，$\frac{dW_P}{dt}=q_w$，故上式得：

$$q_o=a\lg e\,\frac{1}{W_P}q_w \tag{4-65}$$

经过整理可得水油比 $F_{wo}$ 为：

$$F_{wo}=\frac{q_w}{q_o}=\frac{2.3W_P}{a} \tag{4-66}$$

含水率可根据下式求得，即：

$$f_w=\frac{q_w}{q_w+q_o}=\frac{q_w/q_o}{q_w/q_o+1}=\frac{2.3W_P}{2.3W_P+a} \tag{4-67}$$

### (三) 预测最终采出程度(采收率)

目前在水驱油田上普遍采用含水极限或极限水油比这一概念，超过了这一极限，油田就失去了实际开采价值。达到这一极限所获得的采出程度就是油田的最终采收率。一般的含水极限为98%，这时极限水油比 $F_{wo}=98/2=49$。经验方法所预测的采收率值一般比其他方式更加符合生产实际。

将式(4-66)变形为：

$$W_P=\frac{aF_{wo}}{2.3} \tag{4-68}$$

代入式(4-61)得：

$$N_P=a\left(\lg\frac{aF_{wo}}{2.3}-\lg b\right) \tag{4-69}$$

将极限水油比49代入上式可得：

$$N_{\mathrm{Pmax}}=a\left(\lg\frac{a\cdot 49}{2.3}-\lg b\right)=a(\lg 21.3a-\lg b) \tag{4-70}$$

生产中分析油田开发效果时，往往要求知道最终含水与最终采出程度的关系，以便于对比分析，为此可得：

$$R_{\max}=\frac{N_{\mathrm{Pmax}}}{N}=\frac{a}{N}(\lg 21.3a-\lg b) \tag{4-71}$$

将上式中的$\frac{a}{N}$用 $a_D$ 表示，定义 $b_D=\frac{b}{N}$，于是上式变为：

$$R_{\max}=a_D(\lg 21.3a_D-\lg b_D) \tag{4-72}$$

## 四、水驱油田油、水量变化规律的校正

经大量生产实际工作研究后发现，对于刚性水驱油田，上述两个公式作图后都有较好的直线关系，即上述规律在这类油田中是普遍适用的，但是有些油田只局部的依靠注水开发，如有的油田饱和压力较高，并且注水较迟，或者局部油藏本身具有一定的能量，使得油藏在开采之前就处于饱和压力之上，因此这类油田见水以前或者在油田见水后很长一段时间内，还存在一定的溶解气驱特征。在这种综合驱动方式下，上述两种公式不能成立。此时根据它们的特征点作图后将不是一条直线，而是一条平缓上升的曲线，因而不便于用直线外推的方法来计算未来的油、水变化并预测其对油田生产有很大价值的各类参数。为了使上述两种油水变化规律曲线便于应用，需要进行校正，在半对数坐标中，把两条水驱规律变化曲线都引入一个常数 $C$(校正系数)。

将式 $a[\lg W_{\mathrm{P}}-\lg b]=N_{\mathrm{P}}$ 改写成如下形式：

$$a[\lg(W_{\mathrm{P}}+C)-\lg b]=N_{\mathrm{P}} \tag{4-73}$$

这个公式与未校正的水驱规律公式的区别是多了一个校正系数，这时便不能用简单的累积产水量作纵坐标，而必须先确定出校正系数 $C$，然后以 $\lg(W_{\mathrm{P}}+C)$ 为纵坐标，以 $N_{\mathrm{P}}$ 为横坐标作图，这样绘制出的水驱规律曲线将是一条符合度较好的直线。

# 第三节　产量递减规律分析

研究产量递减规律的方法一般是：首先绘制产量与时间的关系曲线，或产量与累积产量的关系曲线，然后选择一种坐标将产量递减部分的曲线变成直线(或接近直线)，写出直线的方程，即找出油田产量与时间的经验关系式，进而预测油田未来的动态指标，油田产量递减规律矿场上常见的有指数递减规律和双曲线型的衰减规律。

## 一、产量递减规律数学模型

为了推导出符合这一递减规律的数学模型，J. J. Arps 于 1945 年率先定义了能表示产量递减速度的一个概念——递减率。所谓递减率，是指单位时间单位体积产油量的变化，通常用小数或百分数表示。将瞬时递减率的定义式用经验表达式表示出来：

$$D=-\frac{\mathrm{d}q}{q\mathrm{d}t}=kq^n \tag{4-74}$$

式中 $D$——产量递减率；

$q$——产量，$m^3$；

$t$——时间；

$n$——递减指数，$0 \leqslant n \leqslant 1$；

$K$——比例常数。

式中的负号表示随着开发时间的增长，产量是下降的。

**（一）产量随时间的变化关系**

由式(4-74)得：

$$-q^{-(n+1)}\mathrm{d}q = k\mathrm{d}t \tag{4-75}$$

当 $0<n<1$ 时，将此式分离变量积分得：

$$\frac{1}{n}\left[\left(\frac{q_i}{q_t}\right)^n - 1\right] = kq_i^n t \tag{4-76}$$

由瞬时递减率经验表达式知：

$$D_i = kq_i^n \tag{4-77}$$

将式(4-77)代入式(4-76)得：

$$\frac{1}{n}\left[\left(\frac{q_i}{q_t}\right)^n - 1\right] = D_i t \tag{4-78}$$

进行简单变化可得：

$$q_t = q_i(1+nD_i t)^{-\frac{1}{n}} \tag{4-79}$$

式中 $q_i$——递减期初始产量，$m^3$；

$q_t$——递减 $t$ 时刻后的产量，$m^3$；

$D_i$——初始递减率。

当递减指数 $n=0$，将式(4-74)分离变量并积分得：

$$\ln\left(\frac{q_i}{q_t}\right) = D_i t \tag{4-80}$$

上式经过变换后可得：

$$q_t = q_i \exp(-D_i t)$$

当递减指数 $n=1$ 时，将式(4-74)分离变量并积分得：

$$\frac{q_i}{q_t} - 1 = D_i t \tag{4-81}$$

上式经过变换后可得：

$$q_t = q_i(1+D_i t)^{-1}$$

综上所述，产量随时间的变化关系式可表示为：

$$q_t = q_i(1+nD_i t)^{-\frac{1}{n}} \quad (0<n<1) \tag{4-82}$$

$$q_t = q_i \exp(-D_i t) \quad (n=0) \tag{4-83}$$

$$q_t = q_i(1+D_i t)^{-1} \quad (n=1) \tag{4-84}$$

它们分别符合数学中的双曲线函数关系、指数函数关系和调和函数关系，因此分别称它们为双曲型递减、指数型递减和调和型递减。应用上述公式可预测递减后任意时刻的产量。

## (二) 累积产油量随时间的变化

产油量处于递减期时，某一油田递减规律的初始时刻到任意时刻内的累积产油量为：

$$N_P = \int_0^t q_t \mathrm{d}t \tag{4-85}$$

将式(4-82)~式(4-84)分别代入式(4-85)进行求积后，可得以下三式：

$$N_P = \frac{q_i}{(n-1)D_i}\left[(1+nD_i t)^{\frac{n-1}{n}}-1\right] \tag{4-86}$$

$$N_P = \frac{q_i}{D_i}\left[1-\exp(-D_i t)\right] \tag{4-87}$$

$$N_P = \frac{q_i}{D_i}\ln(1+D_i t) \tag{4-88}$$

式(4-86)~式(4-88)分别为双曲型、指数型和调和型递减时的累计产量与时间的关系式。应用上述公式可预测递减后任一开发时间内的累积产量。

## (三) 三种递减规律的比较

当 $t=t_0$时，由式(4-74)得到初始递减率 $D_i$为：

$$D_i = -\frac{\mathrm{d}q}{q\mathrm{d}t} = kq_i^n \tag{4-89}$$

而当 $t=t_0+\mathrm{d}t$ 时，递减率 $D_t$为：

$$D_t = -\frac{\mathrm{d}q}{q\mathrm{d}t} = kq_t^n \tag{4-90}$$

用式(4-90)的两边分别除以式(4-89)的两边，整理得：

$$D_t = D_i\left(\frac{q_t}{q_i}\right)^n \tag{4-91}$$

现由式(4-91)来讨论三种递减规律的特点。

(1) 当 $n=0$ 时，式(4-91)变为：

$$D_t = D_i = 常数 \tag{4-92}$$

就是说指数型递减时的递减率为常数，也称为常百分数递减。

(2) 当 $n=1$ 时，式(4-91)变为：

$$D_t = D_i\frac{q_t}{q_i} \tag{4-93}$$

分析上式可知，由于$\frac{q_t}{q_i}<1$，所以调和型递减时的递减率随着产量的下降而减小，即随着开发时间的推移，递减速度逐渐减缓。

(3) 当 $0<n<1$ 时，式(4-91)变为：

$$D_t = D_i\left(\frac{q_t}{q_i}\right)^n \tag{4-94}$$

因为$\left(\frac{q_t}{q_i}\right)^n<1$，所以双曲型递减时的递减率也随着产量的下降而减小。根据上面的推证得知，在初始递减率相同的条件下，指数型递减产量下降得最快。

由于$\frac{q_t}{q_i}<1$且$0<n<1$，通过取对数比较可知：

$$\left(\frac{q_t}{q_i}\right)^n>\frac{q_t}{q_i} \tag{4-95}$$

由式(4-91)、式(4-93)、式(4-95)可知，在初始递减率相同的情况下，指数型递减的产量下降最快，双曲型递减居中，调和型递减最慢。

## 二、产量递减规律的应用分析

### (一) 指数递减规律的应用分析

对指数递减规律曲线两边分别取对数后得：

$$\lg q_t=\lg q_i-D_i t\lg e \tag{4-96}$$

对这个等式进行分析后可知，瞬时产油量$q_t$的对数与时间$t$之间存在线性关系，且对于这条直线，其截距为$\lg q_i$，斜率为$-D_i\lg e$，即当油田的产量递减后，如果呈指数递减，在半对数坐标系下，以对数坐标表示瞬时产量$q_t$，以直角坐标表示开发时间$t$，把实际的数据点画在坐标纸上，会得到一条直线段。在目前生产条件不变的情况下，用这条直线的延长线来预测大部分油田的未来指标，是十分准确的。

经进一步研究发现指数型递减的累积产量与瞬时产量在直角坐标系下也为线性关系。求解方式具体如下。

由式(4-83)和式(4-87)可得：

$$t=\frac{1}{D_i}\ln\left(\frac{q_i}{q_t}\right) \tag{4-97}$$

$$N_P=\frac{1}{D_i}(q_i-q_t) \tag{4-98}$$

指数型递减时，由式(4-85)所求得的目前递减期累积产油量$N_P$，再加上递减开始之前的累积产量$N_{Pi}$，即可得油田的预计总产油量$N_{Pt}$，即：

$$N_{Pt}=N_{Pi}+\frac{q_i}{D_i}[1-\exp(-D_i t)] \tag{4-99}$$

式(4-99)是递减期累积产量随时间增加的公式，分析此式还可得出：

(1) 累积产量变化曲线是一条减速递增的曲线，如图4-5所示。

(2) 用累积产油量变化随时间的变化公式，可以预测油田累积产量变化的趋势，并求得采出程度。

(3) 当时间趋近于无穷大时，产量趋近于零。由式(4-99)知，当$t\to\infty$时，便得到油田的最大累积产量的计算公式，即：

$$N_{P\max}=N_{Pi}+\frac{q_i}{D_i} \tag{4-100}$$

### (二) 双曲递减规律的应用分析

为了研究双曲递减规律的数学模型$q_t=q_i(1+nD_i t)^{-\frac{1}{n}}(0<n<1)$，大多数学者都想过要将其转化为直线进行求解，经计算机作图发现，在符合这种规律的数据点中，当递减指数

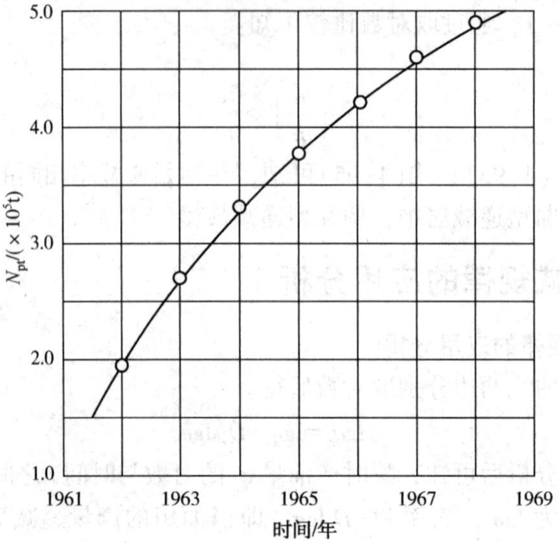


图 4-5　累积产量变化曲线示意图

$n$ 确定后，以累积产油量 $N_p$ 与 $t^{\frac{1-n}{n}}$ 的乘积为纵坐标，以 $t^{\frac{1-n}{n}}$ 为横坐标的曲线近似为直线。推导这一近似直线关系的过程如下：

由上述双曲递减公式经变换后可得：

$$t=\frac{1}{nD_{\mathrm{i}}}\left[\left(\frac{q_{\mathrm{i}}}{q_{\mathrm{t}}}\right)^{n}-1\right] \tag{4-101}$$

将式(4-101)代入式(4-86)可得：

$$N_{\mathrm{P}}=\frac{q_{\mathrm{i}}^{n}}{(1-n)D_{\mathrm{i}}}[q_{\mathrm{i}}^{1-n}-q_{\mathrm{t}}^{1-n}] \tag{4-102}$$

将上式变形后可得：

$$N_{\mathrm{P}}=a_1-b_1q_{\mathrm{t}}^{1-n} \tag{4-103}$$

其中：$a_1=\dfrac{q_{\mathrm{i}}}{D_{\mathrm{i}}(1-n)}$，$b_1=\dfrac{q_{\mathrm{i}}^{n}}{D_{\mathrm{i}}(1-n)}$

将双曲递减规律公式代入式(4-103)，可得：

$$\begin{cases}N_{\mathrm{P}}=a_2-b_2(t+C)^{1-\frac{1}{n}}\\ a_1=a_2=\dfrac{q_{\mathrm{i}}}{D_{\mathrm{i}}(1-n)}\\ b_2=\dfrac{q_{\mathrm{i}}}{D_{\mathrm{i}}(1-n)C^{\frac{1}{n}-1}}\\ C=\dfrac{1}{n}D_{\mathrm{i}}\end{cases} \tag{4-104}$$

上式进行移项后，可得曲线的具体公式如下：

$$N_{\mathrm{P}}(t+C)^{1-\frac{1}{n}}=a_2(t+C)^{1-\frac{1}{n}}-b_2 \tag{4-105}$$

在实际工作中，可运用上述公式求最大累积产油量(最终可采储量)、瞬时累积产油量等。为了更准确地吻合实际生产数据，往往对 $a_2$、$b_2$和 $C$ 这些常数整体处理。

为了更好地简化瞬时产油量的求法，对式(4-103)进行两边求导，即可得到：

$$q_t=\left(\frac{1}{n}-1\right)b_2(t+C)^{-\frac{1}{n}} \tag{4-106}$$

经处理得到如下三个对双曲递减规律计算有帮助的简化公式。

$$\begin{cases}N_P=a_2-b_2(t+C)^{1-\frac{1}{n}}\\N_P(t+C)^{1-\frac{1}{n}}=a_2(t+C)^{1-\frac{1}{n}}-b_2\\q_t=\left(\frac{1}{n}-1\right)b_2(t+C)^{-\frac{1}{n}}\end{cases} \tag{4-107}$$

根据实际生产中的实际资料，分析式(4-107)，可得出如下结论。

(1) 根据式(4-107)中的第一个式子可求取 $C$ 值。在根据实际资料确定 $n$ 值后，公式中仅有 3 个未知数，任选 3 个时间值和与其对应的 $N_P$ 值，联立便可求出 $C$ 值。或者可直接求出表达式中的全部未知参数。但由于要对其准确性及生产应用方便等因素进行考虑，提出如下方法进行对 $C$ 值的求取。

在累积产量和时间(即 $N_P$ 和 $t$)的关系曲线上取两个相距较远的点 1 和 3，其纵坐标为 $t_1$和 $t_3$，如图 4-6 所示。由曲线的中间取一点 2，使其纵坐标等于 $N_{P2}$，且满足下式：

$$N_{P2}=\frac{1}{2}(N_{P1}+N_{P3}) \tag{4-108}$$

即 $N_{P2}$等于 1 与 3 点的纵坐标的算术平均值。根据已知的 $N_{P2}$，可由累积产量曲线读出相应的时间 $t_2$。这样将这 3 个点对应的值分别代入式(4-107)的第一个式子，即可求得 $C$ 值。由于这种方法并非随机取点，故较为精确。

当 $n$=0.5 时，其数值可由下式计算，即：

$$C=\frac{t_2(t_1+t_3)-2t_1t_3}{t_1+t_3-2t_2} \tag{4-109}$$

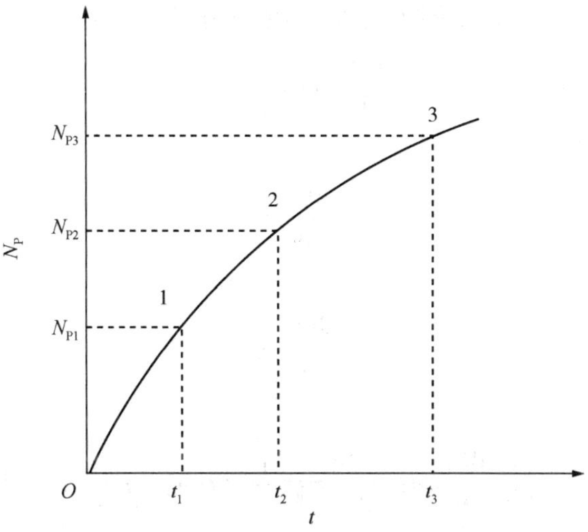


图 4-6 累积产量变化示意图

(2) 由式(4-107)中的第二个式子可知，在已知 $C$ 值后，直线中的斜率及截距也可求。

(3) 由式(4-107)中的第一个式子，可知任意时间 $t$ 时的累积采油量值。

(4) 当 $t\to\infty$ 时，由式(4-107)中的第一个式子可知，此时的 $N_P$ 值为 $a_2$。

即从符合上述求取条件开始，开发条件不发生改变的情况下，直到递减期结束的累积产量为 $a_2$，将上述结果加上之前已知的那部分累积产量 $N_{Pi}$，即可得到最大累积产量：

$$N_{Pmax}=N_{Pi}+a_2 \tag{4-110}$$

需要指出的是，油田生产条件及所在位置一旦发生变化，上述所有公式可能都不成立了。虽然到目前为止对于大多数地区的油田来讲，其公式的原始指数形式及双曲形式是基本相同的，但那些根据各个实际生产数据计算出的经验预测曲线及经验参数是会发生变化的。

## 第四节　系统辨识方法

预测模型是描述预测体系的结构特征或其变化规律的数学表达式。建立系统的预测模型称为系统结构辨识，包括对其所依赖的物理规律的解释方法。应该指出的是，任何一个动态系统都可分离成两个部分：一是结构性部分或称为趋势性部分，它决定了事物的发展方向；二是随机性部分，即外界的随机性影响，它使事物表现出瞬时状态。因此，既考虑结构性影响又考虑随机性影响，是建立油田动态预测模型的有效途径。

### 一、产油量预测模型

翁文波提出，对于资源有限体系，在预测技术中可以用泊松(Poisson)分布概率函数来形象描述其兴衰生命周期(旋回)，即从兴起、成长、成熟到衰退的生命全过程。对于这样的过程，泊松旋回一般表示为

$$Q_t=Bt^n\exp(-t)\,(t\gg 0) \tag{4-111}$$

式(4-111)表明，事物 $Q_t$ 在随自变量时间 $t$ 的变化过程中，正比于 $t$ 的变化 $n$ 次方函数兴起，又随着 $t$ 的负指数函数衰减。这一函数具有以下性质：

$$\frac{dQ_t}{dt}=Q_t\left(\frac{n}{t}-1\right)$$

当 $t<n$ 时：

$$\frac{dQ_t}{dt}>0$$

当 $t=n$ 时：

$$\frac{dQ_t}{dt}=0$$

当 $t>n$ 时：

$$\frac{dQ_t}{dt}<0;\quad \frac{d^2Q_t}{dt^2}=Q_t\frac{1}{t^2}[(t-n)^2-n]$$

当 $t=n\pm\sqrt{n}$ 时：

$$\frac{d^2Q_t}{dt^2}=0$$

从以上性质可知，事物 $Q_t$ 的兴衰可以分为四个阶段：

（1）快速上升阶段：$t=0\sim(n-\sqrt{n})$；

（2）一般上升阶段：$t=(n-\sqrt{n})\sim n$；

（3）一般下降阶段：$t=n\sim(n+\sqrt{n})$；

（4）缓慢下降阶段：$t=(n+\sqrt{n})\sim\infty$；

因为一个油田的原油储量(地质储量)是不可再生资源，属于有限体系。油田注水开发系统也有开始阶段、发展阶段、高峰阶段和衰减阶段。因此，可以用泊松旋回公式来描述油田注水开发系统产油量变化的全过程。为了使实际计算方便，将式(4-112)改写为如下形式，作为产油量预测模型，即

$$\begin{cases}Q_0(j)=A+Bj^n\exp(j)+V(j)\\ j=\dfrac{i-i_0}{C}\end{cases} \tag{4-112}$$

式中　$Q_0(j)$——预测的第 $j$ 时刻的产量；

$j$——离散时间，$j\neq0$；

$i$——待预测的采油年份；

$i_0$——预测期前一年的产油年份；

$A$，$B$，$n$——待估参数，时变或非时变的；

$C$——常数；

$V(j)$——均值为零的白噪声。

当$Q_0(j)\gg A$ 时，式(4-112)可作为式(4-111)的近似。

## 二、产水量预测模型

产水量的变化与产油量不同，正常情况下不会出现下降的变化阶段。油井开始见水后，随着含水率的升高，产水量将不断增加，对于这一变化规律的描述可采用如下模型：

$$Q_w(j)=\alpha(j)+\beta(j)j^{\gamma(j)}+V(j) \tag{4-113}$$

式中　$Q_w(j)$——预测的第 $j$ 时刻的产水量；

$\alpha(j)$，$\beta(j)$，$\gamma(j)$——待估的时变参数。

式(4-113)称为多功能模型，因为它不仅可以对产水量进行预测，也可以对产油的下降阶段进行预测。模型中的参数估计采用推广的递推梯度算法。

## 三、综合含水率预测模型

翁文波指出，在生命旋回临近极限阶段时，可以形象地描述为逻辑斯蒂(Logistic)函数，即

$$X_t=\frac{D_0}{1+a\exp(bt)} \tag{4-114}$$

式中　$a$，$b$——常数。

逻辑斯蒂函数具有以下性质：

(1) 如果 $b>0$，则$\lim\limits_{t\to\infty}X_t=0$。这时函数可以形象地描述一个体系生命的末期。

(2) 如果 $b>0$，则$\lim\limits_{t\to\infty}X_t=D_0$。这时函数可以形象地描述一个体系最后极限的过程。

油田开发实际经验表明，随着开发时间的推移，综合含水率是不断增加的。通常，当综合含水率达到98%时，认为已接近最后经济开采极限。据此可以将式(4-114)写成式(4-115)的形式，作为综合含水率预测模型：

$$f_w(j)=\frac{1}{0.01+G\exp(-Fj)}+V(j) \tag{4-115}$$

式中 $f_w(j)$——预测的第 $j$ 时刻的综合含水率；

$F$，$G$——待估参数。

上述产油量、产水量及综合含水率的预测模型，是建立在系统状态变化有序性基础之上的整体信息预测模型。

## 四、累积产油量和累积产水量预测模型

从系统的观点出发，对油田动态系统进行全面观察和理论分析，提出适合于油田注水动态系统的模型，称为T模型。T模型适用于具有单调递减或递增的非线性随机系统具体对油田这一动态系统来说，累积产油量、累积产水量随着时间的变化是递增的，日产油量在中后期是单调递减的，采出程度、含水率等都是时间 $t$ 的单调变化函数。为了不失一般性，在理论推导中，假设油田动态系统的某一状态变量为 $y$，其随时间 $t$ 变化的相对变化率为 $D$，则可定义

$$D=\frac{\mathrm{d}y}{y\mathrm{d}t} \tag{4-116}$$

式中 $\mathrm{d}y$——变量 $y$ 在 $\mathrm{d}t$ 时间间隔内的变化量。

式(4-116)只是一个定义式，它没有预测功能。前面的分析表明，由于油田动态的非线性，变化率 $D$ 不是一个常数(当油田动态系统保持相对稳定时才有可能为常数)，而是随时间 t 的变化而变化。依据变化率(递减率或递增率)的定义式，其等效方程可表示为

$$D=\frac{\mathrm{d}y}{y\mathrm{d}t}=kt^n \tag{4-117}$$

式中 $k$——比例常数；

$n$——递减(或递增)指数。

将式(4-117)整理得

$$kt^n\mathrm{d}t=\frac{1}{y}\mathrm{d}y \tag{4-118}$$

求积得

$$y(t)=y(0)\exp\left(\frac{k}{n+1}t^{n+1}\right) \tag{4-119}$$

式中 $y(0)$——状态变量 $y$ 在0时刻的值；

$y(t)$——状态变量 $y$ 在 $t$ 时刻的值。

令 $\alpha=y(0)$，$b=\dfrac{k}{n+1}$，$c=n+1$，则式(4-119)改写为

$$y(t)=\alpha\exp(bt^{c}) \tag{4-120}$$

依据实际情况，为了使式(4-120)具有更广泛的适应性，将其改写为

$$y(t)=\alpha\exp(bt^{c})+d \tag{4-121}$$

式中 $a$——变量 $y$ 的初值；

$b$——变化(递减或递增)系数；

$c$——变化类型控制系数；

$d$——修正常数项。

式(4-121)即为T模型的数学通式。其中常数 $a$，$d$ 与变量 $y$ 的绝对量有关，而常数 $b$，$c$ 则反映了油田地质特点和开发过程的特点，是油田动态系统的特征参数。

对T模型的待估参数 $a$，$b$，$c$，$d$ 的求解，可根据具体情况采用不同的参数估计方法当预测的基础数据是时间序列形式(即以时间 $t$ 为自变量)时，可采用递推算法；当预测变量与其自变量各自都是以时间序列而构成的有序对时，可采用牛顿迭代法。

## 习 题

1. 简述油气田开发动态规律分析的主要任务。
2. 简述油气开采动态规律分析的三个阶段。
3. 简述未饱和油藏和饱和油藏的区别。
4. 简述物质平衡方程通式的推导思想及主要特点。
5. 如何根据油藏的不同驱动类型简化物质平衡方程?
6. 水驱油田的采出程度与水油比的关系曲线是如何建立的?
7. 产量递减规律的数学模型包括哪几种类型?
8. 已知某油田 $Q_0=100\text{t/d}$，$D_0=0.1\text{a}^{-1}$。求当递减指数 $n=0$，0.5，1 时第7年末的瞬时产量，并比较三种递减类型的递减速度大小。
9. 如何利用水驱规律曲线预测开发指标?

# 第五章 剩余油分布研究

注水开发油田进入高含水期后，油田开发调整的主要研究内容包括以下三个方面：油藏开发分析研究、剩余油研究和改善油田开发效果方法研究。其中第一项内容是研究油田开发的主要问题和潜力，第二项内容是研究剩余油的分布及其饱和度的变化规律，第三项内容是研究剩余油的开采方法。高含水期油田开发与调整的研究内容可以概括为一句话，即“认识剩余油，开采剩余油”。

剩余油的研究主要包括宏观分布研究、微观分布研究和剩余油饱和度研究三部分。宏观分布研究一般是指采用地质方法与动态分析方法相结合，定性描述宏观剩余油分布状况；微观分布研究主要采用岩心驱替方法描述剩余油在微观孔隙中的分布状况；剩余油饱和度研究是指采用井点测试方法、数值模拟方法、物质平衡方法和神经网络方法等定量描述剩余油在储层空间上的分布。

## 第一节 剩余油研究概述

### 一、剩余油的基本概念

剩余油一般是指通过加深对地下地质体的认识和改善工艺水平等措施可以采出的原油。一般包括驱油剂波及不到的死油区内的原油及驱油剂波及到了但仍驱不出来的残余油两部分。

剩余油的多少取决于地质条件、原油性质、驱油剂种类、开发井网以及开采工艺技术，通过一些开发调整措施或增产措施后仍有一部分可以被采出。剩余油体积与孔隙体积之比称为剩余油饱和度。残余油是指注入水在波及区内或孔道内已驱过区域仍然残留、目前开发条件下不能被驱走的原油。其体积在岩石孔隙中所占体积的百分数成为残余油饱和度，用 $S_{or}$ 表示。驱替结束后残余油是处于束缚状态、不可流动状态的，属于剩余油的一部分。

油田(藏)经开发后，尚未采出的可采储量，即累计可采储量与累计产量之差为剩余地质储量。剩余地质储量除以区块面积为剩余储量丰度。剩余储量丰度可以准确可靠的反映油藏剩余地质储量的分布。油藏内单位体积油层中所含的剩余地质储量为剩余油单储系数，通常采用每米油层每平方千米面积内所含的剩余地质储量来表示。

## 二、剩余油分布的影响因素

### （一）构造

很多早期开发的构造圈闭油藏，开发方案编制中由于当时采用的是二维地震资料，并且测网较稀，所做的构造图准确性比较差，后来应用三维高分辨率开发地震资料和密井网钻井资料重查落实，发现了众多的小幅度和微幅度（3～10m幅度）构造及多期多组规模不等的断裂系统，发现了大量未被动用的储量，采用重新布井，打出了高产井。这是因为相对大构造而言，油田注水开发时，油层内注入水质点受到的水平驱动力与其自身的重力的合力指向前下方，水质点向前运动时逐渐下沉，使油层内水淹程度和水驱油效率逐渐降低，而在局部构造幅度相对较高的部位水淹程度低。如果微幅度构造的高部位没有油水井井点控制，就会留下剩余油。虽然这种微幅度构造闭合差仅有几米，但经钻井后检验证实，该区域内含水率比较低，甚至不含水，这是剩余油富集的一个重要因素。

### （二）沉积微相

沉积微相是控制油水平面运动的主要因素，也是控制剩余油平面分布的主要因素。河道的变迁及河道的下切、叠加使得不同时期沉积的砂体极不规则，砂体间接触关系也很复杂。两期河道间有的以低渗透薄砂相接触，有的与废弃河道泥质充填或者尖灭区域相连接，这些部位及其附近区域是剩余油富集的有利地带。研究表明，大型河道砂中的油层由于砂体分布面积广，连通性好，平面上所有井几乎都已不同程度水淹，剩余油主要分布在砂体物性变差的部位；而分流河道砂和水下分流河道砂中的油层，剩余油主要存在于河道薄层砂或河道边部物性变差部位以及那些孤立分散状且井网难以控制的小透镜体中。注水开发过程中，在相同条件下，河道微相和河口坝微相砂体吸水能力较强，而前缘席状砂等吸水能力较差。另外，水在不同相带中的流动速度也不同，相界面对水的跨相带流动往往起一个遮挡作用。例如，双河油田注入水在河道中运动速度最快，其次是在河坝内，最慢的是在席状砂和河道间等低渗透微相带。

### （三）沉积韵律

沉积韵律的影响主要体现在油层纵向渗透率差异上。正韵律油层底部渗透率高，加上重力导致的油水分离，注入水沿油层底部突进，顶部形成剩余油；反韵律油层底部渗透率低，若注采井距小、重力的作用不明显，底部容易形成剩余油，若注采井距较大，纵向上水淹比较均匀；复合韵律油层纵向上出现多个渗透率段，在相对低渗透部位水洗较弱，容易形成剩余油。

### （四）非均质性

平面上，注入水沿高渗透带突进，在低渗透部位形成剩余油；纵向上，高渗透层动用程度高，水洗严重，剩余油相对较少，中、低渗透层动用程度低，甚至未动用，水洗较轻，形成剩余油。层内非均质性控制水驱油的波及厚度，影响着油藏的吸水剖面和产液剖面，同时也是油藏开发中层内矛盾的主要控制因素。

### （五）夹层

注采井组内分布稳定的夹层，将厚油层细分成若干个流动单元，易形成多段水淹。若夹层分布不稳定，则表现为注入水下窜（重力作用），不稳定夹层越多，其间油水运动和分布也就越复杂。夹层的存在减弱了重力和毛细管力的作用，对于正韵律、块状厚油层来说，夹层有利于提高注入水纵向波及系数，而对反韵律油层则不利于下部油层的动用。不稳定夹层的位置不同，水线推进形态各异，造成水淹状况极其复杂。当只是水井有夹层时，夹层越长越有利于上部水驱，在一定注采井距内，夹层长度达到井距之半后，上、下层水线推进距离就很接近；当只是油井有夹层时，水线前缘遇到夹层以后，就沿着夹层分段推进，夹层越长水淹厚度越大。在夹层分布不稳定的注采井组内，底部水淹严重。

**(六) 裂缝**

对于裂缝性油藏，裂缝的分布一般具有明显的方向性，注入水沿裂缝推进速度快，水淹严重，而垂直裂缝方向和基岩水淹程度低，容易形成剩余油。另外，微裂缝和潜在裂缝对剩余油分布也有影响。通常在开发初期或注水初期，这些微裂缝和潜在裂缝对注水开发无明显的影响，随着注水压力和注水强度的增大，原来的微裂缝连通或潜在裂缝开启，导致沿裂缝水窜，使基岩中形成大量的剩余油。

**(七) 断层**

封闭性断层对注入水的推进起着阻挡作用，将引起注采系统的不完整，使断层两边相同层位的油层水淹程度截然不同，在断层遮挡注采不完善的地方或断鼻的上倾方往往容易形成剩余油。而开启性断层则为注入水的窜流提供了通道，削弱了注水效果，在断层附近形成剩余油。

**(八) 井网**

井网密度越大，水驱控制程度越高，则注入水波及系数越高，剩余油富集部位越少。不同注水方式注水波及系数也不一样。在线性注水方式下，同一井排两口注水井间或采油井间存在“死油区”形成剩余油。各种实验表明，见水时七点法和五点法面积波及系数较大，九点法最低。当井网不完善或不规则时，加上油层平面、纵向非均质的影响，则可以形成多种形式的剩余油富集部位。

## 三、高含水期油田剩余油分布特征

从我国油田来看，大部分油田含水和采出程度较高，而且又都经过细分层系、加密井网等调整，地下剩余油呈高度分散状态。一般情况下，油田在注水开发的中后期，即高含水期，剩余油多存在于大量而分散的低渗透层内。从平面上看，这些低渗透层往往交错地分布于高渗透高含水层的边缘部分，或者分布于两相邻高含水层之间。这些低渗透层厚度一般较小，有的甚至只有几十厘米；有的夹层甚至不是纯泥岩，而只是渗透率更低的物性夹层。从纵向层间关系来看，往往某一层在这口井内是低渗透层，动用程度低，剩余油多，而在其相邻井内可能是高含水的高渗透层。因此油水关系在空间上形成彼此错落的复杂状态，形成这种油水分布状态的原因很多，主要原因之一是与我国储层河流相沉积的特点有关。在主河道部位多为高渗透层，厚度大，水淹严重；在漫滩或边滩部分，渗透性差，厚度也小，水进得少，甚至根本进不去，剩余油就比较多，结果使油水分布形成高度分散的复杂状态。

从总体上看，虽然剩余油处于高度分散状态，但仍然存在局部相对富集的地区。这种相对富集地区的形成，与油藏地质条件和开发条件有关，因此也具有一定的规律性。富集区通常分布在以下几个地区。

(1) 断层附近地区。断块油田的边界断层附近，常常留下较大剩余油集中区，井间断层附近也常留下小块滞留区。

(2) 岩性复杂地区。包括河道砂体的漫滩或边滩等部位，以及岩性尖灭线附近地区等。

(3) 现有井网控制不住的小砂体或狭长条形砂体等。

(4) 注采系统不完善的地区。主要是井网中注采井布置不规则的地区，如注水井过少的地区或受效方向少的井附近等。

(5) 非主流线地区。虽然这种地区的注采系统是比较完善的，但两相邻水井之间的分流区仍滞留有剩余油，而且这种类型的剩余油比较分散，专为此打加密井往往初期含水比较低，但很快就会上升。

(6) 微构造部位。由于注入水常向低处渗流，当微构造部位无井控制时，常会滞留剩余油。

由于各个油藏的具体地质条件和开发状况不同，上述各种富集区的大小及剩余油分布格局也有所不同。高含水期油田要改善注水开发效果的水动力学方法除了进行井网加密以外，还可以通过开展不稳定注水或改变井的工作制度来改变液流方向，以扩大注入水波及体积，增加可采储量。

## 四、剩余油的主要类型

### (一) 宏观剩余油分类

#### 1. 井网控制不住型

井网控制不住型主要是在原井网虽然钻遇但未射孔，或是原井网未钻遇而新加密井钻遇的油层中的剩余油。

#### 2. 成片分布差油层型

成片分布差油层型是油层薄、物性差，分布面积较大，动用差或不动用而形成成片分布的剩余油。

#### 3. 注采不完善型

注采不完善型是原井网虽然有井点钻遇，但由于隔层、固井质量等方面的原因不能射孔，造成有注无采、有采无注或无采无注而形成的剩余油。

#### 4. 二级受效型

二级受效型是新加密井钻在原采油井的二级位置，因原采油井截流而形成的剩余油。

#### 5. 单向受效型

单向受效型是只有一个注水受效方向而另一个方向油层尖灭或油层变差，或者是钻遇油层但未射孔，形成剩余油。

#### 6. 滞留区型

滞留区型主要分布在相邻两三口油井或注水井之间，在厚层或薄层中都占有一定的比例，但分布面积相对较小。

#### 7. 层间干扰型

层间干扰型存在于纵向上物性相对较差的油层中，在原井网条件下虽然已经射孔，注采关系也相对比较完善，但由于这类油层的物性比同时射孔的其他油层物性差很多，因而不吸水、不出油，造成油层不动用，形成剩余油。

8. 层内未水淹型

层内未水淹型存在于厚油层中，由于地层内的非均质性，一般底部水淹严重，如果层内有稳定的物性夹层，其顶部存在部分未被水驱的剩余油。

9. 隔层损失型

隔层损失型是在原井网射孔时，考虑当时的工艺水平，为防止窜槽，作为隔层使用而未射孔的层内分布的剩余油。

10. 断层遮挡型

断层遮挡型是断层遮挡处的剩余油。

**（二）微观剩余油分类**

1. 成因分类

应用微观渗流物理模拟技术，用天然岩心和人造微观网络模型进行了系统的水驱模拟实验，认为水驱后微观剩余油按照其形成原因可分为两大类：

（1）微观剩余油是由于注入水的微观指进与绕流而形成的微观团块状剩余油。这部分原油在微观上没有被水波及到，仍保持着原来的状态。

（2）微观剩余油是滞留于微观水淹区内的水驱后残余油。与前一类剩余油相比，在孔隙空间中更分散，形状也更复杂多样。

2. 发育部位分类

根据对微观驱替实验薄片观察结果，按照水驱微观残余油占据孔隙空间的具体部位，可将其划分为5种基本类型：

（1）簇状残余油：这种残余油是残留在被通畅的大孔道所包围的小喉道孔隙簇中，实际上是存在于微观水淹区内更小范围的死油。容纳簇状残余油的孔隙从绝对值上讲不一定都是小的，它们与周围孔隙的连通喉道较细长，注入水波及该部位时发生绕流。这种残余油在微观水淹区所占的比例较大。

（2）角隅残余油：残余油呈孤立的滴状存在于被注入水驱扫过的孔隙死角处，而附近的绝大部分孔隙空间被注入水所填充。

（3）喉道残余油：残余油呈孤立塞状或柱状残留在连续孔隙的喉道处，特别是在那些相对细长的喉道中更为明显。这种残余油是由于注入水选择了该喉道两边相邻的孔隙作为通道，使其中的原油未能被水驱走而残留下来。

（4）溶蚀孔缝残余油：残余油残留在岩心的微观溶蚀孔缝中和这些孔缝边缘的岩石颗粒上。

（5）孔隙颗粒表面的残余油：这种残余油呈全部连续厚薄不等的油环或油膜残留在孔隙周围的岩石颗粒表面，在油湿岩石中这种残余油比较典型。

3. 厚油层特高含水期的微观剩余油分布模式

通过荧光实验分析厚油层特高含水期的微观剩余油分布模式，总结出颗粒间、颗粒表面和颗粒内三大类微观剩余油分布。

1）颗粒间剩余油

（1）油球状：这种剩余油多分布于粒间的大孔隙中。它是在水驱过程中油卡断并被水包围形成的，有时在细长孔隙中形成短棒状。

（2）角隅状：这种剩余油呈孤立的滴状，主要分布在孔道的连通部位，无论是局水淹部位还是低水淹部位都存在，分布很广。

(3) 喉道状：这种剩余油主要存在于细小孔道和未被水波及到的中低渗透部位，呈连续分布，占面积较大，在物性不好的低、未水淹岩心中分布较广，在中高水淹中只有窄喉道处分布。

2) 颗粒表面剩余油

(1) 油膜状：主要分布在岩石颗粒亲油的孔道表面上，水的剪切应力难以将这类残余油驱替出来，膜的厚度随组成孔道岩石颗粒的物性不同而变化，分布范围很广。

(2) 吸附状：这类剩余油多分布在泥杂基岩或黏土矿物含量较高的部位。常吸附在颗粒表面、孔壁表面以及填隙物表面，往往由于颗粒表面具有较强的吸附能力且孔隙中形成连续水相使得颗粒表面的剩余油不能被驱替而形成。

3) 颗粒内剩余油

颗粒内剩余油多分布在碎屑成分成熟度低而粒内溶蚀孔发育的层内，存在于粒内孔中。由于成岩作用，在长石、云母等片状矿物溶孔里或颗粒的裂隙以及高岭石、绿泥石微粒中所含片状矿物的解理缝隙和裂缝中形成剩余油，包括内孔状剩余油和裂隙状剩余油。

这些微观剩余油在不同的水淹部位，如未水淹部位、低水淹部位、中水淹部位和高水淹部位，差别很大。

在这项研究中由于采用的是实际岩心薄片，面积很小，所以没有发现存在很广、分布面积很大的簇状剩余油，也就是前边说到的小孔包围大孔形成的孤岛状、斑块状剩余油和大孔包围小孔形成细小的网格状、连续状剩余油。

## 第二节 剩余油研究方法

### 一、地质学方法

剩余油的富集受地质因素和开发因素的双重影响，地质方法是指根据精细地质描述结合开发动态分析，定性给出剩余油在空间分布的主要部位。概括起来主要有微型构造法、沉积微相法和储层流动单元法。

#### (一) 微型构造法

储层微型构造是指以单砂体顶面(或底面)为准，用 1~5m 等高线间距绘制出的构造图，反映在总的油田构造背景上，储层顶面、底面的微小起伏变化所显示的构造特征，如图 5-1 所示。其构造幅度较小，相对高差在 10m 以内；构造范围较小，面积一般不超过 0.3km$^2$，是原始沉积环境、砂泥岩差异压实作用及构造运动共同作用的结果。

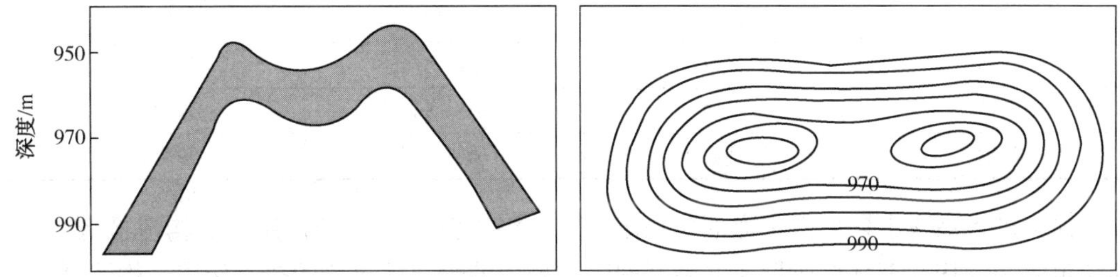


图 5-1 微型构造示意图

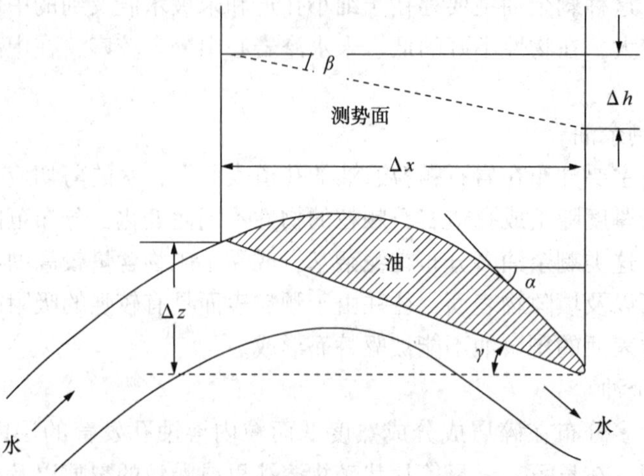


图 5-2　微型构造油、水界面与测试面的关系

根据哈伯特(Hubbert)势能理论，水动力条件下位于储层微型构造中的油、水界面将是倾斜的，倾角为 $\alpha$ 的微型构造如图 5-2 所示，其油、水界面倾角计算式为：

$$\tan\gamma=\frac{\rho_w}{\rho_w-\rho_o}\tan\beta \tag{5-1}$$

式中　$\gamma$——油、水界面的倾角，(°)；

$\beta$——水测势面倾角，(°)；

$\rho_w$——水相的密度，$kg/m^3$；

$\rho_o$——油相的密度，$kg/m^3$。

分析式(5-1)可知，如果油相等势面和渗流边界构成一个封闭的空间，该空间是油相与其周围环境相比较具有最小势能的地下区域，油相势的降低指向该空间的内部，那么在渗流边界的顶部或侧部就会存有剩余油。斜向、负向构造不能形成剩余油的原因是油相等势面无法和渗流边界构成一个圈闭空间，油相势降落的方向和地层平行。

理论分析表明，剩余油分布与储层微型构造具有较密切的关系。根据储层微构造形态，顶界面、底界面大致划分为凸起、斜坡和凹槽三类，顶界面、底界面相互配置，可形成九种组合形式，见表 5-1。

**表 5-1　顶底界面形态组合形式**

| 底界面 | 顶界面 | | |
|---|---|---|---|
| | 凸起 | 斜坡 | 凹槽 |
| 凸起 | 顶底双凸 | 顶斜底凸 | 顶凹底凸 |
| 斜坡 | 顶凸底斜 | 顶斜底斜 | 顶凹底斜 |
| 凹槽 | 顶凸底凹 | 顶斜底凹 | 顶底双凹 |

油田进入高含水期后，主力油层水淹严重，当水淹高度达到油层顶面构造低部位时，油层顶面局部构造高部位所形成的微型圈闭对剩余油分布起重要的控制作用，构造低部位不具备圈闭条件而无意义。因此，主要是微构造顶面形态对剩余油起控制作用。

### （二）沉积微相法

沉积微相控制注入水在油层中的运动是影响剩余油平面分布的主要因素。迁及河道下切、叠加，各期沉积砂体形态极不规则，砂体间接触关系复杂多变，两期河道间有的与低渗透薄层砂相接触，有的与废弃河道泥质充填物或尖灭区相连接，这些部位及其附近是剩余油富集的有利场所。大型河道砂中的油层，由于砂体分布面积广，连通性好，平面上所有井几乎都已不同程度水淹，剩余油主要分布在砂体物性变差的部位；而分流河道砂及水下分流河道砂中的油层，剩余油主要存在于河道薄层砂或河道边部物性变差部位以及那些孤立分散状且井网难以控制的小透镜体中。例如，中国最早进入注水开发的某油田 L 层注水开发初期，注入水水线延伸方向几乎全指向河道方向，处于边滩、漫滩上的注水井，注入水也力图就近进入河道且沿河道推进。

### （三）储层流动单元法

流动单元的概念是赫恩（Hearn）1984 年首次提出的。他认为流动单元是一个垂向上和横向上连续的储集带。在该带内，各部位的岩性特点相似，影响流体流动的岩石物性特征也相似。在流动单元研究中，由于充分考虑了储层内部影响流体渗流的地质因素，因此，可以应用储层流动单元研究高含水油田剩余油分布特征。下面介绍流动单元划分方法。

据柯兹尼—卡曼（Kozeny-Carman）公式有：

$$K=[\phi_e^3/(1-\phi_e)^2][1/(F_s\tau^2S_{gv}^2)] \tag{5-2}$$

式中　$K$——渗透率，$\mu m^2$；

$\phi_e$——有效孔隙度，%；

$F_s$——形状系数；

$\tau$——孔隙介质的迂曲度；

$F_s\tau^2$——卡曼常数，可从 5 变化到 100；

$S_{gv}$——单位颗粒面积比体积，$\mu m^{-1}$。

式（5-2）两边除以 $\phi_e$，并开方有：

$$\sqrt{K/\phi_e}=[\phi_e/(1-\phi_e)][1/(\sqrt{F_s}\tau S_{gv})] \tag{5-3}$$

定义流动带指标 $KFZI$ 和油藏品质 $H_{RQI}$ 为：

$$K_{FZI}=1/(\sqrt{F_s}\tau S_{gv}) \tag{5-4}$$

$$H_{RQI}=\sqrt{K/\phi_e} \tag{5-5}$$

孔隙体积与颗粒体积之比 $\phi_z$ 为：

$$\phi_z=\phi_e/(1-\phi_e) \tag{5-6}$$

则式（5-3）可变为：

$$\lg H_{RQJ}=\lg\phi_z+\lg K_{FZI} \tag{5-7}$$

式（5-7）表明在 $H_{RQI}$ 和 $K_{FZI}$ 的双对数坐标图上，具有近 $K_{FZI}$ 值的样品将落在一条斜率为 1 的直线上，具有不同 $K_{FZI}$ 值的样品将落在一组平行直线上。而同一直线上的样品具有相似的孔喉特征，从而构成一个水力流动单元。根据岩心资料计算出与孔喉相关的参数 $H_{RQI}$ 和 $K_{FZI}$ 之后，基于 $K_{FZI}$ 值即可划分出流动单元来。

## 二、井点测试方法

### (一) 地球物理测井方法

从技术可行性和应用效果来看，地球物理测井是确定井点剩余油饱和度剖面最有效的方法，因为它能够连续且较精确地测定剩余油饱和度在纵向上的变化，所以，测井方法在国内各油田都得到比较广泛的应用。根据井筒的条件，可以把剩余油饱和度的测井方法分为裸眼井测井和套管井测井。

1. 裸眼井测井

裸眼井测井主要包括：常规电阻率测井、电阻率测—注—测法测井和核磁测井等。

1）常规电阻率测井

常规电阻率测井是利用阿尔奇(Archie)公式计算饱和度，其基本形式为：

$$S_w=\left(\frac{R_w\phi^{-m}}{R_t}\right)^{1/n} \tag{5-8}$$

式中：$S_w$——含水饱和度，%；

$\phi$——岩石有效孔隙度，%；

$R_w$——地层水电阻率，Ω·m；

$R_t$——地层电阻率，Ω·m；

$m$——胶结指数，与孔隙结构有关，一般为0.6~1.5；

$n$——饱和度指数，一般取$n=2$。

这种测井方法由于费用低和探测深度深，因而获得广泛应用。但由于所提供的含油饱和度受地层多种参数的影响，即使在最佳的条件下其误差仍达到5%~10%，这种误差对提高采收率所需的剩余油饱和度来说是不能接受的。

2）电阻率测—注—测法

电阻率测—注—测法是首先在含油层段进行一次电阻率测井，设测得的地层电阻率为$R$，它实际为地层孔隙中含有剩余油和地层水时的电阻率值。然后注入化学剂驱走原油并注入地层水再次测井，设测得的地层电阻率为$R_2$，它实际为地层孔隙中全含水时的电阻率值，此时的含水饱和度$S_w=100\%$。根据阿尔奇公式，对第一次测得的有：

$$S_w=\left(\frac{R_w\phi^{-m}}{R_1}\right)^{1/n} \tag{5-9}$$

对第二次测得的则有：

$$100\%=\left(\frac{R_w\phi^{-m}}{R_2}\right)^{1/n} \tag{5-10}$$

两式相除，得：

$$S_w=\left(\frac{R_2}{R_1}\right)^{1/n} \tag{5-11}$$

假设饱和度指数不受化学剂驱油的影响，注入化学剂前后地层水电阻率不变，则只要$n$已知，就能确定剩余油饱和度，其测量精度可提高到±2%~±5%饱和度单位。

3）核磁测井

核磁测井利用由塑料或玻璃纤维包裹的线圈放到井下并通以电流，给井筒周围的流体施加一个强磁场，地层孔隙流体感应的磁场强度不断增大直到趋向于一个与所加强磁场成正比的平衡值。当磁场移走时，质子便绕地磁场旋进产生振荡，使仪器接收到的电压值呈指数衰减。核磁测井所探测到的信号取决于地层孔隙中的流体，而与岩石骨架无关。

核磁测井输出两个重要参数：一个是自由流体指数 $FFI$（即自由感应衰减波回推到 $t_0$ 的振幅所刻度的孔隙度），另一个是质子达到磁化的时间常数 $T_1$。$FFI$ 与有效孔隙度相关，且（$\phi-FFI$）与束缚水饱和度和渗透率有关。$T_1$ 通过不同极化周期记录的波形示意图来确定，对估算渗透率和区分流体成分很有用。

对核磁测井数据进行统计分析和处理，将测量信号转换为自由流体指数 $FFI$，即可用下式计算剩余油饱和度，即：

$$S_o=\frac{FFI}{\phi} \tag{5-12}$$

由 $S_o=1-S_w$ 知，含水饱和度为：

$$S_w=1-\frac{FFI}{\phi} \tag{5-13}$$

2. 套管井测井

套管井测井主要包括脉冲中子俘获测井和碳氧比测井。

1）脉冲中子俘获测井

这种测井测量地层的俘获截面，包括岩石骨架和岩石孔隙中的流体，因为在确定岩石骨架俘获截面中存在不确定性，所以常规的脉冲中子俘获测井对剩余油饱和度测量是有限的。

2）碳氧比测井

碳氧比测井法是通过测定碳、氧元素相对值和钙、硅元素相对值来确定残余油饱和度。它的特点是不受地层水矿化度的影响，在注入水和地层水矿化度存在较大差异的情况下，该方法具有明显的优点，尤其是高孔隙度地层测试效果更好。

**（二）示踪剂方法**

1. 回流示踪剂法

回流示踪剂是把一种初次示踪剂注入试验井，然后关井让示踪剂停留在有水的位置，使其分解形成两次示踪剂，然后开井并且监测这两次示踪剂的浓度剖面。由于油、水系统中的分配系数不同，因而这两次示踪剂将反馈出不同的速度。利用这种波及时间差，通过对示踪剂试验进行计算机程序模拟，可测定剩余油饱和度。根据高压岩心和数模方法取得的实验室成果，可更进一步地证实示踪剂试验法可使测试的精度达到±2%～±3%孔隙体积。单井示踪剂试验法对厚度大的地层（3～12m）探测是十分有效的，而且可以控制探测深度。

2. 放射性示踪剂法

放射性示踪剂法是把放射性示踪剂注入到注入井内，随后在周围生产井中检测取样，确定示踪剂的产出情况。井间示踪剂检测主要是通过注示踪剂测定注入水的推进速度和方向，确定油井见水方向，判断裂缝方向，为实施平面注采措施和加密调整提供依据。

示踪剂技术的应用条件如下。

（1）油层已经水淹，即原油基本上处于不流动状态，这时残余油饱和度在油层内的每个位置上都是一个常数或只要求采出液中含油率很低(含水在90%以上)。

(2) 携带液必须能同可流动流体混相，携带流体应该和可流动流体是同状态，并能够溶解它所携带的示踪剂，在不可流动流体中的溶解度必须很低，可以认为不溶于这些流体。

(3) 示踪剂必须能够充分地溶解于携带流体之中，它们在携带流体中的浓度应足以保证生产井能够将它们检测出来。

(4) 示踪剂在携带流体和不流动相之间必须有不同的分配系数。

**(三) 试井方法**

试井是一种以渗流理论为基础，以各种测试仪表为手段，通过对油井、水井井底流动压力进行测试，研究储层物理参数或流动系数的方法。常规试井解释模型一般是在单相流条件下，求解地下渗流偏微分方程而得到的解析解。对于注水开发油田剩余油饱和度问题，至少应该是油水两相渗流。珀赖因·马丁(Perrine-Martin)于1956年提出了修正的多相流试井解释模型，即将单相流动基本微分方程中流度项用多相流流度总和来代替，这样修改后的基本微分方程可用来描述多相流的流动规律。该模型提出后，其适用性一直存在争论。直到1986年，朱(Zhu)等研究了油水两相试井分析问题，得出含水饱和度梯度对分析结果没有影响的结论。朱等在研究时，假定原始含水饱和度成阶梯状分布，当注水为0d、10d、20d、40d、60d、100d时对油井进行测试，并用压力方法进行试井分析，得出流体总流度 $\lambda_t$ 及油相流度 $\lambda_o$ 和水相流度 $\lambda_w$。虽然每次测试含水率不同，得到的 $\lambda_o$，$\lambda_w$ 值不同，但是总流度 $\lambda_t$ 基本等于油相流度 $\lambda_o$ 与水相流度 $\lambda_w$ 之和，并且与根据含水饱和度查油水相对渗透率曲线计算得到的 $\lambda_t$ 相吻合。拉哈文(Raghavan)等也论证了珀赖因·马丁理论的可靠性，并举例说明注水开发油藏当油井含水为0，25%，50%，75%时用压力恢复曲线方法确定的地层总流度与根据相对渗透率曲线资料求得的地层总流度相吻合。由此说明珀赖因—马丁理论可用于油、水两相系统，根据总流度确定剩余油饱和度。

用试井方法确定井间剩余油饱和度的步骤是：首先根据试井资料，通过试井图版拟合得到油水两相总的流动系数 $Kh\left(\frac{K_{ro}}{\mu_o}+\frac{K_{rw}}{\mu_w}\right)$，油层渗透率 $K$ 和油层厚度 $h$ 是已知参数，这样可以计算出总流度 $\lambda_t=\left(\frac{K_{ro}}{\mu_o}+\frac{K_{rw}}{\mu_w}\right)$，然后根据油水相对渗透率曲线计算出的 $\lambda_t$ 与 $S_w$ 关系曲线，计算出井间平均含水饱和度 $S_w$，井间平均剩余油饱和度 $S_o=1-S_w$。

## 三、数值模拟方法

油藏数值模拟方法是用数学模型来模拟油藏，以研究油藏中各种流体的变化规律，其数学模型是以地下流体渗流方程为基础，遵循物质守恒原理而建立起来的三维三相非线性偏微分方程组，很难得到解析解，因此，一般采用差分的方法，对数学模型进行离散，得到数值解，然后编制相应的数值模拟软件进行计算。它既可以计算油井、水井和全油田的开发指标，也可以计算油、水相压力和饱和度在空间上分布状况，因此，它是定量研究剩余油分布的重要手段，在油田上得到广泛的应用。

**(一) 主要数学模型**

目前国内各油田仍以常规注水开发为主，部分油田开展了三次采油工业化生产，主要采用聚合物驱油方法，其他三次采油方法还处于试验阶段，因此，本节主要介绍三维三相黑油模型。

三维三相黑油模型适用于重质组分组成的不易挥发的油藏系统，模拟一般的水驱黑油问题，其数学模型为：

$$\nabla\cdot\left[\frac{KK_{ro}}{\mu_o B_o}\left(\nabla p_o-\frac{\rho_{os}+R_s\rho_{gs}}{B_o}g\,\nabla D\right)\right]+q_o=\frac{\partial\ (\phi S_o B_o^{-1})}{\partial\ t} \tag{5-14}$$

$$\nabla\cdot\left[\frac{KK_{rw}}{\mu_w B_w}\left(\nabla p_w-\frac{\rho_{ws}}{B_w}g\,\nabla D\right)\right]+q_w=\frac{\partial\ (\phi S_w B_w^{-1})}{\partial\ t} \tag{5-15}$$

$$\nabla\cdot\left[\frac{KK_{rw}}{\mu_w B_w}\left(\nabla p_w-\frac{\rho_{ws}}{B_w}g\,\nabla D\right)\right]+q_w=\frac{\partial\ (\phi S_w B_w^{-1})}{\partial\ t}$$
$$=\frac{\partial\ (\phi S_o R_s B_o^{-1})}{\partial\ t}+\frac{\partial\ \phi S_g B_g^{-1}}{\partial\ t} \tag{5-16}$$

$$p_{cow}=p_o-p_w \tag{5-17}$$

$$p_{cgo}=p_g-p_o \tag{5-18}$$

$$S_o+S_w+S_g=1 \tag{5-19}$$

式中　$K$——绝对渗透率，$10^{-3}\mu m^2$；

$K_{ro}$、$K_{rw}$、$K_{rg}$——油、水、气相的相对渗透率，$10^{-3}\mu m^2$；

$B_o$、$B_w$、$B_g$——油、水、气相的体积系数，$m^3/m^3$；

$\mu_o$、$\mu_w$、$\mu_g$——油、水、气相的黏度，mPa·s；

$p_o$、$p_w$、$p_g$——油、水、气相的压力，MPa；

$\rho_{os}$、$\rho_{ws}$、$\rho_{gs}$——标准状态下油、水、气相的密度，$kg/m^3$；

$R_s$——溶解气油比，$m^3/m^3$；

$g$——重力加速度，$m/s^2$；

$q_o$、$q_w$、$q_g$——油、水、气的产量，$m^3$；

$S_o$、$S_w$、$S_g$——油、水、气相的饱和度，%；

$p_{cow}$、$p_{cgo}$——油水两相、油气两相的毛管压力，MPa；

$\phi$——孔隙度，%；

$t$——时间，mon；

$D$——深度，m；取向下方向为 $z$ 轴的正方向，$\nabla D=1$。

**（二）数值模拟步骤**

1. 数学模型的选择

油藏数学模型一般划分为黑油模型、组分模型、裂缝模型、热采模型、聚合物驱模型、化学驱模型、混相驱模型等，要根据所模拟油藏的实际特点选择合适的数学模型，然后确定采用何种包含此模型的商业化数值模拟软件或自主开发相应的数值模拟软件。油田常用的商业化软件主要有：ECLIPSE、VIP、CMG、WORKBENCH 及 SURE。例如，常规的注水开发油田，一般采用黑油模型，上述软件都可以进行模拟；凝析油田开发以及注油田开采应采用组分模型，可以采用 ECLIPSE、VIP 或 CMG；稠油注蒸汽开发采用热采模型，一般采用 CMG 软件的 STARS 模块。

2. 油藏地质模型的建立

油藏地质模型是油藏的类型、几何形态、规模、油藏内部结构、储层参数及流体分布的高度概括，它是油藏数值模拟的基础。油藏地质模型定量表述各种地质特征在三维空间的变化及分布，由三个部分组成。

(1) 构造模型。描述圈闭类型、几何形态、封盖层及断层与储层的空间配置关系、储层层面的变形状态等。

(2) 储层属性模型。描述储集体的连续性、连通性、内部结构、孔隙结构、储层参数的变化和分布、隔层的分布以及裂缝特征分布。

(3) 流体分布模型。描述地层流体(油、水)的性质及分布。

油藏地质模型的核心是储层属性模型，它是储层特征及其非均质性在三维空间上变化和分布的表征。储层属性模型主要是为油藏模拟服务的，油藏数值模拟要求一个把油藏各项特征参数在三维空间上的分布定量表征出来的地质模型。实际的油藏数值模拟要求把储层网块化，并对各个网块赋以各自的参数值来反映储层参数的三维变化。因此，建立储层地质模型时，抛弃了传统的以等值线图来反映储层参数的办法，同样把储层网块化，通过各种方法和技术得出每个网块的参数值，即建成三维的、定量的储层地质模型。网块尺寸越小，标志着模型越细；每个网块上参数值与实际值的误差越小，标志着模型的精度越高。

**(三) 网格剖分**

网格剖分就是把模拟区块的整体地质模型划分成若干个小的单元体(网格块)，在空间上按 $i$、$j$、$k$ 顺序编号，以便数值模拟软件接收各网格块的地质特征参数，如图 5-3 所示。在一个区块的模拟研究中，合理有效的网格剖分必须考虑下述几个问题。

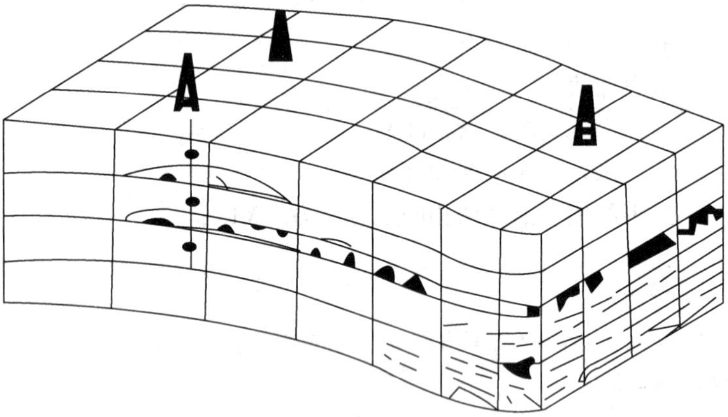

图 5-3 网格剖分示意图

1. 网格的定向

网格的界限要与天然的非流动边界相符合，包括整个系统的矩形网格应最大可能地重叠在油藏上，网格应包含所有的井位(包括即将完善的新井、扩边井)，网格方向要与流体流动的主要方向(沿主河道方向，即平行渗透率的主轴)和油藏内天然势能梯度吻合，网格的定向尽量减少死结点数目。

2. 网格的尺寸

网格越多，每个时间步长中所需计算的数学问题越多，机时费用越多；当时间步长由最大饱和度所控制时，较小的网格通常使最大可允许时间步长减小；一般邻井之间至少要有2~3个空网格或更多，使其能反映油藏结构和参数在空间的连续变化，同时足够的网格还能控制和跟踪流体界面的运动；如果模拟前考虑井网加密方案，应确定适当的加密井井位和网格尺寸。

3. 纵向网格的划分

除考虑本身按沉积韵律划分的层系外，还要考虑生产过程中的整体改造工作，如补层、压裂酸化、堵水等。同时，对生产特征(如底水锥进、气顶等)都应合理考虑，对一个层系中的细分小层问题更是如此。

**(四) 数据录入**

1. 网络数据

网格数据包括油藏顶面海拔深度及网格几何尺寸，储层有效厚度，孔隙度、渗透率，岩石类型，油层初始压力、饱和度等数据。

2. 表格数据

表格数据主要指岩石物性、流体性质：油、水及岩石的高压物性(PVT)，油、水相对渗透率曲线，毛管压力曲线等。

3. 动态数据

完井数据包括射孔、补孔、压裂、堵水、解堵日期、层位、井指数等；动态生产数据包括平均日产油量、日产水量、日产量、日注水量或日注量等；压力数据包括油水井流压、地层压力等；动态监测资料包括分层测试、吸水、产液剖面等。

4. 其他数据

其他数据主要包括算法选择，输入、输出控制，油水井约束界限，油井定压、定产等参数。

**(五) 历史拟合**

历史拟合过程中，需要对地层压力、综合含水率、单井含水率、产液量、采出程度等开发指标进行拟合，要修改的油层物性参数主要包括：渗透率、孔隙度、流体饱和度、油层厚度、黏度、体积系数、油、水、岩石的综合压缩系数、相对渗透率曲线以及单井完井数据，如表皮系数、油层污染程度和井筒存储系数等。具体拟合方法如下。

1. 压力拟合

油层压力是需要进行拟合的主要动态参数之一。在油藏数值模拟过程中经常遇到的情况是计算出的压力值普遍比实际值偏高或偏低；或局部地区偏高或偏低；也有时发生压力不光滑而呈锯齿状等情况。

对压力进行历史拟合，首先要分析哪些油层物性参数对压力变化敏感。实践表明，对压力变化有影响的油层物性是很多的。一般与流体在地下的体积有关的参数，如孔隙度、厚度、饱和度等数据都对压力计算值有影响。油层综合压缩系数的改变对油层压力值的影响也比较大。与流体渗流速度有关的物性参数，如渗透率及黏度等则对油层压力的分布状况有较大的影响。相对渗透率曲线的调整，除了对含水率和油比影响较大外，对压力也有一定的敏感性。此外，如油藏周围水体的大小和连通状况的好坏以及注入水量的分配等也对压力有比较明显的影响。

2. 含水率拟合

在压力拟合满足精度要求的基础上，对全区和单井含水率进行历史拟合。在含水率拟合的过程中，要注意拟合压力的变化，往往需要拟合多次，才能使压力和含水率达到较高的拟合精度。在拟合原则的前提下，采取以下方法拟合模拟区和单井含水率。

(1) 调整相对渗透率数据。

(2) 调整毛管压力曲线。

(3) 在局部地区含水拟合相差较大时，调整 $K_x$、$K_y$ 或控制边水推进，减少与水区连通部位的渗透率或 $T_x$、$T_y$($x$、$y$ 方向传导率)值，也可达到控制含水上升的目的。

(4) 若含水主要来自某注水井某个层，主要调整与其见效层相近的网格渗透率值，可改变其含水值，或同时调整孔隙度(油层厚度)。

(5) 若含水主要来自边水(包括边部注入水)，主要调整与边部井层相连网格的渗透率值。

(6) 若含水主要来自底水，使用垂向渗透率因子，在底水锥进突出部位(网格)，修改井垂向渗透率，使其值从底部到顶部由大到小变化。

(7) 若模型中油井见水过早或过晚，拟合不上时，应移动水相渗透率曲线向右或向左。

(8) 如果模型中油井含水期拟合不上，计算含水率或高、或低于实际油井含水率，此时应移动油相相对渗透率曲线末端值或水相相对渗透率曲线末端值。

(9) 若含水主要来自其他外来层，拟合时要考虑窜槽的影响。

**(六) 剩余油饱和度模拟**

在油藏数值模拟过程中，通过生产历史拟合，用动态资料来修正三维地质模型，在各项开发指标达到拟合精度后，即可以输出不同开发阶段剩余油分布三维可视化模型。根据需要，可以输出各层剩余油饱和度平面分布图，也可以输出不同剖面剩余油饱和度纵向分布图，还可以输出饱和度分布场数据文件，在实际应用过程中，非常方便，为油田剩余油挖潜和开发调整提供了理论依据。

数值模拟计算剩余油饱和度的精度与地质模型的准确性、网格划分精度、历史拟合经验等因素直接相关。目前，各种地质建模软件齐全，并且国内各老油田井网经过多次加密，加上三维地震资料，地质信息丰富，为精细地质建模提供了技术手段和数据基础。随着计算机硬件的发展，内存容量越来越大，百万节点数值模拟已普遍开展，模拟网格可以划分得更细，为数值模拟研究剩余油提供了保障。历史拟合是一个多解问题，例如，调整相对渗透率曲线和油水井连通都可以改变油井的含水率，这就要靠操作者的经验，必须结合地质静态分析和生产动态分析，来确定需要调整的参数。因此，随着地质建模技术、数值模拟技术和计算机硬件的发展，应用数值模拟方法研究剩余油饱和度的精度将逐渐提高，应用范围将越来越广泛。

## 四、实验方法

**(一) 岩心驱替实验**

岩心驱替实验的实验步骤如下。

(1) 岩样预处理(洗油、洗盐、烘干)。

(2) 测量物性参数。

(3) 对岩样进行盐水饱和。

(4) 确定储层条件。

对于同一块样品，采用常规法和隔板法驱替得到的岩样束缚水饱和度、电阻率、电阻率系数、饱和度指数有所不同。

相对常规方法驱替，隔板法能使岩心内饱和度分布均匀、避免末端效应，并能够使岩心达到更低的束缚水饱和度。在同一饱和度状态下，隔板法测得的岩心电阻率和饱和度指数低于常规方法测得的数据。不同驱替方式造成的流体饱和度分布不均匀会使岩心饱和度指数升高，实验室应该尽可能采用隔板法进行岩电实验。

**(二) 微观驱替实验**

高含水微观驱油主要是孔道中的连续油在喉道处被卡断形成油滴被流动的注入水携带驱出；较大幅度地改变压力场的压力分布，使在水淹区内某些孔隙或孔隙群中的驱替压力差足以使其中的不动剩余油变成可动油被驱替采出，这时波及区的压力分布瞬时得到改变，又使另外某些孔隙或孔隙群中的不可动油变为可动油被驱出。瞬时的局部压力分布的改变，不断地驱替部分剩余油。直至压力分布的改变引起驱替压力差不足以使不动油变为可动油为止。也就是说压力场达到了新的某个意义上的平衡。

**(三) 岩心分析法**

岩心分析法是测定井点各层剩余油饱和度的最直接方法。岩心分析通常包括常规取心、特殊泥浆及密闭取心、高压取心和海绵取心。

常规取心的分析很不准确，这是因为当岩心取到地面时，由于破裂和压力下降导致含油饱和度发生巨大变化。特殊泥浆及密闭取心的分析精度比常规取心高，但也存在着由于压力下降而引起的含油饱和度变化，并且取心费用昂贵。高压取心过程中，压力要保持在40MPa以上，能够消除压力变化对剩余油饱和度的影响，因此，测定的剩余油饱和度精度很高，但岩心收获率在软地层仅为70%左右。海绵取心的分析精度和高压取心效果差不多，费用低，接近于常规取心。

## 五、通用数学方法

常用的为神经网络方法，BP(Back Propagation)神经网络是一种多层前馈神经网络。其由输入层、中间层、输出层组成的阶层型神经网络，中间层可扩展为多层，相邻层之间各神经元进行全连接，而每层各神经元之间无连接，网络按有教师示教的方式进行学习，当一对学习模式提供给网络后，各神经元获得网络的输入响应产生连接权值(Weight)，隐含层神经元将传递过来的信息进行整合，通常还会在整合过程中添加一个阈值，这是模仿生物学中神经元必须达到一个阈值才会触发的原理。输入层神经元数量由输入样本的维数决定，输出层神经元数量由输出样本的维数决定，隐含层神经元合理选择。然后按减小希望输出与实际输出误差的方向，从输出层经各中间层逐层修正各连接权，回输到输入层。此过程反复交替进行，直至网络的全局误差趋向给定的极小值，即完成学习的过程。BP网络的核心是数学中的“负梯度下降”理论，即BP的误差调整方向总是沿着误差下降最快的方向进行。

相关传递函数(或激励函数)如下。

1. 阈值型(一般只用于简单分类的 MP 模型中)

$$f_x=\begin{cases}0, & x<0\\1, & x\geqslant 0\end{cases} \tag{5-20}$$

2. 线性型(一般只用于输入和输出神经元)

$$f_x=x \tag{5-21}$$

3. S 型(常用于隐含层神经元)

$$f_x=\frac{1}{1+e^{-x}}或f_x=\frac{1-e^{-x}}{1+e^{-x}} \tag{5-22}$$

通常还会在激励函数的变量中耦合一个常数以调整激励网络的输出幅度。

## 习 题

1. 什么是剩余油?
2. 剩余油饱和度是如何定义的?
3. 简述剩余油分布的影响因素。
4. 简述高含水期油田剩余油分布特征。
5. 简述宏观剩余油和微观剩余油主要类型。
6. 什么是微型构造法?
7. 什么是剩余油研究的井点测试方法?
8. 简述研究剩余油的数值模拟方法及实验方法。

# 第六章 提高采收率原理

通过勘探发现新的油田、新的油藏以及通过油藏的扩边来补充石油地质储量是石油增产和稳产最直接、最有效的途径。但是，由于石油是一种不可再生资源，其总地质储量是一定的，随着勘探程度的提高，新增地质储量的难度将越来越大，潜力越来越小。近年来，我国几个大油田新增地质储量多数都是丰度很低、油层物性很差、开采难度很大的油藏。因此，石油可采储量的补充，将越来越多地依赖于已探明地质储量中采收率的提高。

对于一般油藏，尤其是非均质油藏，依靠注水开采方法只能采出石油地质储量中的一小部分，而且这部分石油的开采速度一般很高。因此，从油田开发的自然规律来看，传统的注水开采只是整个油田开发全过程中的一个阶段，而提高石油采收率则是油田开发永恒的主题。同时，依靠先进技术最大限度地提高石油采收率，也是对这类不可再生资源进行有效保护、合理利用，实现社会可持续发展的需要。

## 第一节　提高采收率的基本概念

### 一、提高采收率的重要性

纵观石油井采的全过程，便可发现提高原油采收率在其中占有极其重要的位置。如果世界现有油藏能增加1%的原油采收率，就相当于多采出目前全球年耗油量的两倍。一个大油田，如能使原油采收率提高10%~20%，其增加的原油产量就十分可观，在某种程度上就相当于发现一个或几个新油田。另外，就技术而言，有关提高采收率的研究工作也是石油工业中最复杂的一项工作，而且迄今没有一个全球通用的方法，因为地质条件和油藏特征等都有很大的差异。总之，这一技术既有经济风险，但又是老油田增加采油量的必经之路。

一个油藏采收率的高低，既依赖于客观的地质条件(如地质储量、储层岩石的孔渗性、原油黏度、有无边水、底水等)，也取决于人为的努力(如开发水平、采油工艺水平、采取的提高采收率措施等)。而人为的因素是提高原油采收率的关键。

尽管我国油田尚处于勘探开发阶段，工作重点是发现、开发新油田。但是，随着大量老油田原油的不断采出，油井产水和油层含水不断上升、原油产量会出现(或已出现)递减趋势。同时，我国各油田采收率一般不高，这与我国对能源的需求不匹配，因此，对于石油技术人员设法提高原油采收率日益具有紧迫性和重要性。

## 二、提高采收率的定义

按照油田开发的不同阶段将石油开采技术分为“一次采油”“二次采油”和“三次采油”。一次采油就是仅依靠天然能量将原油开采到地面的方法。天然能量包括：溶解气、气顶、边水和底水、原油和岩石的弹性能、重力等。在天然能量枯竭之后，采用人工补充油藏能量的开采方法被称为“二次采油”，一般是指以保持油层压力为主要目的的注水(或注气)的采油技术。“三次采油”的特点是针对二次采油未能采出的残余油和剩余油，采用向地层注入其他驱油剂或引入其他能量的方法，如化学驱油及某些混相驱油等。

目前，世界上采用“提高原油采收率(Enhanced Oil Recovery，简称 EOR)”这个术语来概括除天然能量采油和注水、注气采油以外的任何方法。目前 EOR 方法主要有化学驱油法、气体驱油法、热力采油法及微生物采油法等。

对于一个特定的油藏，其原油采收率的定义为原油采出量与油藏中原始地质储量之比，即：

$$E_R=\frac{N_P}{N_{ooip}}=\frac{N_{ooip}-N_{or}}{N_{ooip}} \tag{6-1}$$

式中 $E_R$——原油采收率，%；

$N_P$——原油采出量的地面体积，$m^3$；

$N_{ooip}$——原油原始地质储量的地面体积，$m^3$；

$N_{or}$——油层剩余油量的地面体积，$m^3$。

用容积法可求出式(6-1)中的原始地质储量和原油采出量的地面体积，即

$$\begin{aligned} N_{ooip}&=\phi AhS_{oi}/B_o \\ N_p&=\phi A_s h_s(S_{oi}-S_{or})/B_o \end{aligned} \tag{6-2}$$

式中 $B_o$——地层原油的体积系数，$m^3/m^3$。

$\phi$——油层孔隙度，%；

$A$、$A_s$——油藏面积和驱油剂波及面积，$m^2$；

$h$、$h_s$——油藏厚度和驱油剂波及厚度，m；

$S_{oi}$、$S_{or}$——原始含油饱和度和残余油饱和度，小数。

将式(6-2)代入式(6-1)中可得采收率的另一表达式：

$$E_R=\frac{A_s}{A}\frac{h_s}{h}\frac{S_{oi}-S_{or}}{S_{oi}}=E_{VA}\cdot E_{VV}\cdot E_D=E_V\cdot E_D \tag{6-3}$$

$$E_V=E_{VA}\cdot E_{VV} \tag{6-4}$$

$$E_D=\frac{S_{oi}-S_{or}}{S_{oi}} \tag{6-5}$$

式中 $E_{VA}$——平面波及系数，$E_{VA}=A_s/A$；

$E_{VV}$——垂向波及系数，$E_{VV}=h_s/h$；

$E_V$——波及效率；

$E_D$——驱油效率。

式(6-3)明确的表征了提高采收率的本质——原油采收率取决于波及效率和驱油效

率。波及系数 $E_V$ 越大，洗油效率 $E_D$ 越高，则油藏原油采收率 $E_R$ 越大。因为如果注入剂的波及效率太低，不管洗油效率多么高，采收率仍不很大；反之，如果只是波及到，但孔隙中仍有大量原油，则采收率同样也不会高，这就启发我们要考虑提高原油采收率就必须从提高波及系数和微观洗油效率两方面入手。

## 三、波及效率与驱油效率

### （一）波及系数 $E_V$

波及系数表示注入驱油剂在油层中的波及程度。如果一个油藏，其面积为 $A$，平均厚度为 $h$。假设向该油藏注入驱油剂时，驱油剂的波及面积为 $A_s$，波及厚度为 $h_s$，则驱油剂驱扫过油层的体积为 $V_s=A_s\cdot h_s$。

于是，波及系数可定义为被驱油剂驱扫过的油层体积百分数，它又称为体积波及系数，其表达式如下：

$$E_V=\frac{A_s}{A}\cdot\frac{h_s}{h} \tag{6-6}$$

式中 $E_V$——(体积)波及系数；

$A_s$——驱油剂驱扫过的油层面积，$m^2$；

$h_s$——驱油剂驱扫过的油层厚度，m。

若定义 $E_A=A_s/A$ 为面积波及系数；$E_Z=h_s/h$ 为垂向波及系数；则式(6-6)可变形为：

$$E_V=E_A\cdot E_Z \tag{6-7}$$

即体积波及系数为面积波及系数与垂向波及系数的乘积。有时，考虑垂向上波及系数 $E_Z=1$，此时，体积波及系数就等于平面波及系数。

### （二）洗油效率 $E_D$

在注入驱油剂波及过的区域内，驱油剂排驱原油的程度是不完全的，排驱效率又称洗油效率，表示注入驱油剂在孔隙中清洗原油的程度。由于油藏岩石微观孔隙大小不一，驱油剂只能将一部分大孔道中的油驱替出来，其他一些小孔道则可能未受波及，或者虽然水流经过孔隙，但并未将油驱净，孔隙中还存在有残余油。因此，洗油效率只是在微观上表征原油被注入驱油剂清洗的程度。

假设油藏中原始含油饱和度为 $S_{oi}$，残余油饱和度为 $S_{or}$，则洗油效率 $E_D$ 可用下式表示为：

$$E_D=\frac{S_{oi}-S_{or}}{S_{oi}}=1-\frac{S_{or}}{S_{oi}} \tag{6-8}$$

# 第二节 化学驱油法

化学驱油法是在注入水中添加化学剂，以改善水的波及效率和洗油能力，从而提高原油采收率的方法。

从改善水驱油流度比出发，发展了聚合物溶液、泡沫液等驱油方法，提高驱替液的黏度，降低其流度。另外，从改善驱油剂的洗涤能力，以及改变岩石的不利润湿性出发，又发展了活性水驱、微乳液驱、碱水驱。化学复合驱则是由多种化学剂复配而成，能够同时提高水的波及效率和洗油能力。

## 一、聚合物驱

聚合物驱油法主要是向水中加入高分子聚合物，提高注入水的黏度，降低水相流度，使水驱油流度比下降，减弱黏性指进，从而提高波及系数来提高采收率。该方法又称增黏水驱或稠化水驱。

**（一）驱油用聚合物**

一般来说，驱油用聚合物包括两大类：一类是合成聚合物，如部分水解聚丙烯酰胺(HPAM)；另一类是生物聚合物，如黄原胶等。HPAM是最常用的一种，它是由聚丙烯酰胺在氢氧化钠的作用下部分水解而成，从而使其分子链上具有酰胺基和羧基：

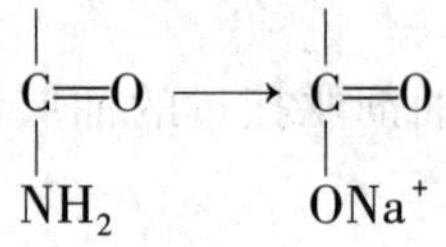
(6-9)

(酰胺基)　(羧基)

式(6-9)这一过程称为水解。水解度就是指酰胺基变成羧基的百分数。这两个基团都具有很强的极性，它们对水有很强的亲和力，所以能溶于水中，对水产生增黏作用。

驱油用聚合物相对分子质量一般为几百万至几千万，对高温高矿化度油藏使用的聚合物相对分子质量达两千万以上。当然为了增黏，也不是相对分子质量越大越好，相对分子质量过大，机械降解严重。水解度一般为20%~25%，水解度过大，所产生的这些极性基团还会更加强烈的吸附在砂岩中的黏土矿物或碳酸盐表面上，特别是在水化黏土矿物上的吸附更加强烈，其中以水化蒙脱石负电性最强，因此吸附也最为严重，在使用聚合物时应注意。

基于聚合物性能和经济因素的考虑，通常对其选用的要求如下。

(1)聚合物必须具有一定的抗温抗盐性、老化稳定性，以致油藏温度下聚合物溶液具有稳定的设计黏度。

(2)化学稳定性好，与油层水和注入水的配伍性好，不会产生化学沉淀伤害油层；

(3)在岩石孔隙中的吸附量小。

(4)用量小，增黏效果明显。

(5)来源广泛，价格低廉。

聚丙烯酰胺水溶液的黏度与剪切速率之间的关系表现为非牛顿流体特性，如图6-1所示。可以看出，黏度随剪切速率的增加而降低。

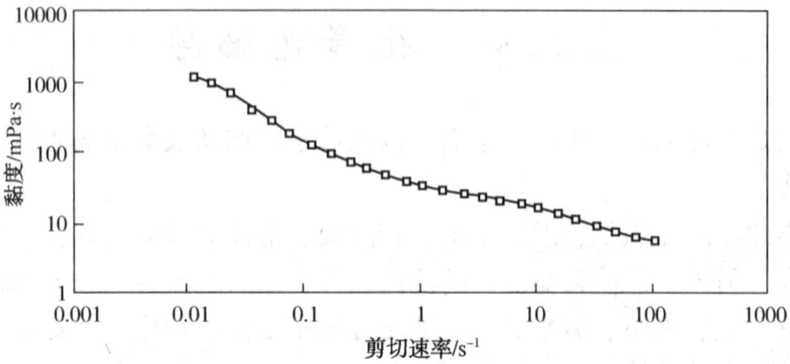


图6-1　聚丙烯酰胺溶液的流变曲线(聚合物溶液1500mg/L)

**（二）驱油机理**

聚合物驱的驱油机理主要是提高水相黏度和降低水相渗透率，从而降低水相流动性而不明显地影响油相的流动性，使水驱油流度比下降，减弱黏性指进（图 6-2），从而提高波及效率，达到提高采收率的目的。

图 6-3 表示流度比（$M$）、注入孔隙体积倍数（$V_d$）与面积波及效率（$E_A$）间的关系曲线。可以发现，油水流度比减小，面积波及系数提高。

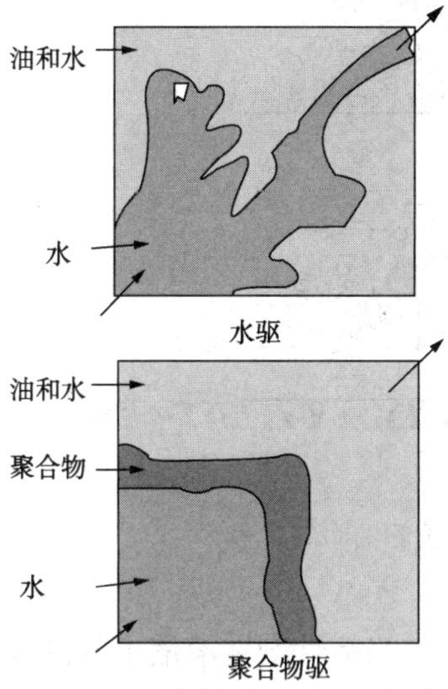


图 6-2 聚合物驱控制黏性指进示意图

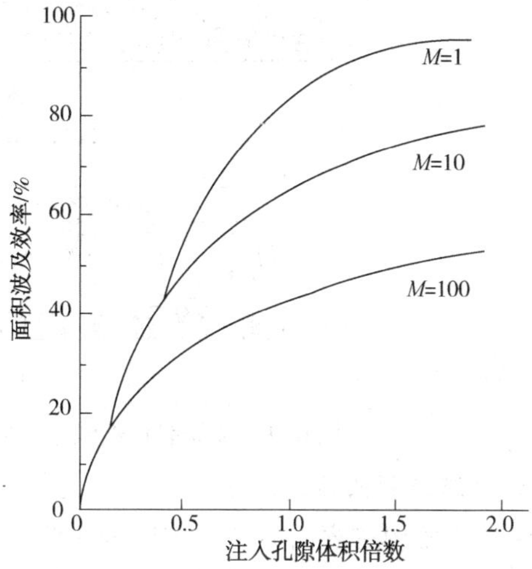


图 6-3 流度比、注入孔隙体积倍数与面积波及效率间的关系

## 二、表面活性剂驱

表面活性剂驱油是以表面活性剂溶液作为驱油剂的一类原油开采方法。

驱油用表面活性剂一般使用石油磺酸盐（Petroleum Sulfonates）。表面活性剂驱油体系分为稀表面活性剂驱油体系（如活性水、胶束溶液等）和浓表面活性剂驱油体系（如微乳液等）。

**（一）驱油用表面活性体系**

1. 活性水驱油体系

活性水驱使用的表面活性剂浓度低于临界胶束浓度，必须采用大段塞注入。

活性水改善水驱油的效果如图 6-4 所示，图 6-4（a）中，由于水本身的表面张力很高，润湿作用不强，水不能去除掉孔壁油污；图 6-4（b）中，水中加入活性剂后，憎水的非极性端会吸附在油滴及固体表面上，从而减少油污与岩石的附着力；图 6-4（c）中，洗涤剂分子在已经脱掉油的孔壁上和油滴周围形成吸附层，使油滴悬浮在溶液中，然后依靠流水的冲刷而离开岩石颗粒表面，被水驱走。

但是，这一方法存在着它致命的弱点，一是由于巨大的岩石表面会使活性剂被大量吸附在注入井附近，如有黏土质点存在，则活性剂将全被吸附，活性水很快变为清水；另一方面，由于活性水溶液的黏度仍很低，油水流度比几乎无明显变化，波及效率仍不高。

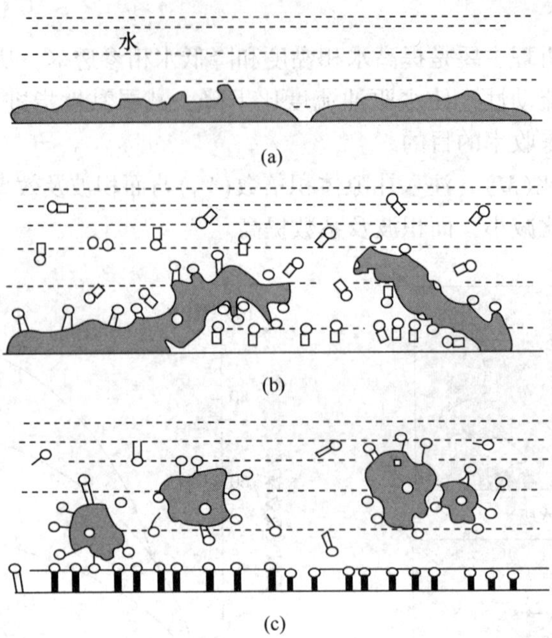


图 6-4　洗涤剂和机械作用从固体表面清除油污的过程

2. 胶束溶液驱油体系

活性水驱使用的表面活性剂浓度高于临界胶束浓度。当活性剂在溶液中的浓度较低时(图 6-5)，溶液中基本是单个活性剂分子，而且多数活性分子定向排列在表面上。活性剂在表面上的吸附量随浓度的增加而趋于饱和。

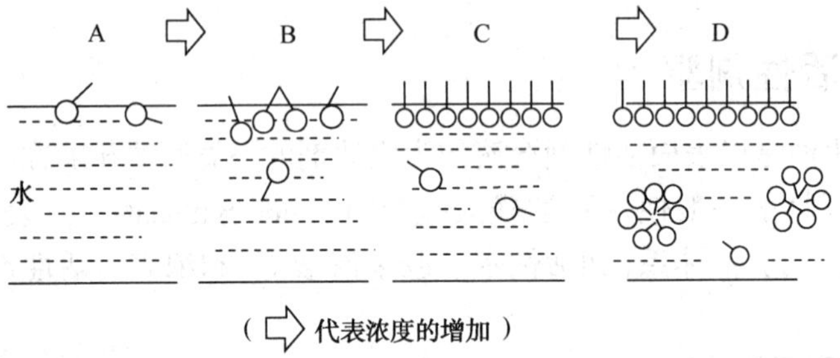


图 6-5　两相界面层吸附物质浓度的变化

当活性剂浓度很高时，因单个活性剂分子在表面已排满，分布在表面的活性剂分子浓度不再增加。而溶液内活性剂分子间相互碰撞的机会增大，活性剂分子的亲油基团的吸引力变得突出，烃链便相互吸引而缔合成以烃链为内核而亲水基外露的分子聚结体，称为胶束。开始形成胶束的活性剂浓度称为临界胶束浓度，用 CMC 表示。在形成胶束的过程中，由于链烃和水接触，界面减小了，因而胶束的形成过程是一个降低界面表面能的过程，即胶束的形成是一个自发过程。

随着活性剂浓度的增减，胶束粒径的大小和数量也会改变。浓度增加时，胶束数量也增加。由于胶束的形成改变了活性剂在溶液中的状态，所以在临界胶束浓度处，溶液的表面张力、溶解度、相对密度、电导率等都会产生突变。

胶束溶液的最大特点就是增溶作用，也就是形成胶束后的溶液，就好像有机溶剂具有溶解不溶于水的有机物质(如原油)的能力，胶束的数目越多，溶解有机物的能力越强。胶束的增溶作用，是把难溶于水的油相集中分布在胶束内部，由于油不是以分子状态分散，所以它不同于一般的溶液；又由于油滴不是另成一相与水接触，而是居于水外相胶束内部，所以不是一般的乳状液。图6-6是分散体粒径与分散关系示意图，可以看出，乳状液粒径为1~10μm，比胶束大得多。

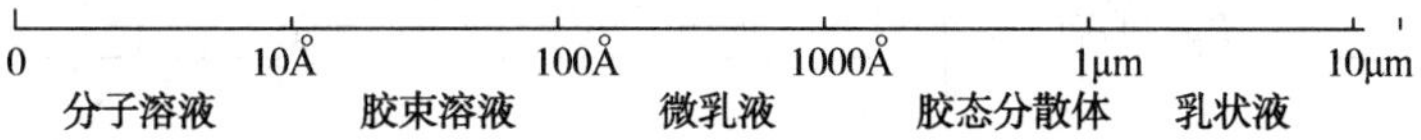


图6-6 分散体粒径大小与分散关系

以上是烃类在活性剂溶液中的增溶，即油在水外相胶束中的增溶(图6-7)，同样也存在水在油外相胶束中的增溶(图6-8)。

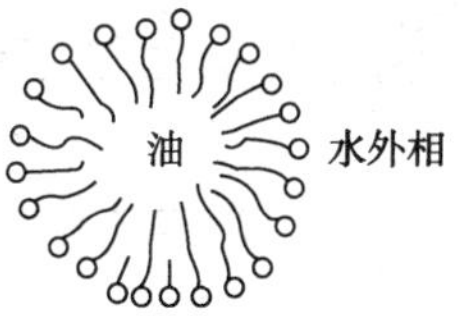


图6-7 水外相胶束

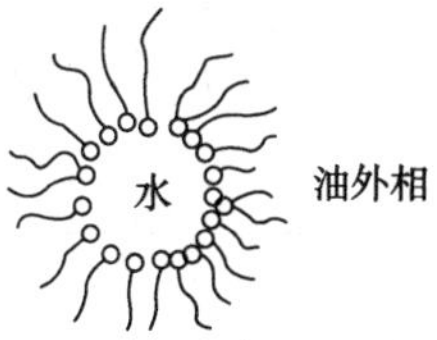


图6-8 油外相胶束

3. 微乳液驱油体系

为了增加胶束溶液的稳定性和调节其黏度，并为获得更加好的增黏效果，还可以向其中增加助活性剂。助活性剂(Co-surfactant)又称共活性剂，常用的是$C_3 \sim C_5$醇类(如丙醇等)。助活性剂本身具有一定的活性，且渗透力强，在胶束直径增大的情况下，不使油水直接接触，有利于胶束稳定。

加入助活性剂后，体系的增溶能力可大大提高，胶束直径变大，而成为一种透明或半透明的水—油—活性剂—醇—盐的体系，这类体系称之为微乳液。微乳液驱使用的表面活性剂浓度高于临界胶束浓度。此时微乳液的界面膜由活性剂和助活性剂构成，这种混合膜是微乳液具有高度稳定性的重要原因，也是加入助活性剂的理由。

所谓微乳液驱油法就是向地层中注入浓度较高的活性体系，通过增溶作用形成水包油、油包水的微乳液结构来提高油层采收率的方法。

微乳液体系的相特性受溶液的含盐度即电解质浓度的影响很大。随着体系含盐(如NaCl)量的增加，可以配制出下相微乳液、中相微乳液及上相微乳液(图6-9)。电解质的作用是改变溶液中离子势场，调节活性剂亲油、亲水等。由图6-9可知，通过控制水溶液中含盐量的高低，可配制不同类型微乳液。同时也说明，微乳液对于地层水矿化度的大小是很敏感的。

**(二) 表面活性剂驱油机理**

1. 活性水驱油机理

(1) 降低油水界面张力。用低浓度表面活性剂水溶液驱油时，活性剂吸附在油水界面上，降低油水界面张力，从而减小了油滴通过狭窄孔喉的阻力，残余油滴容易被驱动并在油层中逐渐聚集并形成油墙。油水界面张力越低，油层孔隙中的残余油滴越容易被驱动，驱油效率越高。

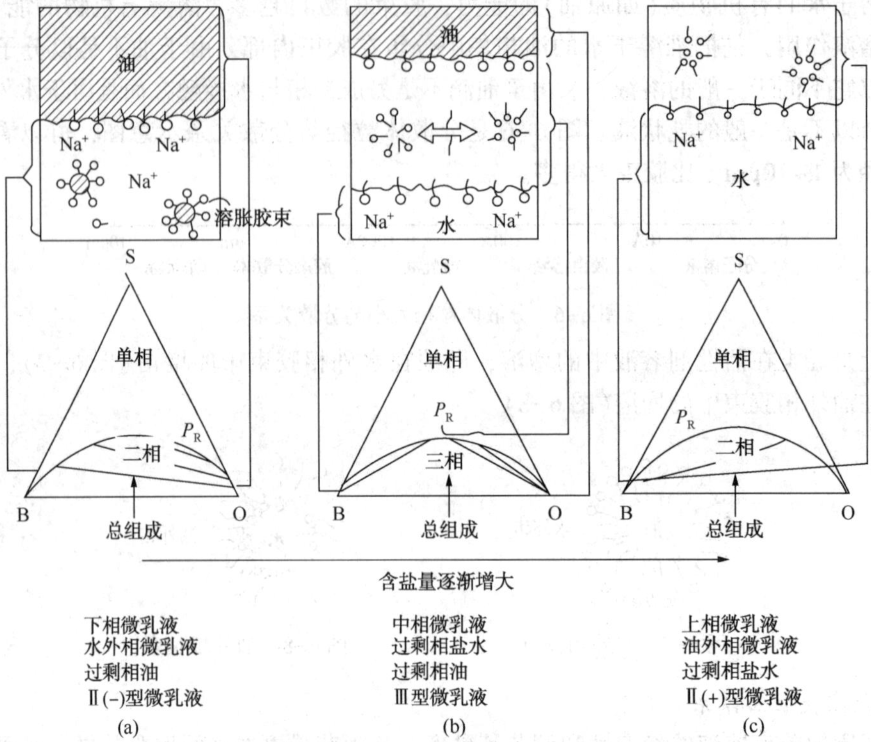


图 6-9　微乳液类型随含盐量的变化关系

B—盐水相；S—活性剂溶剂相；O—油相；$P_R$—折点

（2）改变岩石的润湿性。驱油效率与岩石的润湿性密切相关。一般而言，亲油油层的驱油效率较低，而亲水油层的驱油效率相对较高。由于表面活性剂具有亲水基和亲油基两种基团，这两种基团不仅具有防止油水互相排斥的功能，而且能够吸附在岩石的表面上，从面降低液固界面能。因此，选择合适的表面活性剂，可以将岩石表面由亲油转变为亲水，降低原油在岩石表面的黏附功，提高驱油效率。

（3）乳化。由于油水界面上吸附有表面活性剂，很容易形成乳状液，而且乳化的原油在被驱动运移过程中不易重新黏附到油层孔隙表面，其驱油效率较高。另外，乳化的原油在高渗透层孔隙中产生叠加的贾敏（Jamin）效应，可以起到调整水流剖面、提高波及效率的作用。

2. 胶束溶液驱油机理

与活性水相比，胶束溶液有两个特点：其一是表面活性剂浓度超过临界胶束浓度，溶液中有胶束存在；其二是在胶束溶液中除表面活性剂外，还有醇和盐等助剂的加入。

由于体系中存在胶束，胶束溶液具有增溶驱油机理。但是，因为胶束溶液中的表面活性剂的浓度较低，溶液中的胶束量很少，其增溶驱油机理对于驱油效率的贡献不明显。

在胶束溶液中，由于加入醇和盐等助剂，调整了油相和水相的极性，使表面活性剂的亲油性和亲水性得到充分平衡，从而最大限度地吸附在油水界面上，产生超低界面张力，强化了胶束溶液驱油的低界面张力机理。这是胶束溶液驱可以较大幅度提高驱油效率的主要原因。

3. 微乳液驱油机理

微乳液与过剩油具有超低界面张力的机理，能降低毛管力。利用微乳液增溶性质，形成水包油结构可通过水相携带原油到地面；形成油包水结构有利于形成富油带，增加含油饱和度，大幅度提高采收率；形成单相微乳液能够消除油水界面，即消除驱替液和被驱替原油之间的界面，达到与地层油的混相作用，从而提高洗油效率，提高采收率。

## 三、碱驱

碱驱是以碱的水溶液作为驱油剂来提高采收率的方法，又称为碱水驱油法。为了克服活性剂在岩石中被吸附，以及活性剂用量大、价格昂贵的缺点，兼顾原油中含有各种有机酸，人们试图将碱液注入油层，利用碱液与有机酸作用，在油层中就地生成活性剂物质，从而降低油水界面张力，改变润湿性，以提高洗油效率。

碱水驱油的机理如下。

### （一）降低油水界面张力

在低浓度的碱性水驱中，原油的某些组分（如羧酸、羧基酚、沥青质等）扩散到原油—碱的溶液界面上，与碱发生反应，就地生成表面活性物质，降低油水界面张力。

### （二）改变岩石的润湿性

1. 油湿转变为水湿机理

亲水油层中的水驱残余油饱和度一般比亲油油层低。如果能够将亲油油层转变成亲水油层，驱油效率将会明显提高。注入碱水溶液，可以减小岩石的水湿接触角，使孔隙介质亲水。油层从油湿反转为水湿的机理可解释为：在较高的碱浓度和较低的盐浓度条件下，碱可通过改变吸附在岩石表面的油溶性活性物质在水中的溶解度而解吸，恢复岩石表面原来的亲水性，使岩石表面由油湿反转为水湿。

2. 水湿转变为油湿机理

对于残余油饱和度较高而原油不易流动的油层，在高碱浓度和高盐浓度条件下，碱与原油中的酸性成分反应生成的活性物质是亲油的。在碱驱时，这些活性物质主要分配到油相，并吸附到岩石表面，使岩石表面由水湿反转为油湿。这样，非连续的残余油变成了连续的油相。与分散的残余油相比，连续的原油更容易被驱动。

### （三）乳化

1. 乳化捕集

在低碱浓度和低盐浓度下，由于低界面张力和乳化剂的存在会使原油与水乳化而生成水包油型乳化液，将油随水带出，当遇到狭窄的岩石孔隙时，就会遇阻，乳化被捕集，结果使水的流度降低，抑制水驱黏性指进，提高了垂向与水平波及系数。这一驱油机理适用于非均质的稠油油藏。

2. 乳化携带

在碱水驱油过程中，碱与原油中的酸性组分反应生成的活性物质可大幅度降低油水界面张力，形成微分散状的 O/W 型乳状液。在较高含水量条件下，O/W 型乳状液的黏度很低，其中的原油很容易被碱水携带，在油层孔隙中运移至油井。

### （四）溶解界面膜

在水驱之后，残余油处于分散状态，沥青质、卟啉和石蜡可以在油水界面上形成一层坚硬的刚性膜。由于这种膜的存在，油珠在被水驱动时不易变形通过孔喉，而作为残余油滞留在油层中。注入碱水，增加了沥青质、卟啉和石蜡等的水溶性，油水界面处的刚性薄膜被破坏，提高了残余油的流动能力，易于被驱动。

上述四种机理产生的前提是要求原油中必须含有一定数量的酸。为了能生成足够的活性物质，保证碱与有机酸反应，只有对酸值较高的原油方能进行碱性水驱。经研究认为，原油的最小酸值应为 0.5~1.5$mg_{KOH}$/g 原油。酸值不是一个绝对的数值范围，它与酸的类型和产生活性剂的性质有关。

值得注意的是，当地层岩石中含钙镁等盐类及黏土时，便会与碱反应而产生 $Ca(OH)_2$ 一类沉淀。例如：

石膏：
$$CaSO_4+2NaOH \longrightarrow Na_2SO_4+Ca(OH)_2\downarrow \tag{6-10}$$

黏土：
$$Ca\text{—黏土}+NaOH \longrightarrow Na\text{—黏土}+Ca(OH)_2\downarrow \tag{6-11}$$
$$H\text{—黏土}+NaOH \longrightarrow Na\text{—黏土}+H_2O$$

上述反应会大大增加碱的消耗，降低碱水驱的效果。因此，进行碱水驱必须尽量避开含石膏、黏土的地层，并且注入碱性水时，要先注入淡水前置液，驱除含 $Ca^{2+}$、$Mg^{2+}$ 等离子的地层水。

利用碱性水驱的另一局限性在于：该方法不适用于原油黏度过高的油藏，它也具有普通水驱流度比过高的弊端。目前，常在碱水中掺入聚合物溶液来改善其流度。矿场试验表明，可将采收率提高 10%以上，是一种很有效的提高采收率方法。

## 四、化学复合驱

### (一) 基本概念

两种以上化学剂作为主剂混合而成的驱油体系被称为复合驱油体系，相应的驱油方法被称为化学复合驱。这里所说的主剂通常是指聚合物、碱和表面活性剂，也可以包括气体等。

作为复合驱油体系中的主剂，碱($A$)、表面活性剂($S$)、聚合物($P$)可以按不同的方式或不同的组分含量组成各种复合驱技术。所有以 $A$、$S$、$P$ 为主剂的化学驱技术及其分类均可由图 6-10 表示。图 6-10 是由 $A$、$S$ 和 $P$ 为顶点构成的三角形，该三角形中的任意一点表示一种特定的复合驱油技术。三个顶点 $A$、$S$ 和 $P$ 分别表示相应的一元化学驱——碱驱、表面活性剂驱和聚合物驱。三角形的三条边分别表示相应的二元化学复合驱——

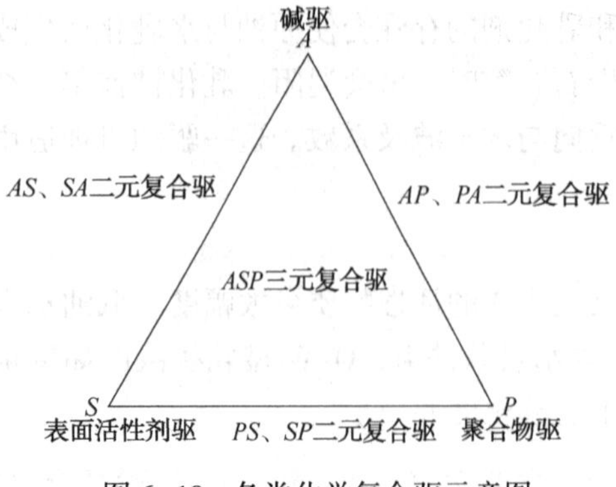


图 6-10 各类化学复合驱示意图

$AS$ 表示碱/表面活性剂复合驱，$SP$ 表示表面活性剂/聚合物复合驱，$PA$ 表示聚合物/碱复合驱。在三条边上，靠近某一顶点的部分表示以该顶点对应的一元驱为主要特征的复合驱油技术。例如，在 $SP$ 边上，靠近顶点 $P$ 的部分表示以聚合物驱机理为主，加入适当的表面活性剂用以改善(或称为“强化”)聚合物驱，被称为表面活性剂强化碱驱($SP$ 复合驱)；在靠近顶点 $S$ 的部分表示以表面活性剂驱机理为主，加入适当的聚合物用以改善(或称为“强化”)

表面活性剂驱，被称为稠化表面活性剂驱(*PS*复合驱)。三角形*ASP*内的整个平面表示以碱、表面活性剂和聚合物为主剂的三元复合驱(*ASP*复合驱)。

**(二) 复合体系驱油机理**

我国的大量矿场实验和室内研究结果表明，化学复合驱一般比一元化学驱的驱油效果好得多，普遍认为其主要原因不仅仅是各种化学剂驱油特性的综合效应，更重要的是各种化学剂之间的“协同效应”，或称为“超加和效应”。

1. 复合体系驱油的综合效应

将具有不同驱油特性的化学剂复配成一种高效的复合驱油体系，最基本的原理就是利用其各自的特点，弥补单一组分化学驱的某些不足，即利用各组分在驱油过程中的综合效应提高原油采收率。

在化学复合驱油体系中，作为常用主剂之一的聚合物在“综合效应”中的主要作用如下。

(1) 改善驱油剂的流度比，提高宏观波及效率。

(2) 由于含聚合物驱油剂的黏弹性，可以提高微观洗油效率。

表面活性剂在“综合效应”中的主要作用如下。

(1) 降低驱油剂与原油之间的界面张力，提高驱油剂的洗油能力。

(2) 使原油发生乳化，抑制驱油剂沿原水流通道突进。

(3) 改变油层孔隙的润湿性，提高微观驱油效率。

碱剂在“综合效应”中的主要作用如下。

(1) 与原油中石油酸反应生成表面活性物质，降低驱油剂与原油的界面张力。

(2) 使原油发生乳化，抑制驱油剂沿原水流通道突进。

(3) 改变岩石的润湿性。

由于复合体系综合了各单一组分的特点，相互弥补了在驱油特性上的缺陷，使得复合体系既具有提高微观驱油效率的机理，又具有提高宏观波及效率的机理。

2. 复合体系驱油的协同效应

复合驱油体系中各组分之间的协同效应主要表现在以下几方面。

(1) 体系中加入聚合物，增大了体系的视黏度，可以降低复合体系中其他组分(如表面活性剂、碱等)的扩散速度，从而降低这些组分在油层中的损耗。

(2) 体系中的聚合物可与钙、镁离子反应，保护了表面活性剂，使其不易形成低表面活性剂的钙盐、镁盐。

(3) 聚合物有助于增强原油与碱、表面活性剂生成的乳状液的稳定性，利用乳化携带机理提高驱油效率，利用乳化捕集机理提高波及效率。

(4) 在盐的作用下，聚合物的大分子链和表面活性剂的非极性部分结合在一起，形成缔合物；另外，表面活性剂与聚合物之间的相互作用致使聚合物聚集体形态发生变化，使聚合物分子链伸展，增强驱油体系的黏性。

(5) 碱与原油中的石油酸反应生成的表面活性剂和合成的表面活性剂之间具有协同效应，大幅度地增强复合驱油体系降低油水界面张力和乳化的能力。

(6) 碱可与油层水中的钙、镁离子反应或与黏土进行离子交换，起到牺牲剂的作用，减少昂贵的聚合物和表面活性剂的损耗。

(7) 混合表面活性剂组分之间的“超加和效应”。大量研究结果表明，混合表面活性剂体系的性能远优于相应的单一组分表面活性剂。

## 第三节　气体混相驱油法

在注气实践中人们发现，当进行高压注气生产原油时，采收率可高达50%~70%，洗油效率几乎接近100%，采出的气体中含有较多的轻质油组分；而低压注气时，采收率仅为25%~35%，洗油效率很低。研究表明，当高压注气后，油藏原油中的轻烃可以被气体抽提，并被气带出，大大改善了气驱油时的洗油效率。进一步研究发现，在这一过程中，发生了所谓的“互溶混相”现象。

### 一、混相驱概述

气体混相驱是注入气体与原油在一定条件下实现混相驱替的提高采收率技术，是提高采收率的重要方法之一。它的基本机理是驱替剂(注入的混相气体)与被驱替剂(地层原油)在油藏条件下形成混相，消除界面，使多孔介质中的毛细管力降为零，从而降低因毛细管效应产生毛细管滞留所圈捕的石油，原则上可以使微观驱油效率达到百分之百。

**(一) 混相驱种类**

可用来混相的物质有二氧化碳、干气(或富气)、氮气、液化石油气和烟道气等。总之，应选用与原油极性相差最小的物质以便在最小的混相压力下形成混相。当然，混相物质的选择除了要求在技术上是可行的之外，最重要的还要在经济上可行，二者必须兼备。从经济上讲，天然 $CO_2$ 气(即 $CO_2$ 气矿)和 $N_2$(从空气中分离)是最有利的混相气体。然而，地下原油的性质能否保证在低于(或接近)地层压力下形成混相也是重要的因素。

不管注入哪一种溶剂，混相驱都是一种介质驱动另一种介质，使注入的混相剂与原油相混，并使原油向生产井流动的过程。此时，一般在地层中会出现三个生产带，即驱动介质带、混相带和富油带(图6-11)。

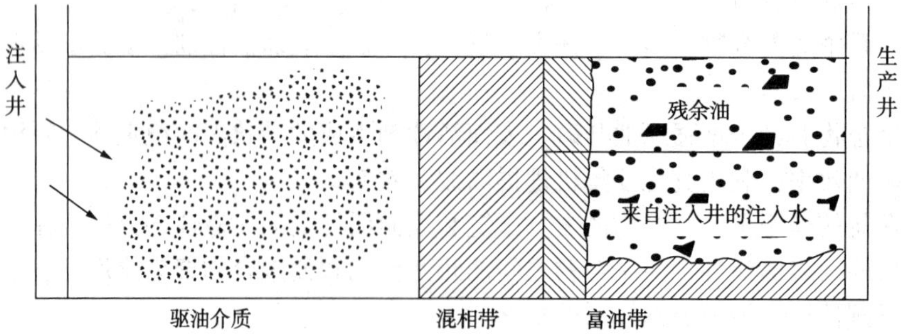


图6-11　混相驱替过程示意图

由于存在着原油与注入剂互溶混相带，就使地层中原油和注入剂之间的界面消失，直至界面张力为零、毛管压力为零，而极有利于将原油驱替入生产井。

**（二）混相条件**

混相条件取决于以下几点。

（1）油藏的温度：温度高则混相压力较低，因此深部油藏便于混相。

（2）原油的密度：含轻烃较多的原油密度小，在较低的压力和温度下即能混相。

（3）混相剂：易溶于原油的溶液，如液化石油气、二氧化碳等较易于混相；与原油性质相差悬殊的物质，如甲烷、氮气等，则需要更高压力才能混相。

根据不同注入气体与原油系统的特性，可将混相驱分为一次接触混相驱和多次接触混相驱（汽化混相和凝析混相）。

## 二、一次接触混相驱

注入的溶剂与原油一经接触就能混相，这种方法称为一次接触混相，也叫初次接触混相。一次接触混相驱是达到混相驱替最简单和最直接的方法，注入剂按任何比例都能与原油完全混合，如丙烷、丁烷和液化石油气。最典型的一次接触混相驱方法是液化石油气段塞法，简称为 LPG 驱，它是利用液化石油气产品（如乙烷、丙烷及丁烷）与原油一旦接触就可立即互相混溶的特点（即一次混相），将液态烃注入油层与原油混相，以提高采收率。

一次接触混相驱的相态要求如图 6-12 所示。在这个拟三元相图上液化石油气溶剂用拟组分 $C_2 \sim C_6$ 代表。所有的液化天然气和原油的混合物，在这一图上全部位于单相区。为在溶剂与原油之间达到一次接触混相驱，驱替压力必须位于 $p$-$X$ 相图临界凝析压力之上，因为溶剂与原油混合物在这一压力之上为单相。

液化石油气段塞或丙烷段塞法的物理混相过程如图 6-13 所示。如注入丙烷段塞（以 $C_3$ 为主），其注入量约为孔隙体积的 5%，丙烷段塞后面是用来推动该段塞的天然气、其他气体或水。段塞在油层中移动，就把地层中的油和可动的水驱走。在段塞前面形成富油带或油墙，水则在油的前面流动而被产出。

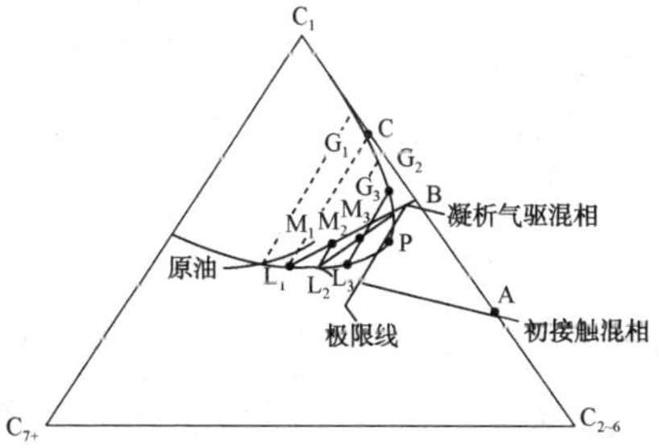


图 6-12　溶剂段塞的一次接触混相

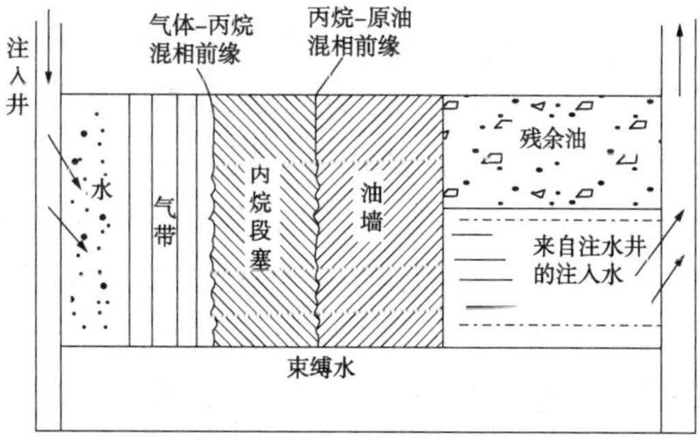


图 6-13　丙烷段塞混相驱示意图

应用这种方法的油层必须超过一定的深度，这是因为要使段塞和前面的原油之间保持接触混相，使丙烷为液态时的地层压力就必须很高。在通常的油层温度下丙烷和前面原油混相需要大约 20.0~40.0MPa 的压力。如果使用空气或烟道气驱替混相段塞，所需的混相压力还要高，因而这一方法用于较深部的油层，并且在任何条件下，油层的温度必须低于混相段塞的临界温度。

## 三、多次接触混相驱

注入气体后，油藏原油与注入气之间就地出现组分传质作用，形成一个驱替相过渡带，其流体组成由原油组成过渡为注入流体的组成。这种原油与注入流体在流动过程中重复接触并靠组分就地传质作用达到混相的过程，称为多次接触混相或动态混相。

根据传质方式的不同，多次接触混相驱分为凝析混相和汽化混相。

**(一) 凝析混相**

富气中含有大量的 $C_2 \sim C_6$ 组分，它不能与油藏原油发生一次接触混相，但在适当的压力下可与油藏原油达到凝析气驱动态混相。即注入的富气与油藏原油多次接触，并发生多次凝析作用，富气中的中间组分不断凝析到油藏原油中，使原油逐渐加富，直到与注入气混相。

凝析混相的机理如图 6-14 所示，图中表示出了油藏原油及注入富气 B 的组成。由此可见，油藏原油与富气起初并不混相，但当富气接触油藏原油后，由于富气中的中间组分溶于原油中，原油加富，油藏流体组成变为 $M_1$，其相应的平衡气、液相组成分别为 $G_1$、$L_1$；随后，再注入富气推动可移动的平衡气体 $G_1$ 向前进入油藏，留下平衡液体 $L_1$ 供注入气接触，并发生混合，在这一位置上形成一新的混合物 $M_2$，其平衡气、液相组成分别为 $G_2$、$L_2$；继续注入富气，重复上述过程，井眼附近液相组成以相同方式逐渐沿泡点曲线改变，直至临界点，气液相达到平衡，油气不存在相界，完全达到混相。

显然注富气混相驱是多次接触混相过程，通过注入富气中的中间组分不断凝析到原油中，原油逐渐被加富，在注入气的后端与原油性质达到相同，从而实现混相。通常必须注入相当多的富气才能使混相前缘的混相得以保持，一般采用的富气段塞为 10%～20%的孔隙体积。段塞后面可为贫气(以甲烷为主)或贫气水。

**(二) 汽化混相**

达到动态混相驱替的另一机理是，依靠就地蒸发(汽化)作用，让中间相对分子质量烃从油藏原油蒸发并进入注入气。这种达到混相的方法称为蒸发气驱过程。用干气、二氧化碳、烟道气或氮气作为注入气是可以达到混相的。当油藏原油含有较多中间烃时，通过注入气与原油多次接触，能蒸发或抽提油藏原油中的烃，使注入气富化，实现汽化混相。干气、烟道气和氮气主要用以抽提 $C_2 \sim C_5$，$CO_2$ 也能达到动态混相，主要用于抽提更大相对分子质量的烃，即 $C_2 \sim C_{30}$。这里以干气为例讨论汽化混相的机理。

图 6-15 中的油藏原油 A 含有较多的中间相对分子质量烃，并且它的组成位于通过临界点的极限系线的延长段上。注入初期，注入气体与油藏原油是不混相的，注入气体由井眼向外非混相地驱替原油，并在气前缘的后面留下一些未驱替走的原油。此时注入气体与初次接触后未驱替走的原油的总组成为 $M_1$，油藏中平衡的气、液相组成为 $G_1$、$L_1$。继后注入气体推动平衡气体 $G_1$ 更深入地进入油藏，平衡气接触到新鲜的油藏原油，液体 $L_1$ 则残留在后面。通过第二次接触，油藏达到一个新的总组成 $M_2$，其相应的平衡的气、液相组成为 $G_2$、$L_2$。再进一步注入气体，使气体 $G_2$ 向前流动并接触新鲜的油藏原油。重复以上过程，使驱替前缘的气体组成沿露点曲线逐渐改变，直到它达到临界点的组成即临界点流体直接与油藏原油混相。

在注气过程中，随着油藏原油的中间相对分子质量烃浓度的减小，为达到混相，要求更高的注入压力。增加压力可以增加蒸发作用，使中间相对分子质量烃进入蒸汽相，从而减少两相区并改变连接点的斜率。

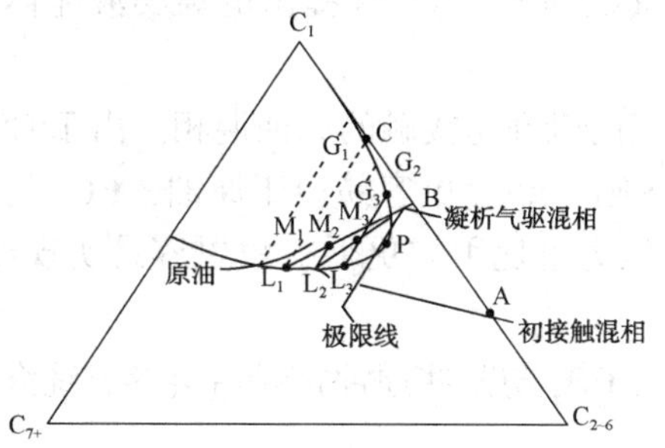


图 6-14　凝析混相

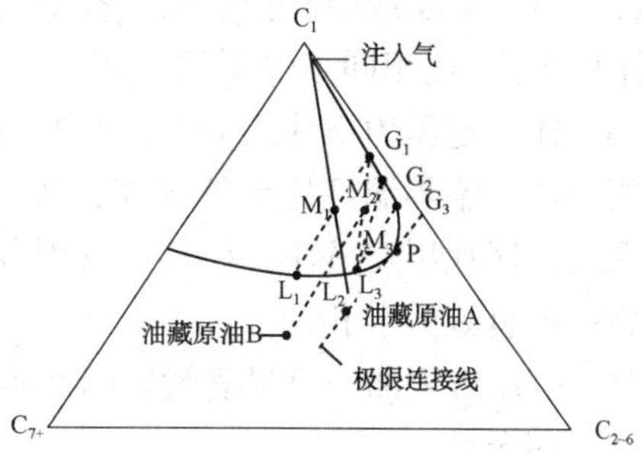


图 6-15　汽化混相

## 四、二氧化碳混相驱油法

二氧化碳驱需要的混相压力较低，与干气、氮气、烟道气相比，更易于实现混相。在一定条件下，$CO_2$ 会从原油中抽提出较重组分的碳化合物，不断使 $CO_2$ 的驱油前缘与原油组成接近，从而形成混相，有效地将地层原油驱替入生产井，提高原油采收率。

### （一）驱油类型

$CO_2$ 驱油类型通常有两种：一种是 $CO_2$ 水驱油，如图 6-16(a)所示；另一种是水驱 $CO_2$ 段塞驱油。如图 6-16(b)所示。实验表明水驱 $CO_2$ 段塞驱油效果比 $CO_2$ 水驱效果好。其原因是 $CO_2$ 段塞驱油时，$CO_2$ 直接与油接触，而 $CO_2$ 水驱时仍是靠溶解于水中的 $CO_2$ 慢慢向油中扩散，而且在 $CO_2$ 水驱流动时，其前方形成共存水富集带，从而使 $CO_2$ 和原油的流动受阻挡而变差。从图 6-17 可以看出，在所用 $CO_2$ 量相同的条件下，$CO_2$ 段塞驱油比 $CO_2$ 水驱的采收率要高 25%~35%。

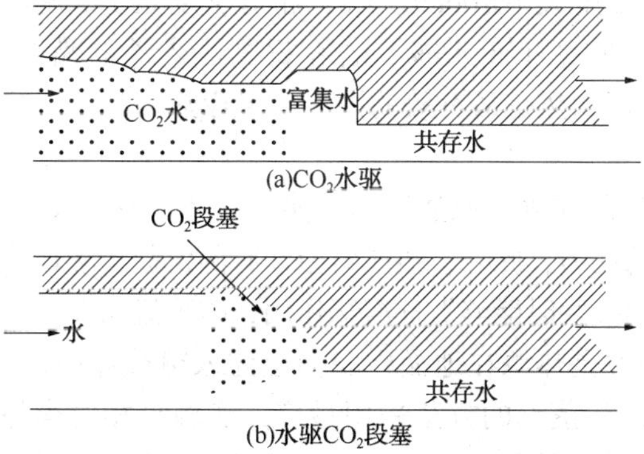


图 6-16　$CO_2$ 水驱和水驱 $CO_2$ 段塞的比较

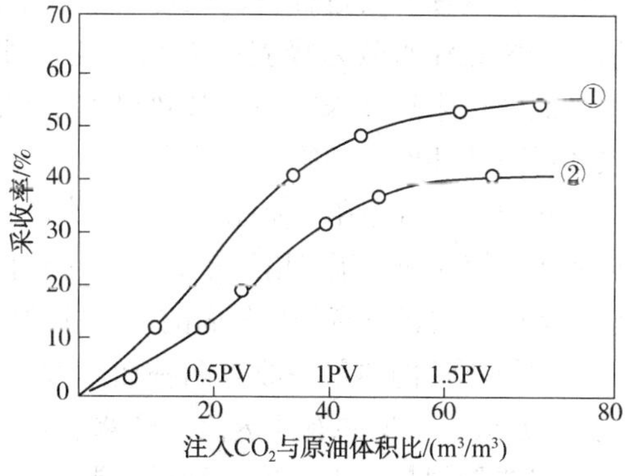


图 6-17　$CO_2$ 水驱和水驱 $CO_2$ 段塞原油采收率的比较

①—水驱 $CO_2$ 段；②—$CO_2$ 水驱

### （二）$CO_2$ 的驱油机理

（1）$CO_2$ 极易溶于原油中，从而使原油从稠变稀，黏度大大降低。并且原油越稠，$CO_2$ 降黏效果越显著。随压力的增加，油中溶解 $CO_2$ 气量增大，黏度迅速降低。

（2）$CO_2$ 易溶于原油，使原油体积膨胀，原油密度越小，体积膨胀率越大，使地层油饱和度增大，通常其体积膨胀可达 10%~40%。

(3) $CO_2$ 对原油中的轻质组分有抽提作用，其抽提效率(指抽提出的烃类液体体积与 $CO_2$ 体积之比)比相同条件下的甲烷更大。

(4) 在一定压力下注入 $CO_2$，类似高压注干气的机理与接触的原油混相。由于 $CO_2$ 本身的相特性，临界温度比天然气高，故与天然气相比，$CO_2$ 更容易溶于原油，$CO_2$ 的拟三角相图两相区比甲烷的小，$CO_2$ 实现混相的最低压力也比甲烷更低，故更容易实现混相，而成为一种良好的混相剂。

(5) $CO_2$ 溶于油中可显著地降低界面张力，且 $CO_2$ 与某些原油接触后会形成洗涤剂并改变岩面润湿性。

**(三) $CO_2$ 驱油存在的问题**

(1) 在低压下，$CO_2$ 的黏度很低，容易过早地从生产井突破，发生气窜，降低洗油效率。

(2) 混相后，原油黏度比地层油黏度低得多，容易产生指进，提前窜流到生产井中。通常需要交替注入几个 $CO_2$ 水段塞。

(3) 需要 $CO_2$ 的注入量太大，采出 $1m^3$ 原油一般需注入大约 $8900\sim17800m^3$ $CO_2$。

实际表明，只要有充足的气源，注富气、注 $CO_2$ 及高压注干气等方法在混相驱中是很有前途的。还可向地层注入不活泼气体如 $N_2$，使之与油层流体多次接触，从原油中提取较轻组分的碳氢化合物，从而达到混相驱替原油的目的。

## 第四节　热力采油法

在提高原油采收率的方法中，热力采油法是世界上发展最快、成效最显著的方法。目前世界各国在开发过程中，把地层条件下原油黏度大于 100mPa·s，相对密度大于 0.9 的油藏看做是注水效果极差的对象。这时水驱采收率小于 15%，若靠提高注入液的黏度，减少流度比来提高采收率，其效果也很有限。而加热是最有效的办法。采用热力驱油，采收率可高达 40%~60%。

热力驱的机理在于使原油黏度大大降低，这就改善了原油流动性能，提高了波及效率；热能还会使原油膨胀，增加了原油从油藏排出的动力；此外，热能对原油有蒸发甚至蒸馏作用，蒸馏出的轻质馏分和前面的较冷的地层原油接触时能够发挥溶解作用，改善流动性。

油层驱油的热量一般有两种加热方式：一种是热源在地面，向油层注入热载体(如蒸汽)的方法。常见的有注蒸汽、热水、烟道气。注蒸汽的方法采用最广，实施也相对容易些，但热量损耗较大。另一种是热源在地下，即井下安装电热器、井下蒸汽发生器、或直接在油层点火燃烧的火烧油层法。目前已形成的三种热力采油技术分别为蒸汽吞吐、蒸汽驱和火烧油层。

### 一、蒸汽吞吐法

蒸汽吞吐法也称循环注蒸汽或蒸汽激励法，是目前热力采油中广泛应用的方法。该方法的开采过程是：周期性的向油井注入高温高压饱和蒸汽，即所谓“吞”；然后关井数天，使热量充分向油层扩散，油层和油藏中的原油被加热，即“焖井”；最后开井进行生产，即“吐”。由于注入井与采油井为同一井，故常称为单井吞吐。

**（一）蒸汽吞吐法开采过程**

在蒸汽注入阶段，蒸汽与油层中原油充分接触，在浸泡阶段，由于原油温度升高，黏度降低，因而在开井生产时，油就会流入井底。通常认为，注入蒸汽后，除显著提高原油流度外，对提高采收率还有以下有利因素：地层中流体的热膨胀会减小最终残余油饱和度；可起到清洗井筒的效应，使井周围的渗透率得到改善。

为了减少关井停产时间，对于厚油层，可以采取一井连续注入和同时连续生产的方法，如图6-18所示，即在油层的中上部位置，在套管内下一封隔器，从油、套管环形空间向油层上部注入蒸汽，原油则从封隔器以下的油层进入油管进行采油，而不需要关井停产。

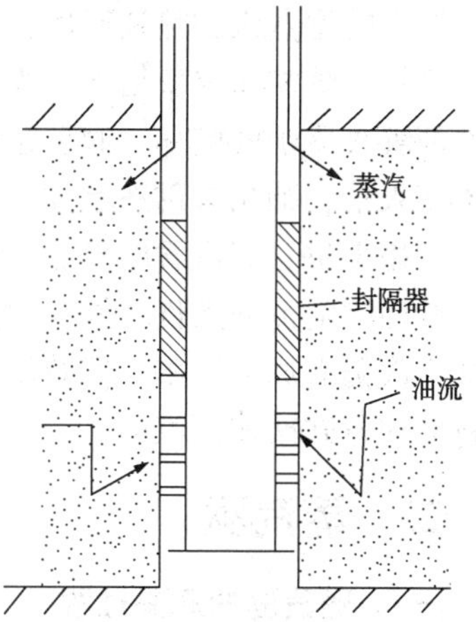

图6-18 厚油层蒸汽吞吐示意图

进行蒸汽吞吐的油层最好能满足以下条件。

（1）油层要厚、要浅，这样才可以减少盖层、底层及井筒的热损耗。一般油层厚度要大于10m，井深最好不超过1000m。

（2）原油要稠，含油饱和度要高，才能使降黏效果显著，避免热量浪费。一般原油黏度要大于20 mPa·s，含油饱和度要高于50%。

（3）地层压力要高，使原油容易流入井。

对于一般的油层，油井在进行一次吞吐后，产量会逐渐降低。当产量降低至一定程度时，可以再注蒸汽，关井浸泡，再开井生产，如此循环，进行第二次或更多次的吞吐。

**（二）蒸汽吞吐机理**

周期吞吐增产的机理较为复杂，但可以肯定原油受热降黏在提高稠油产量中起着非常重要的作用；热膨胀的溶解气增加了地层能量，促进了地层流体的流动；蒸汽的井筒清洗效应以及回采过程中地层污染的清除也是蒸汽吞吐增产的因素。此外，高温引起的油水相对渗透率和毛管压力变化以及岩石润湿性改变都有助于地层原油的流动。

1. 原油的降黏

近井地带蒸汽加热原油，大幅度降低了原油的黏度，提高了原油的流动能力，这是蒸汽吞吐增产的一个重要机理。向油层注入高温高压蒸汽后，近井地带范围内的地层温度升高，将油层和原油加热。加热带中原油黏度将下降1~2个数级，从几千甚至几万毫帕秒降至几百毫帕秒，原油流度($K_o/\mu_o$)提高几十倍，流动阻力大幅度下降，油井产量增加许多倍。

值得注意的是，由于蒸汽与地层流体的密度差以及蒸汽注入和关井过程中地层热量的损失与传递，近井地带温度分布极不均匀，注入蒸汽优先进入高渗透地层，而且趋向于油层顶部，随着注入蒸汽量的增加，加热范围逐渐扩展，此时，蒸汽带的温度仍能保持井底的蒸汽温度。但是，在关井期间，由于蒸汽的热传导和热对流，蒸汽带温度有所下降，甚至部分蒸汽凝结为热水，这样原来蒸汽带的温度进一步降低。尽管如此，近井地带的温度仍比原始温度高很多，油井产量仍可大幅度提高。

2. 地层能量的增加

注入蒸汽以及注入蒸汽后原油的受热膨胀使油层的弹性能大为提高，原来油层中有少量的溶解气及游离气，加热后溶解气驱作用增加。

3. 井筒附近地层阻塞的清除

注入蒸汽的高温使沉积在井筒附近孔隙中的沥青胶质的相态发生变化，使其由固态变成液态，溶于原油中。在回采过程中，由于液流方向的改变，在油、蒸汽、水高速流入井筒时产生了对井筒附近地层的冲刷作用，将堵塞物排出地层，大大改善了井筒附近地层的渗流条件，提高了原油的流动能力。

4. 相渗透率与润湿性的改变

注入的湿蒸汽加热油层后，高温使油层的油水相对渗透率发生了变化。在相同的含水饱和度下，油相渗透率增加。水相渗透率降低，平衡水饱和度增加。高温蒸汽使砂粒表面上的沥青胶质油膜破坏，润湿性改变，由原来的亲油或强亲油变为亲水或强亲水。从油相分流率来看，油相渗透率增加，同样可以提高油相的分流量，进而增加原油产量。

严格来讲，蒸汽吞吐只是一种增产措施，因为它只是改善了井底附近原油的黏度，改善了井周围的流动条件，并未改变驱动方式，进入油层的能量也较少。虽然有的井反复吞吐几十次仍有原油采出，但效果会依次递减。为此，通常的做法是经过几次蒸汽吞吐后，就将驱动方式改成蒸汽驱。

## 二、蒸汽驱

### (一) 蒸汽驱的开采过程

蒸汽驱油法也是当前的主要热力采油法之一。除了由蒸汽吞吐转为蒸汽驱外，也可以一开始就直接采用。该法的驱油过程与注水相同。按蒸汽进入油层的过程可以将其分成四个生产带，即高温蒸汽带、热水带、冷水带和高饱和油带(图 6-19)。

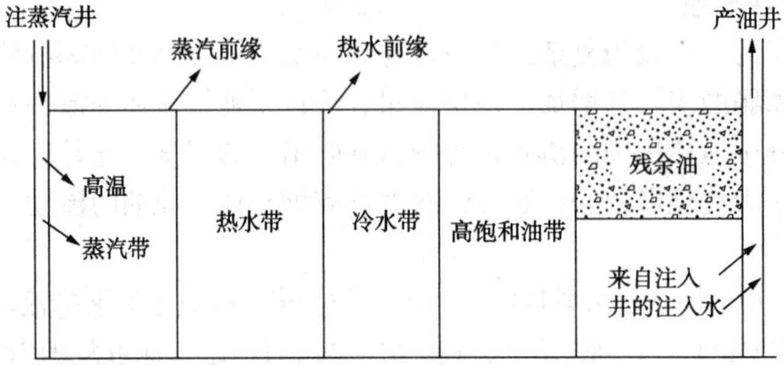


图 6-19　蒸汽驱油过程示意图

通常进行蒸汽驱油，首先要选择适当的井网，将蒸汽注入预定的注入井中，使注入井周围形成一个高温蒸汽饱和带。此饱和带的温度与注入蒸汽的温度几乎相等。当蒸汽离开注入井向外扩散时，压力逐渐下降，由于蒸汽对原油和地层的传热作用，蒸汽的温度也不断下降，蒸汽离开注入井一段距离后，便开始冷凝，逐渐形成水带。然后继续排驱原油向生产井运移，形成冷水带。热量不断扩散，直至形成几乎与地层原油温度相同的高饱和油带。

在高温饱和蒸汽带内，原油和岩石开始发生一系列物理化学变化，这些变化包括原油热膨胀，部分轻质油蒸发，原油黏度降低，并且使原油的相对渗透率增高，原油流动性变好。

为了节约蒸汽，可在注入一定数量的蒸汽后改注热水或冷水，以增加蒸汽驱的经济效益。这一结论已经现场证实是有效的。这是因为在大量注入蒸汽后，注入周围的高饱和蒸汽带内的温度仍很高，在注入热水或冷水后，便会发生热交换，形成热水驱。

由于注热水过程中，在地面、井筒和油层内损失的热量非常大，还会在油层中发生热水指进，降低体积扫油效率，因而一般不单独注热水，而是倾向于注蒸汽后改注热水。

蒸汽驱油法要求油层均质，若油层中存在有高渗透条带，则对注蒸汽来说是一大灾难。此外，考虑到井筒热损耗及盖层和底层的热损失速度，油层深度一般不得超过1000m，油层厚度不得小于6m。

**（二）蒸汽驱的机理**

1. 降黏作用

向地层中注入热的蒸汽，油层温度升高，原油黏度下降，大大地改善了稠油流动能力，这是蒸汽驱开采稠油的主要机理。高黏度的重质原油在孔隙介质中流动困难，主要原因就是黏度过高，渗流阻力过大。在油层的原始温度下，高黏原油具有不同于达西渗流的流变特性，甚至于根本不流动，只有在油层与井底的压力差大于一定的压力（启动压力）时，高黏原油的流动才符合径向流动或才开始流动。在蒸汽驱过程中，油层的温度升高，原油黏度大幅度下降，启动压力减小甚至消失。

在高温下，代表地层原油渗流能力的流动系数 $K_o h/\mu_o$ 发生很大的变化：一方面油相的黏度 $\mu_o$ 大幅度下降；另一方面，随着温度的升高，油层有效厚度 $h$ 中进入产油状态的实际动用厚度增加了；此外油的相对渗透率 $K_{ro}$ 也增加了，这样流动系数 $K_{ro} h/\mu_o$ 大大增加，油井产量大幅增加。

在油层温度升高后，油的流度增加相对较大，从而改善了流度比，提高了波及效率，增加了石油采收率。

2. 热膨胀作用

地层中的油、水、岩石在热蒸汽的作用下，温度升高，体积膨胀。其中油和水的体积膨胀系数分别为 $1\times10^{-3}K^{-1}$ 和 $3\times10^{-4}K^{-1}$，岩石的体积膨胀系数非常小，相对于油水体积随温度的变化，岩石的体积随温度的变化可忽略不计。油水的体积膨胀驱动流体流向生产井，而油相的体积膨胀较水相的体积膨胀大得多，因此，大大降低了残余油饱和度。当温度增加150℃时，原油体积将增加15%，残余油饱和度将减少10%～30%，从而提高了原油的采收率。根据实验结果，热膨胀作用增加的采收率可达5%～10%。轻质油的热膨胀系数较稠油大，因此，热膨胀作用对轻质油油藏的蒸汽驱替开采更具优越性。

3. 蒸汽蒸馏作用

蒸汽蒸馏（汽提）指某种液态混合物中的挥发性组分在直接引入蒸汽时，可以在低于其沸点的温度下蒸发为气态。在蒸汽驱过程中，随着蒸汽前缘的推进，凝结带扫过区域内的剩余油，并推向蒸汽带前缘。蒸馏出的轻烃组分与水蒸汽混合后一起向前推进，在凝结带内遇到温度较低的岩石时，凝结为液态的水和轻质油。轻质油与该处原油互溶混合，一部分黏度降低了的原油被热水驱动。而被热水绕过的那一部分（凝结带扫过后的剩余油）又将受到继之而来的蒸汽带的蒸汽蒸馏。如此反复交替进行，最终获得蒸汽带驱替区内非常低的残余油饱和度，从而增加了原油的采收率。

4. 溶解气驱作用

蒸汽注入过程中形成的蒸汽带温度很高。在凝结带后缘靠近蒸汽带前缘的区域，由于温度的大幅度升高，原油中的溶解气因溶解度降低而分离出来，体积膨胀对原油产生驱替作用，因此能提高原油的采收率。

5. 溶剂抽提作用

溶剂抽提作用也称为油相混相作用或溶剂萃取作用。蒸汽蒸馏出的轻烃组分运移至热水带(凝结带)，和水蒸气同时凝结，并与热水驱后的滞留原油混合，降低了这些热水带扫过后的剩余油的黏度。在蒸汽前缘向生产井推进的过程中，轻质馏分不断地被抽提出来并聚集成轻油带，产生溶剂抽提作用。这样反复进行，在蒸汽前缘下游的原油不断增加轻烃含量，最后形成并维持一个“溶剂”带，起到油相的混相驱替作用，从而有助于降低热水带的残余油饱和度，提高了蒸汽驱的最终采收率(可提高重质原油采收率3%~5%)。室内实验表明，在蒸汽带前缘存在着轻质馏分的富集带。

6. 重力分离作用

在蒸汽驱过程中，由于蒸汽的密度远远小于原油和水的密度，因而要发生汽水分离，进入油层的蒸汽发生超覆现象——蒸汽聚集于油层顶部，并向平面方向扩散，蒸汽凝结水从油层下部向前推进。上部的原油在蒸汽加热条件下，黏度降低很快，原油变轻膨胀，促使超覆于油层顶部的蒸汽向前推进的速度加快，并先于热水带突入生产井。由于热水驱的效率低于蒸汽驱，且热水带在油层下部推进，因而其采收率远低于蒸汽驱的采收率。

7. 高温对相对渗透率的影响

温度升高引起相对渗透率的变化，从而提高石油采收率，主要原因有以下几点。

(1) 温度升高，油水黏度比大幅度下降，油水流度比得到改善，引起油相相对渗透率增加，水相相对渗透率降低，残余油饱和度降低；

(2) 温度升高，吸附于岩石颗粒表面及油水界面上的沥青、胶质等极性物质解附，使油水界面张力减小，岩石润湿性发生反转，从而导致油的相对渗透率升高，水的相对渗透率降低，促使水驱残余油饱和度降低而提高了原油的采收率。

不同类型的原油，起主导作用的蒸汽驱机理不同。对于稠油油藏，降黏作用和蒸汽蒸馏作用是最主要的驱油机理；对于轻质油藏，热膨胀和蒸汽蒸馏是最主要的驱油机理。此外，油藏特性(如油藏厚度等)、蒸汽干度、注汽温度等因素在很大程度上影响着蒸汽驱的机理，总之，蒸汽驱采油机理是十分复杂的。

而蒸汽驱的缺点在于热损耗大。一般需要将采出油量的三分之一作为产生蒸汽的燃料，此外蒸汽驱还存在见效较蒸汽吞吐晚，难以控制等缺点。但大量的生产现场实践已经表明，凡是适合注蒸汽的油田，注蒸汽可达到非常高的原油采收率。现在需要想办法将热力采油法推广到那些含高黏原油而目前注蒸汽适用性差的油藏，包括薄油藏、含油饱和度低或产油层的有效厚度与总厚度之比较小的油藏、更深部的油藏以及具有高渗透条带的油藏。

此外，在生产上，蒸汽吞吐和蒸汽驱等方法还存在以下问题值得注意。

(1) 在采油工艺上，由于注入高温蒸汽，油井套管产生热应力，如不采取适当的绝热措施，就会使套管毁坏，在冷却时还会产生变形、裂纹、甚至断裂。因此，保护油井套管是保证注蒸汽措施顺利进行的前提。

(2) 在油层方面，由于高温蒸汽的注入，可能会使原油乳化、黏土膨胀、出砂等不利于产油的地层损害问题。

## 三、火烧油层

火烧油层是通过注入空气维持原油就地燃烧，将原油驱向生产井的提高原油采收率的热采方法，又称层内燃烧或火驱。主要有正向燃烧法和反向燃烧法两种燃烧方式。

与其他热采方法(如蒸汽驱)相比，火烧油层最大的特点在于油层就地产生热量，这种方法的能源利用率高、最终采收率高。火烧油层方法可分为干式正向燃烧、反向燃烧和联合热驱。正向燃烧是向注入井注入空气或氧气，燃烧前缘沿径向推进生产井，其特点是空气流动方向与燃烧前缘方向一致。而反向燃烧是注入井停注空气后，在生产井注入空气，其特点是原油流动方向与空气注入方向相反。联合热驱又称湿式燃烧，它是在干式正向燃烧的基础上，采用水与空气交替注入的方式进行稠油开采的方法。

**(一) 火烧油层的开采过程**

火烧油层是向油层注入空气(或氧气)，通过原油的自燃或人工点火，使地层部分原油就地燃烧，利用燃烧前缘驱动原油的热采方法。在火烧油层中，燃烧前缘产生非常高的温度，就地蒸发地层中的间隙水和原油中的轻质组分，以及原油燃烧的产物 $CO_2$ 和水蒸气等与“冷原油”接触，形成一个类似于蒸汽驱、溶剂混相驱和 $CO_2$ 驱的驱替前缘。图 6-20 为油层层内燃烧剖面图。

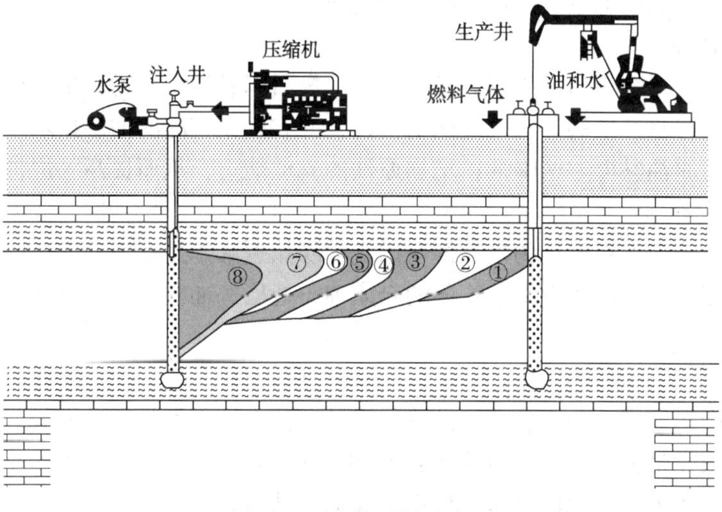


图 6-20　火烧油层示意图

①—冷的燃烧气体；②—油带(接近原始原油温度)；③—凝结或热水带(50~200℉)；
④—蒸汽带(400℉)；⑤—焦炭区；⑥—燃烧前缘和燃烧区(600~1200℉)；
⑦—空气和汽化水驱；⑧—注入空气和水驱

(1) 燃烧带。注入的空气或氧气在井底附近形成燃烧带，燃烧带产生的热量加热地层、蒸发原油中的轻质组分和地层中的间隙水，燃烧产生二氧化碳、一氧化碳、水蒸气等气体产物。

(2) 燃烧前缘。在燃烧前缘留下的重质原油被高温炭化，并沉积在砂粒表面上，构成燃烧的主要燃料，留在燃烧前缘后面的是干净的砂和大量的热能。这些砂温度很高，高温一方面可以加热尚未达到燃烧温度的空气或氧气，另一方面为湿式燃烧方法中注入水的蒸发提供热能。

(3) 蒸发带。在蒸发带中有少量的间隙水受热产生的水蒸气、注入空气中的氮气、燃烧产物中的二氧化碳、一氧化碳等气体，另外还有被蒸发的轻质油以及沉积在砂粒表面上的固态重烃或焦炭。蒸发带中的各种气体与前面的冷油层相接触形成凝析带。

(4) 凝析带。在凝析带，轻质原油与冷原油产生混相，降低地层中冷原油的黏度，并使原油体积产生膨胀，蒸汽加热地层原油及地层间隙水，提高油层水温度，形成热水驱。二氧化碳、氮气等与原油接触产生混相气体驱，进一步抽提原油中的轻质组分，降低原油黏度并膨胀原油。

(5) 集油带。在凝析带前面的是集油带，也叫油墙，集油带中有部分气体($N_2$、$CO_2$、水蒸气)、束缚水及原油。集油带温度仍高于地层原始温度。

(6) 原始油带。在集油带前面是原始油带，它尚处于原始状况，未受火烧的影响。

**(二) 火烧油层的采油机理**

火烧油层的采油机理异常复杂。但目前可以肯定的是原油的高温裂解、冷凝蒸汽驱、烃类混相驱、气驱、热驱都是火烧油层提高采收率的机理。

1. 原油的高温裂解

在燃烧前缘，油层温度高达300~650℃，高温一是促使原油中较轻质组分蒸发向前推进；二是使留在砂粒上的较重质组分产生热裂解，形成气态烃和焦油，气态烃进入蒸发带，而焦油沉积在油砂上成为燃烧过程中的燃料。

2. 冷凝蒸汽驱

注入的空气于燃烧带与剩余在砂粒上的焦油燃料起燃烧反应时，生成的蒸汽与燃烧前缘高温使地层共存水产生的蒸汽一起向前推进，并和前面较冷的油层接触。蒸汽把热量迅速传给地层，使原油黏度迅速降低，增加原油的流动能力，从而提高了原油的驱动能力。

3. 烃类混相驱

蒸发带正常蒸馏作用产生的气态烃与燃烧前缘热裂解作用产生的气态烃混合进入凝析带中，由于温度较低而冷凝下来，冷凝的轻质油与地层原油混相，同时传递热量，改善原油的流动性能。

4. 气驱作用

在燃烧带中形成了一种十分有效的气体驱动。注入的空气与焦油燃烧，生成的二氧化碳、氮气进入蒸发带，一方面与原油达到混相和非混相，降低原油黏度，改善原油特性；另一方面，可以大大增加油层能量，提高原油的驱动力。

5. 热驱作用

由于油层流体的对流以及地层岩石的传导，热能可以从燃烧前缘一直传递到集油带，同时热量还可以传递到油层下部，使油层均匀加热，这种传递方式有利于蒸汽驱，并可以大大提高油层的纵向扫油效率。此外，燃烧带留下了大量的热为后续注入提供了必要的条件。

**(三) 火烧油层采油方法**

1. 正向燃烧

正向燃烧是在空气注入井井底附近将油层点燃，燃烧前缘从注入井向生产井传播、移动，并连续注入空气，驱动燃烧带穿过油层达到附近生产井，从而产出原油的方法，如图6-21所示。由于正向燃烧注入的仅仅是空气或氧气而无水，因此又称干式燃烧法。由于点火是在注入井井底或井底附近，燃烧前缘从注入井向生产井方向推进，燃烧是正向向前的，故又称前烧法。干式正向燃烧的燃烧前缘的温度最高，而在燃烧前缘后面的油层仍保持很高的温度，以加热注入的空气。正向燃烧方法具有空气的流动方向与火线前缘的移动方向一致的特点，从而使得前缘推进快，具有采油速度高、开发时间短等优点，且其使用的燃料是原油中无价值的焦油(焦炭)。正向燃烧的主要缺陷如下。

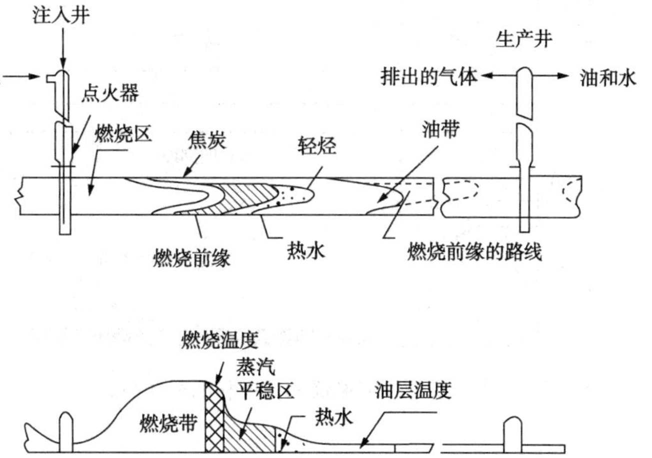


图 6-21 干式正向燃烧工艺和温度分布

(1) 采出原油必须经过低温地区，可能形成原油堵塞现象，高黏原油尤其明显；

(2) 注入空气不能将留在地层的大量热能有效地利用，热能利用率低，前面的富油带会降低废气渗透率，使燃烧条件恶化，甚至熄火，而常使原油难以流至生产井。

2. 反向燃烧

从正向燃烧的油层温度分布示意图中可以看出：越靠近生产井温度越低。靠近生产井的原油黏度很高，很难流动，阻碍正向燃烧的富油带向生产井推进。为了弥补正向燃烧的这种缺陷，可采用反向燃烧法。反向燃烧法是空气从生产井注入，待注入的空气接近生产井时，在生产井井底附近点火，而燃烧前缘逆着注汽方向移动，即燃烧前缘是从生产井往注入井方向移动，如图 6-22 所示。反向燃烧过程可用一个通俗的例子加以说明，如点燃一支香烟，可用呼气和吸气两种方式使其燃烧，吸气时燃烧带沿着吸气的方向向着嘴唇方向移动，这就是正向燃烧，呼气时燃烧带仍然向嘴唇方向移动，然而气体却朝着相反的方向流动，这就是反向燃烧。

通常进行的反向燃烧法，将原油加热至 260~270℃时，黏度则可减少 3~4 个数量级，从而可以采出极稠的原油，采收率通常可达 50%。但反向燃烧存在以下不足。

(1) 燃烧的是相对较轻的原油馏分，而不是正向燃烧的重质组分。

(2) 需要大量的氧气(约为正向燃烧的两倍)。

(3) 原油在注入井易于自燃，难于进行反向燃烧。

从以上两种提高原油采收率的燃烧法不难看出，进行火烧，原油饱和度要高，含水要低，并且油层不能太薄、太厚。太薄的油层热损耗太大；油层过厚，全面燃烧困难，推进速度也慢。同时，在原油性质上，密度不宜过大，或过小。密度过大，沉焦量大，需要的气量大；密度过小则沉焦量不足，难以维持燃烧。油层最好是均质，这样前缘推进较均匀，波及系数大。油层如埋藏太深，费用则会大大增高。

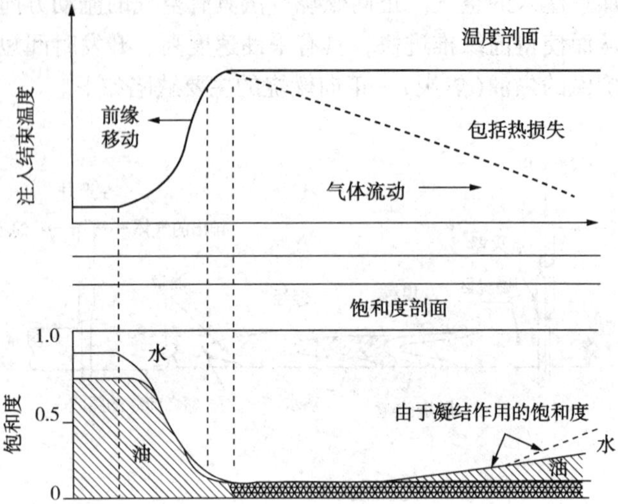


图 6-22　反向燃烧的温度和饱和度剖面

# 第五节　微生物采油技术

微生物采油技术或称微生物强化采油技术是指将地面分离培养的微生物菌液和营养液注入油层，或者单纯注入营养液、油层内微生物，使其在油层生长繁殖，产生有利于采油的代谢产物，提高石油采收率的采油技术。

## 一、微生物的基本概念

简单地说，微生物是极微小的植物和动物。许多微生物具有利用碳氢化合物作为新陈代谢主要能源的能力。世界上有成千上万种微生物，每一种微生物又含有成千上万种酶，酶又能产生千千万万种的化学反应，其中有许多反应非常适用于提高采油量。一个细菌的一般外形构造如图 6-23 所示。微生物的新陈代谢作用可以认为是细胞发生的全部反应的总和，这种反应也就是营养素被转化为细胞的本体和废物，如图 6-24 所示。

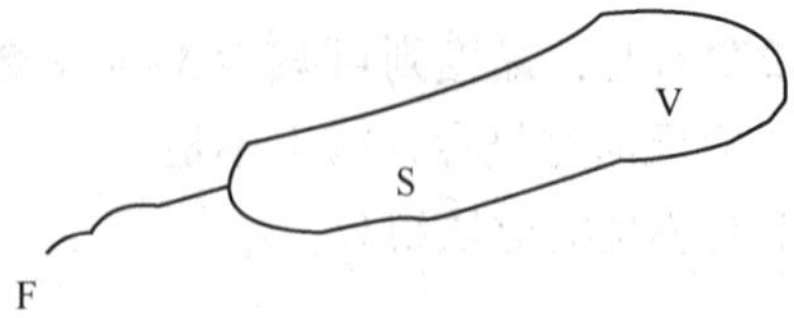


图 6-23　一个梭状芽孢杆菌的一般外形构造

S—孢子；V—植物性细胞；F—鞭毛

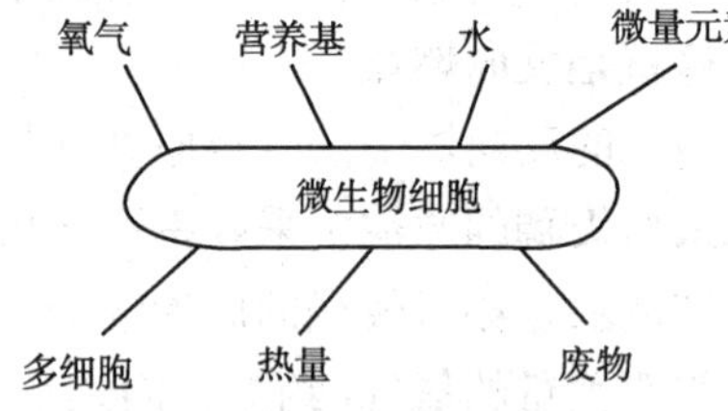


图 6-24　微生物的新陈代谢过程

微生物的新陈代谢基本上有两种类型：一类是好氧气的(需氧微生物)，另一类则是在没有氧气的条件下进行的(厌氧微生物)。还有一类叫兼性厌氧微生物，它的特性可以是好氧微生物，也可以是厌氧微生物。

## 二、微生物在油藏孔隙中的运移

微生物采油方法成功与否取决于注入油层的培养基和微生物，以及微生物在油层里的移动繁殖。为了使死油与地层中产生的活性代谢产物接触，必须使有潜力的细菌菌株从注入井运移到油层的深部。

影响细菌悬浮液向油层深部运移的主要因素有两个：一个是菌体体积，如果菌种与孔喉尺寸相当，则菌种难以顺利地通过孔喉，易于形成细菌的聚集，堵塞孔隙；二是细菌的吸附滞留。

### （一）细菌的聚集

细菌的平均大小是0.5~1.0μm宽，1.0~5.0μm长。在渗透率为$100\times10^{-3}\mu m^2$的油层中，平均孔喉直径为7.0μm。在假设细菌不聚集在一起的条件下，以单个细菌能穿过孔喉为基础，在渗透率大于$100\times10^{-3}\mu m^2$的油层中进行微生物提高原油采收率是可行的。许多菌种的细胞倾向于聚集在一起，细胞分裂时，它们往往仍然互相依附着，依附方式通常是细胞的特征。它们可以形成细胞链、膜和不规则的细胞团。在离子浓度高的溶液中，互相凝结的趋势加强，而地层水的矿化度通常较高，所以细菌互相成团的现象不可避免。其害处在于：增加了细菌的有效体积，使之难以通过孔喉。为减缓这一现象，选用成团倾向较小的菌种是有益的，或采用化学药剂抑制其成团，如Tween80（聚氧乙烯—失水山梨醇油酸酯）、磷酸盐、焦磷酸盐和丹宁酸类的阴离子电解质都有此抑制作用。

### （二）细菌在岩石表面上的吸附

岩石表面对细菌的吸附能力受岩石基质、油藏流体和细菌之间的相互作用力所控制，注入的细菌和油层岩石表面之间发生吸附的主要作用力是弥散力、范德华力与静电力。

弥散力是由相互作用体的分子中瞬间诱导出的偶极矩而产生的。这种相互作用往往有吸引力，会提高细菌对岩石的黏附作用。另一方面，静电力可能是吸引力或排斥力，以互相作用的菌种所带电荷而转移。然而，有人提出，胞外聚合物的黏附作用可通过聚合物架桥机制使细菌黏附到岩石表面上。

吸附作用对离子浓度与pH值很敏感，这是因为pH值与离子浓度决定着孔隙介质和粒子表面上的电荷。大量实验证明，多价离子具有较高的压缩表面电荷双电层的能力，从而导致吸附趋势更高。

## 三、微生物提高采收率的机理

油层中微生物提高石油采收率的机理涉及一个复杂的生物、生化、化学和物理过程，就目前所知可归纳为如下几点。

### （一）生物表面活性剂驱油

注入地层的微生物在其代谢过程中产生含有憎水和亲水两种表面的细菌细胞（生物表面活性剂），生物表面活性剂依靠布朗运动、迁移率、浮力、孔隙间流体的流动或它们本身的表面移动抵达油水界面，降低油水界面张力，降低水驱油的毛管压力，孔隙中原油在水驱替作用下易于向生产井流动而被采出地面。

生物表面活性剂的另一作用是表面活性剂在油层岩石颗粒表面的吸附，使岩石颗粒表面由亲油变为亲水，吸附在岩石表面的油膜脱落，脱落下来的油开始流动，被水驱出孔隙。

**（二）甲烷和二氧化碳驱油**

微生物在油层代谢过程中，将产生一定量的二氧化碳、甲烷等气体，这些气体对驱油能起到两个方面的作用。其一是二氧化碳、甲烷等气体向原油中溶解，降低了原油的黏度，从而提高了油的流动度，达到提高驱油效率的作用。其二是产生的气体局部提高了油层压力，使圈闭在毛管中的油得到驱替，并有助于油向生产井的流动。

**（三）醇和酮等有机溶剂驱油**

微生物在油层长期代谢中，将产生一些有利于驱油的醇、酮等有机溶剂。这些有机溶剂主要是通过溶解和乳化原油，降低油相黏度，达到有助于驱替油的作用。其次，有机溶剂借助于现场油井合理作业措施，还可以起到清洗井底附近地层的作用。

**（四）生物聚合物驱油**

微生物在油藏高渗透区的生长繁殖产生的生物聚合物，能够有选择地堵塞大孔道，增大扫油系数和降低水油比，在水驱中增加水相黏度，降低水相的流动性，抑制指进和防止过早水淹，提高波及系数，增大扫油效率，提高采收率。

微生物菌液的代谢作用产生段塞及不溶于水的聚合物，也具有选择地对高渗透层起到堵塞作用，迫使水和发酵液向中、低渗透区分流，起到调剖驱油作用。

**（五）有机酸驱油**

微生物在油层长期代谢中还可产生有利于驱油的有机酸物质，这些有机酸可溶蚀油层岩石中的碳酸盐物质，从而提高油层岩石的孔隙度和渗透率，增大油流通道。

**（六）细菌体堵塞调剖驱油**

油层注水过程中，高渗透层的死细菌、活细菌以及生物膜的堵塞，能封堵高渗透层的吸水，迫使注入水进入低渗透层，从而起到改善注水效果，增加石油产量的作用。

## 四、微生物采油的主要影响因素

**（一）氧化还原势**

油层中氧含量很少（或不存在氧），所以油层中的氧化还原势是不高的。这样，就限制了生物体的繁殖，使生物活动时不能将电子传递给作为终端电子受体的氧。在这种条件下生长良好的一类生物体，能从没有氧分子参与的那类有机分子被氧化到较高氧化态从而获得代谢能。含氧或含硫化合物可作为另外一类终端电子受体。

**（二）pH 值**

细菌繁殖的最佳 pH 值范围是在 7 附近的狭窄范围内。油层的 pH 值一般为 3~7，而且往往是在 7 附近。

**（三）矿化度**

地层水矿化度可能抑制微生物的繁殖。除了嗜卤细菌能耐受高矿化度之外，一般细菌只能在低矿化度环境中繁殖。盐浓度超过 0.5%就可能对油层中繁殖的细菌有不利影响，而 5%或更高的盐浓度就可以使细菌受到抑制。

阳离子对微生物的抑制作用按下列顺序增大：$Na<K<NH_4<Mg<Ca<Ba<Mn<Fe<Zn<Al<Pb<Cu<Hg<Ag$。

**(四) 温度**

地层温度取决于地层深度。讨论温度影响时，必须区别残存的和繁殖的或"增殖的"细菌。虽然已知许多细菌在温度高达90~100℃时还会残存下来，但其生命过程已是处于衰退状态。最佳繁殖温度的上限应当不超过55℃。

**(五) 压力**

若压力有数十兆帕时，压力对细菌细胞的影响是很重要的。高压往往可以改变细胞的形态。静水压力对不同菌种所产生的影响相差极大。在地层水中广泛存在的脱硫弧菌是最能耐压的。细菌生存的临界压力在300~1200MPa的范围内。

**(六) 营养物**

在微生物采油中，一般是将细菌与营养物(如糖蜜)一起注入井内，溶液通过多孔岩石而扩散。因此，选用的营养物必须是生物体能在其上成功地繁殖，代谢产物应当对原油的运移有利，而且成本较低的物质。

微生物与原油接触时，繁殖情况将影响原油的驱替，但不会对原油的质量产生不利的影响。如果选定的微生物可以不依靠注入的营养物繁殖，而是利用原油组分繁殖，可以大大地降低生产成本。此外，如果选用适当的微生物，细菌可能利用原油中没有价值的成分来繁殖，可能使原油中极性物质含量降低，有效地改善原油品质。

**(七) 岩石基质**

将微生物注入含有难采出原油的地层，目的是让细菌细胞渗入地层并产生代谢产物，这些代谢产物与原油相接触，有利于原油的运移，而使其可被采出。在原油和岩石界面附近产生的代谢产物，比简单地从注入井泵入岩层的化学剂能更有效地驱油。由于细菌在整个地层中繁殖，它们能更均匀地生产有助于原油流动的化学剂。

**(八) 注入细菌与本源细菌间的关系**

本源细菌是指油层中原始生存的细菌。注入的菌株必须是占统治地位的菌株或者能与本源细菌形成共生体系，以便获得有利的采油效果。

## 习　题

1. 什么是提高原油采收率(EOR)？请简要说明其重要性。
2. 简述一次、二次及三次采油的概念及区别。
3. 简述波及效率和驱油效率的概念。
4. 简述提高原油采收率的途径。
5. 聚合物驱油法的基本原理是什么？它如何提高原油采收率？
6. 表面活性剂驱油法的两种主要体系是什么？它们的工作原理有何不同？
7. 碱驱油法的主要机理是什么？它如何改变岩石的润湿性？
8. 简述混相驱油法的概念，说明一次接触混相驱和多次接触混相驱的区别。
9. 简述二氧化碳驱油法的主要驱油机理以及优缺点。
10. 简述蒸汽吞吐法和蒸汽驱油法的主要区别及驱油机理。
11. 简述微生物采油技术的主要机理以及影响微生物采油效果的主要因素。

# 第七章 非常规油气资源开发

由于非常规能源的开发仍处于起始阶段，因此目前研究的重点就是非常规能源的勘探开发技术。与常规能源相比较，非常规能源的勘探开采难度更大。非常规能源尽管分布较为集中，但其地下地质结构复杂，地质学家所掌握的关于常规石油天然气的规律不能完全适用于非常规油气。因此，非常规油气的勘探发现对地质理论的要求更高。

非常规石油和天然气性质比较特殊。和常规石油相比，其最主要特征是高黏度和高密度，这就造成了给开采开发带来很大的困难。因此，它们的开发利用需要额外的加工过程(加氢)，使之变成可供常规炼制加工的原料。

非常规能源复杂的地质结构和特殊的物理化学性质也成就了其不易监测的难题。现有的地球物理手段不能满足非常规油气勘探开发的需要。非常规油气资源的特殊的物理响应要求我们采用全新的或者综合的地球物理监测手段来指导其勘探开发。

## 第一节　非常规油气的基本概念

### 一、非常规油气的定义

非常规油气依据经济、勘探开发与工程技术要求、地质特征可有多种定义。从经济概念(是指油气资源的经济性)的角度出发：将在经济上依靠高油价才能盈利的陆地天然气及其他油气资源(包括小型生产者的资源)定义为非常规油气资源；从勘探开发与工程技术概念方面来说：美国全国天然气委员会(NPC)将只有采用先进的开采技术组合才能采出的油气(即采用普通勘探开采技术难于表征和进行商业性生产的油气聚集)定义为非常规油气；而在地质概念中：非常规油气主要是指由非浮力驱动形成、且其分布不受构造圈闭或岩性圈闭控制的区域性连续分布油气。

但是综合来讲，非常规油气就是指用传统技术无法获得自然工业产量、需用新技术改善储集层渗透性或流体黏度等才能经济开采、连续或准连续型聚集的油气资源。“非常规油气资源”是一个动态、主要受技术、经济性影响的概念。

### 二、非常规油气资源的特征

#### (一) 非常规石油资源

非常规石油资源包括油砂、超重油和油页岩，占世界化石能源资源量很大一部分。和常规石油相比，其最主要特征是高黏度和高密度，化学组分上缺乏氢元素，但碳元素、硫元素和其他金属元素含量很高。因此，它们的开发利用需要额外的加工过程(加氢)，使之变成可供常规炼制加工的原料。

油砂又称沥青砂，通常是由砂、沥青、矿物质、黏土和水组成的混合物。不同地区油砂一般沥青含量3%~20%。油砂油是指从油砂矿中开采出来的或直接从油砂中提炼出来的未处理的石油，也称为天然沥青或沥青砂油。超重油则是密度变化在20°API至10°API之间的石油。1982年委内瑞拉召开的第二届重油及沥青砂学术会议上提出统一的定义和分类标准，达成共识。油页岩一般是指有机质含量高并足以分馏出相当数量石油的岩石(一般为页岩)，但埋藏的温压条件以及时间长短没有达到形成石油的标准的细粒沉积岩。它属于高灰分的固体可燃有机岩，灰分含量大于40%，一般含油率3.5%~30%(表7-1)。

**表7-1 联合国培训署(UNITAR)推荐的超重原油及油砂分类标准**

| 分类 | 第一指标 | 第二指标 | |
|---|---|---|---|
| | 黏度/mPa·s | 密度/(kg/m³) | 重度(11.5.6℃)/°API |
| 超重油 | 100~10000 | 0.934~1.00 | 20~10 |
| 油砂 | 大于10000 | 大于1.00 | 小于10 |

**(二) 非常规天然气资源**

非常规天然气资源包括致密砂岩气、煤层气和页岩气。致密砂岩气是指气藏储层渗透率太低，储层所含气体的自喷产量低于当前经济条件和现有开采技术的下限值。煤层气是形成于煤层又储集在煤层中的一种自生自储的天然气。页岩气是储存于页岩中的天然气，渗透率和前两种相比更低。每种资源既有其独特性，也有共同点。它们的共同点是，储层的渗透率都很低。因为是低渗储层，所以常规开发方式下产量很低。最先大量开发的低渗储层主要是砂岩储层，因此开发方式主要是针对砂岩设计。但是，越来越多的非常规天然气也产于碳酸盐岩、页岩和煤层等类型的储层中。一种对于非常规天然气储层的定义是：储层的产量不能达到工业经济开采标准，除非采用压裂、水平井或者丛式井等增产开发手段。

非常规油气具有连续分布、储集层致密、多相态共存、近源或源内聚集、特殊成藏机理等5个不同于常规油气的全新特征，对传统油气地质理论带来重大挑战。

基本上所有的非可再生资源都遵循资源三角图，不同级别的资源位于三角图的不同位置。少量的最好品质的资源在三角形的顶部，开发成本低；大量的低品质资源在三角图的底部，开发成本高。图7-1所示为非常规油气资源三角图。

按照油气资源三角图从顶到底，储层质量降低但是数量增加，通常意味着储层渗透率降低。图7-1右侧的标尺显示的是油气储层渗透率的标准值，左侧的标尺显示的是不同类型非常规油气的平均开发成本。不同类型的非常规油气资源，其渗透率标准和成本也不同。致密砂岩气、煤层气、超重油和油砂油的开发成本要比页岩油、页岩气和天然气水合物低，尤其是低于天然气水合物的成本。

接下来我们主要对重油、致密气、煤层气以及其他复杂油田进行研究。

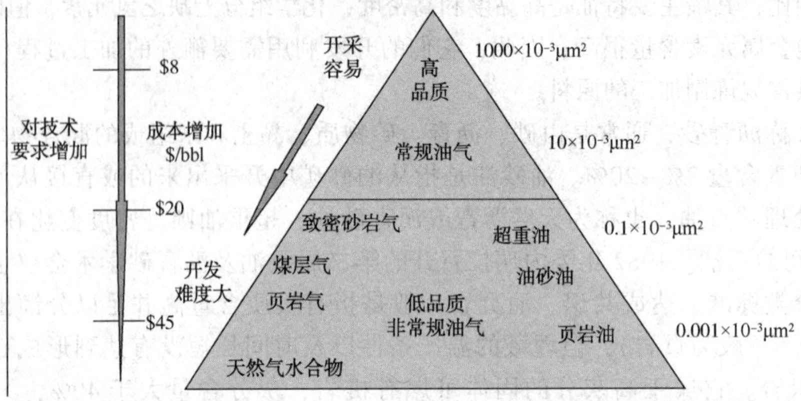


图 7-1　常规和非常规油气资源三角图

# 第二节　重油油藏开发

重油是"非常规"(能源)中的"常规"(能源)，这是因为重油是所有非常规油气资源中勘探开发最早、开发利用程度最高、投资代价也相对较低的一类能源。相对于常规油气来说，重油的高黏、高密度给其勘探开发带来很大的困难。但是，近几年，随着各国重油开采技术和运营管理水平的快速提升，大大降低了重油的开采成本。同时，随着世界经济的快速发展和对石油需求的不断增加，以及常规石油储量的日益减少和持续的高油价刺激，调动了各国重油开发的积极性，使重油产量出现了稳定增长的局面。以加拿大为例，随着政府和企业对其丰富重油资源—油砂的开发投入的不断增加，目前加拿大油砂产量已超过 $100\times10^4$bbl/d，预计 2015 年加拿大石油总产量将超过 $400\times10^4$bbl/d，其中油砂产量将占到石油总产量的 75%。从全球角度讲，重油资源的储量是巨大的。根据美国地质调查局(USGS)2010 年的最新的统计结果显示，重油(包括天然沥青)的全球证实储量为 5.478TBO(万亿桶)，接近目前全球常规油的估算储量。在可采储量上，根据 2006 年首届世界重油大会的统计结果，重油的可采储量已达到 1.1TBO，比全球常规油可采储量 0.952TBO 还要大。因此，重油的合理开发利用，对于稳定全球能源供应、促进可持续发展必将发挥越来越重要的作用。

## 一、重油的定义

各国对重油资源的分类不完全一致。美国和加拿大等国定义重油为°API 在 10~20 之间且黏度小于 10000mPa・s 的石油，将°API 小于 10 并且黏度大于 10000mPa・s 的原油称为油砂油(或天然沥青)；苏联将重油定义为黏度介于 50mPa・s 到 2000mPa・s 之间、相对密度为 0.935~0.965、油含量大于 65%的高黏油，而将高于上述界限的石油均称之为沥青(软沥青、地沥青、硫沥青等)；委内瑞拉常常把重油称为超重油，根据美国地质调查局的定义是°API 小于 10，黏度小于 10000mPa・s 的原油；我国的重油只稠不重，通常在命名上我们习惯将"重油"称为"稠油"，一般指地层条件下黏度大于 50mPa・s 的原油。

## 二、重油油田资源量的分布

据美国地质调查局2010年的最新的统计结果显示，重油（含天然沥青）的全球证实储量就达到5.478TBO，接近目前全球常规油的估算储量。但全球重油和油砂的资源分布非常不均匀，西半球占据世界重油可采储量的69%和油砂可采储量的82%。重油主要分布于加拿大（油砂）和委内瑞拉（超重油），其储量接近整个沙特阿拉伯的石油储量，其他主要国家包括美国（阿拉斯加、加利福亚、尤他）、墨西哥、俄罗斯、中东（阿曼、科威特）、中国、挪威（北海）、印度尼西亚等。

根据2006年首届世界重油大会的统计结果（图7-2），重油（含天然沥青）可采储量约为1.1TBO，比目前全球常规油可采储量0.952TBO还要大，这充分说明随着开发技术的进步和能源的需求增加，重油资源将是未来原油生产的重要接替战场。

## 三、重油开采技术

由于重油和天然沥青的高黏、高密度特征，使得常规油的开采方法对于重油储层的开采是有很大局限性的。起初，重油的开采主要是对于浅层（小于75m）分布的油砂，所用的开采方式就像露天采煤一样利用铲车和巨型卡车直接挖掘，也就是露天开采。然而这种开采技术所能采出的油砂毕竟是有限的，而且会对生态环境造成极大的破坏。对于深度大于75m的重油资源，露天开采就不宜适用了。携砂冷采技术的出现使这些深部的重油资源得以开发，但是采收率一直比较低，只有约10%左右，重油的产量也一直不是很高。伴随着后来蒸汽辅助重力泄油技术、水平井注气体溶剂萃取技术等的出现，重油的开采技术已逐渐接近了成熟。

### （一）露天开采技术

对于埋藏深度在75m以内的油砂矿，可以在去除掉薄薄的覆盖层后，利用巨型铲车像挖煤一样将油砂挖掘出来，这种开采方式大约适合于世界范围内10%的油砂矿，尤其在加拿大地区最为常见，因为其大都是浅层油砂，有的甚至只埋藏在地下10m处。

露天开采的整个过程大致可以分为四个环节：露天挖掘、重油沥青提取、重油沥青改制和废物处理。其开采工艺见图7-2。

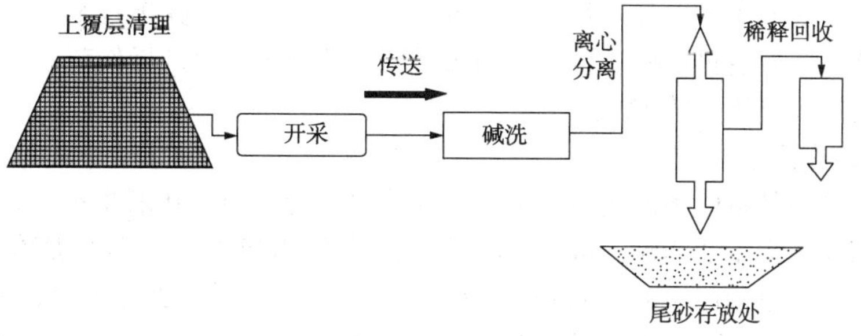


图7-2　露天开采流程示意图

在所开出来的油砂中，沥青原油约占10%～12%，矿物质（包括砂和黏土）约占80%～85%，还有4%～6%的水。大规模的露天开采经历了从使用轮式巨型挖掘机和传送带到现在使用巨型电动铲车和巨型运送卡车的转变过程。由于这种开采方式几乎可以将浅层的所有油砂都挖掘出来，所以单就采收率来说是几乎可以达到100%。但是从中真正能提炼出的原油是非常少的，有数据统计，每2t的油砂仅能提炼出一桶原油，一辆满载的大型油砂运输卡车(约400t)也只能产出200bbl原油。此外，这种露天开采对挖掘矿区的生态环境将会造成严重破坏，油砂改质(提炼原油)产生的尾料如不能很好地处理也将会对周边的环境包括地下水系统造成不可忽略的影响，因此这些矿区的政府和相关部门往往要求这类开采方式需要在严格的环境影响处置体系和监管下进行。

露天开采的经济可行性主要取决于剥采比、油砂含油率、设备选型、油价和生产成本。

(1) 剥采比。对于规模较大的油砂矿，满足经济开采的剥采比应在1∶1~1.5∶1之间；对于规模较小的油砂矿，一般要求剥采比达到2.5∶1~3∶1。

(2) 含油率。在加拿大阿尔伯塔，当油砂含油率低于6%时，一般不予开采；中国新疆古撤玛依含油率低于5%的油砂一般不予开采；中国内蒙古图牧吉含油率低于8%的油砂不予开采。各个地区的含油率开采门限应综合考虑其资源储量及开采技术和成本。但在开采富矿时，可以对矿进行筛分，适当掺和低含油率油砂，以提高资源利用率。

(3) 设备选型。大型挖掘设备及大吨位运输车已成为提高露天开采效率的首选设备。特别是冬季结冰期间，挖掘难度增大，对开采设备及运输设备提出了更高的要求。

(4) 油价和生产成本。自1967年Suncor公司和1978年Syncrude(加拿大主要的两家油露天开采公司)分别开始露天开采以来，开采技术不断更新，生产成本(包括操作费、维持投资和再生产回收费)已经降低了50%。目前，Suncor公司生产成本为11.4＄/bbl，Syncrude公司生产成本为9.5＄/bbl。从1988年以来，平均油价基本都在40＄/bbl以上，尤其是近几年油价持续走高，甚至在2011年突破了100＄/bbl。虽然这里面有许多不稳定因素，但平均油价可稳定在40＄/bbl以上，而这个油价对于低成本的油砂露天开采方式来说是始终有较大利润空间的。

随着科学技术的不断发展，目前已经开发品更为有效的开采方法。现有技术包括以下几点。

(1) 大型卡车和挖掘机已替代过去作为露天开采主要方法的手轮式挖掘机和拉铢挖掘机。连续探测矿藏质量的智能系统是该技术最大特点。

(2) 用水力运输管道系统代替了传送带系统，使油砂达到管输要求，并简化了把沥青和油砂分离开来的萃取过程，从而大幅度提高效率。

(3) 可移动式矿区采矿技术将是未来主要的突破性技术。这项技术就是将整个采出的矿藏运到提炼厂，然后再把地层砂返回到采矿区。这项技术生产操作范围小，降低了项目费用并能满足广大提炼厂的需求。

**(二) 携砂冷采技术**

携砂冷采是一种将砂和油同时开采以提高采收率的非加热开采技术，适用于具有一定流动能力的高孔高渗重油油藏。该技术最早是源于20世纪60~70年代加拿大Husky石油公司对疏松性砂岩重油储层的“不防砂的常规开采”方式。到了20世纪80年代末90年代初，“携砂冷采”这一概念才被正式提出。携砂冷采可极大地提高油井常规采油生产能力。对于通常没有生产能力或产能很低的重油油藏，携砂冷采的单井产量可达5~15t/d，有的产量可增加几十倍。

该技术在生产过程中不采取任何防砂措施，射孔后直接开采。冷采的机理比较复杂，主要是在压差作用下，溶解在重油中的少量气体析出，聚集于沙质颗粒表面形成“泡沫油”，这些泡沫油的持续增多就会伴着疏松的高孔高渗油砂储层的砂质颗粒流向井筒，从而砂、油、水和气体被同时开采出来。这些混合物质的采出，就在储层的原位置留下了通道，随着压差的持续存在，这些通道持续增长，从而形成通常所说的“虫孔”或“蚯蚓洞”网络。这个过程的机理示意图如图 7-3 所示。

相对于井筒位置，油藏位置越深处的压力越大，其与井筒间的压差越大，因此蚯蚓洞会向油藏深部持续增长，最终形成类似于天然水平井的可供重油及砂粒流动的通道。因此，冷采过程形成的蚯蚓洞将会极大地提高油层孔隙度，甚至将其提高到 50m 以上，渗透率也可从 1～2μm$^2$ 提高到几百平方微米，所产生的蚯蚓洞直径可达 10～30mm，并持续向垂直于井筒的油层延伸，形成一种类似于水平井的重油流动的天然通道。

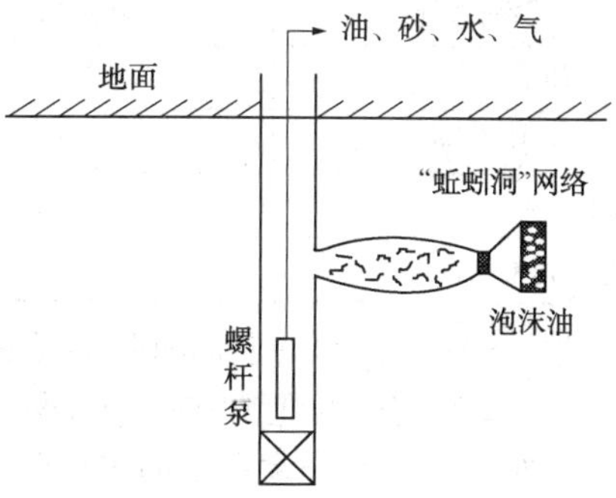

图 7-3　重油携砂冷采机理示意图

携砂冷采投资少、见效快，经过初期半年到一年的出砂，就会达到高峰产量。但是，由于它是利用天然能量进行的衰竭式开采，所以采收率一般不高，约在 10%～15%，而且有关携砂冷采的接替技术目前尚不成熟，如果转注蒸汽或注水开发，由“蚯蚓洞”带来的窜流问题不好解决，所以要想获得较高的采收率，选择携砂冷采这种开发方法就要慎重考虑。因此，搞清携砂冷采适合的油藏类型是非常重要的。

**（三）蒸汽辅助重力泄油技术**

在 20 世纪 70 年代末期，加拿大帝国石油公司在重油开采项目中引入了一种上下平行的双水平井工程热采技术，这是蒸汽辅助重力泄油技术的最初应用和提出。目前，SAGD 技术已被越来越多的重油开发人员所熟知，全球各地的重油产区也几乎都已将这项技术结合各自储层特点而投入到开发应用，成为主导的重油开发技术。

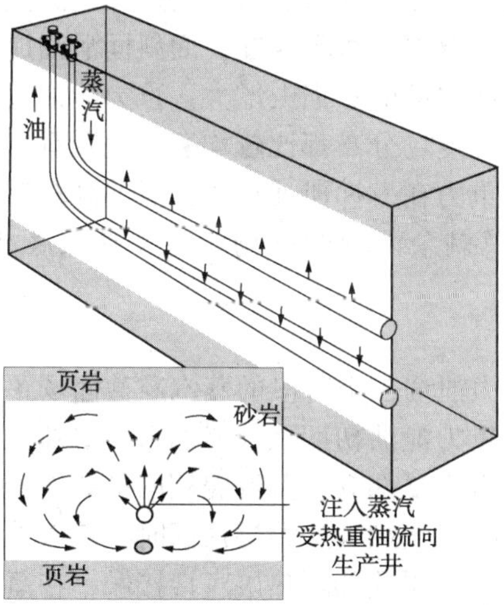

图 7-4　蒸汽辅助重力泄油技术的原理示意图

SAGD 的主要机理是以蒸汽作为热源，依靠沥青及凝析液的重力作用开采重油。具体来说，是在靠近油层底部钻一对上下平行相距约 5m 的水平井，蒸汽由上部的注入井注入油层，注入的蒸汽向上及向侧面移动，加热降黏的原油在重力作用下流到生产水平井，然后再举升生产，图 7-4 是该技术的原理示意图。这个过程是一个逆流重力泄油过程，因此主要依赖于上升的蒸汽与液体相(降黏的重油)之间的密度差异以及储层的垂向渗透率。SAGD 是一种非常有应用前景且经济有效的重油开发工艺。相较于传统开采手段 5%～15%的采收率及其他提高采收率技术 18%～30%的采收率，SAGD 技术可以开采出原始地质储量的 55%～80%。同时，SAGD 技术的日产量可达 200～400bbl，而非热采手段往往只有不到 100bbl 的日产量。这两个因素使得 SACD 技术的重油开采成本降低 30%，而钻完井的花费基本占到总花费的 20%。但是，SAGD 技术的成功实施是有条件的，并不是所有的重油储层都适合于SAGD开采，SAGD技术最适合用于原始地层条件下无流动能力的高黏度超重油的开发。表7-2列出了适合SACO技术实施的重油储层筛选标准。

表7-2　适合SAGD技术实施的重油储层筛选标准

| 评价指标 | 筛选标准 | 评价指标 | 筛选标准 |
|---|---|---|---|
| 油层深度/m | 小于1000 | 垂直与水平渗透率之比 | 大于0.35 |
| 连续油层厚度/m | 大于20 | 净总厚度比 | 大于0.7 |
| 孔隙度/% | 大于20 | 含油饱和度/% | 大于50 |
| 水平渗透率/$\mu m^2$ | 大于0.5 | 原油黏度/mPa·s | 大于10000 |

研究SAGD技术的泄油机理对于更好地应用这项技术提高重油的采收率是非常有意义的。关于蒸汽腔内的泄油方式包含两种：一种是垂向(顶部)泄油；另一种是斜面泄油。

1. 双水平井布井方式下的泄油机理

双水平井SAGD布井方式下，制作蒸汽腔会形成重力泄油初始阶段、蒸汽腔完全发育的重力泄油高峰阶段、蒸汽腔到达油层顶部后的重力泄油后期这三个泄油阶段。

重力泄油初始阶段，蒸汽腔内温度相对较低，原油流动性较差。在蒸汽腔中心区域重力泄油作用较明显，热交换以热对流为主，而在蒸汽腔中心以外区域原油温度较低，不具有可流动性，热交换以热传导为主；随着蒸汽持续注入和重力泄油的进行，在顶部泄油和斜面泄油的共同作用下，蒸汽腔向顶部和侧向进一步扩展，蒸汽膛内温度也进一步增高，进入蒸汽腔完全发育的重力泄油高峰阶段。此时蒸汽控制区内的温度、压力及剩余油饱和度分都较均衡，只有在蒸汽腔边界处温度略高、剩余油饱和度略低，这是由于注汽井注入的高干度蒸汽首先聚集在蒸汽腔内边界处以加热原油，必将导致蒸汽腔内边界处的温度略高，剩余油饱和度略低。蒸汽腔到达油层顶部后，顶部泄油将不存在，而斜面泄油成为唯一的泄油方式，蒸汽腔向底部及侧向发展，蒸汽腔向顶部的热损失增大；重力泄油过程中蒸汽腔内蒸汽控制区的温度场、压力场、剩余油饱和度场分布都比较均衡，说明重力泄油过程中注采井间不存在生产压差，而是原油自身的重力在发挥泄油作用；泄油高峰期蒸汽腔截面压力场为明显的“蘑菇状”剖面，但温度场及剩余油饱和度场均为顶部及底部窄，中部成“圆柱”状剖面。

2. 直井与水平井组合布井方式下的泄油机理

直井与水平井组合SAGD布井方式下，制作重力泄油三个阶段的蒸汽腔截面场图。

重力泄油初期，蒸汽腔在垂向上发展较快，即重力泄油初期顶部泄油占主要部分，蒸汽腔首先向顶部发展到达油层顶部，而后侧面泄油占主要部分，蒸汽腔侧向扩展，最终各个蒸汽腔形成连接，达到沿水平井段的平面泄油。在蒸汽腔到达油层顶部时，蒸汽首先将油层顶部孔隙介质中的原油置换出来，直至蒸汽腔与油层顶部隔热层直接接触，在蒸汽腔到达顶部隔热层之后，顶部泄油将不再存在，而斜面泄油成为唯一的泄油方式，蒸汽腔向油层底部及侧向扩展。

不同泄油阶段，蒸汽腔内蒸汽聚集区域内的温度、压力都很均衡，只有在靠近蒸汽腔内边界处的温度相对较高，这是由于注汽井注入的高干度的蒸汽首先聚集在蒸汽腔边界处加热原油，另外也说明注采井间不存在生产压差，重力泄油作用是蒸汽腔扩展及原油不断采出的主要动力；蒸汽腔内垂直井射孔井段周围由于蒸汽的持续注入而导致其周围的剩余油饱和度较低，同时在蒸汽腔内边界处由于蒸汽聚集在此处以加热孔隙介质中的原油而导致蒸汽腔内边界处的剩余油饱和度也略偏低。泄油初期蒸汽腔到达油层顶部之前蒸汽腔的形状为两端半圆的"圆柱"状剖面，蒸汽腔到达油层顶部后形状为顶部较宽、底部较窄的"锥柱"状剖面；由于在泄油初期注汽井间没有形成连通，蒸汽腔侧向扩展相对较慢，所以只有在注采井点间的单点泄油，在各注汽井蒸汽腔间连通起来之后，沿着水平井段的泄油面积变大，由单点泄油转为沿着水平井段的平面泄油。

3. 两种布井方式下的开采效果对比

两种布井方式下SAGD工艺开发效果(日产油量和阶段累积采出程度)的对比如图7-5所示。从图中可以看出：双水平井SAGD好于直井与水平井组合SAGD的开发效果，表现为高峰期日产油量高、高峰产油期长，且阶段累积采出程度及最终采出程度都较高；结合机理分析，可以看出直井与水平井组合SAGD布井方式的蒸汽腔垂向上升速度更快些，但是泄油初期蒸汽腔侧向扩展相对较慢，且直井的单点注汽也导致泄油初期并不是沿着水平井段均有泄油，所以该布井方式的阶段累积采出程度及日产油量都相对较低，而且各垂直注汽井的蒸汽腔形成连接后的连接点处也存在着蒸汽未触及区域，导致最终采出程度相对较低；两种布井方式都获得较好的开发效果，双水平井SAGD高峰期日产油量高达65t/d，最终采出程度达65%左右，而直井与水平井组合SAGD的高峰期日产油量也达55t/d，最终采出程度也高达60%。因此，对于高黏度重油SAGD是很有应用前景的开发方式。

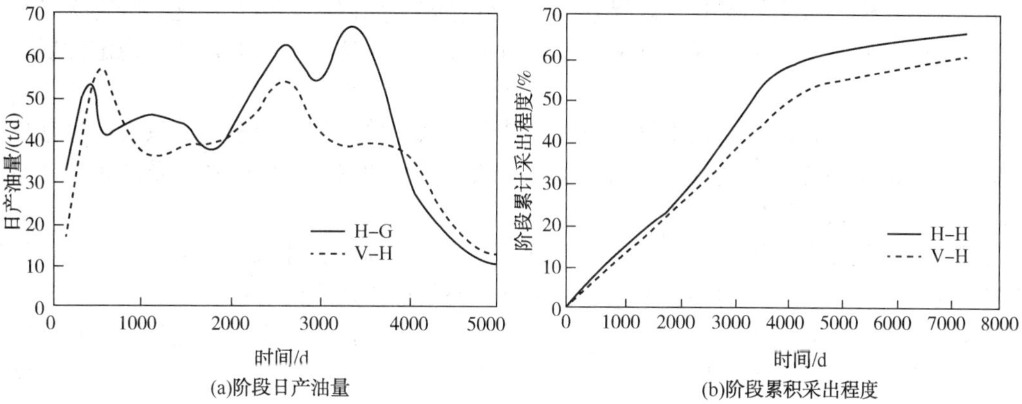


图7-5　两种布井方式下SAGD开发效果对比

# 第三节　致密气藏开发

## 一、致密气的储层特征

致密砂岩气作为非常规能源的一种，对世界常规能源的接替起到了至关重要的作用。目前其产量占世界各类非常规能源产量的比例很大，而且还有巨大的储量没有开发出来。致密砂岩气丰富的资源量再加上市场较大的油气需求，将其推到了很重要的地位。

致密气包括致密砂岩气、火山岩气、碳酸盐岩气。世界致密气资源丰富，是未来重要的勘探增储领域。致密气藏存在于世界许多盆地中，主要集中在北美、拉丁美洲、亚洲和苏联，其开发活动主要集中于美国、加拿大和中国。致密砂岩气作为非常规资源的一种，对世界的能源起到了至关重要的作用，近年来，其产量几乎占了全球非常规资源量的70%。

致密砂岩显著的特征是渗透率低(小于或等于$0.1\times10^{-3}\mu m^2$)、孔隙结构复杂，特别是在胶结作用较强或黏土等矿物较多的情况下，孔隙特征更为复杂，仅用孔隙度和渗透率等参数已经不能准确反映致密砂岩储层的特征，而是需要更微观的参数来表征，于是微孔隙结构成为研究致密砂岩气的热点。另外，致密砂岩储层中的裂缝也是研究的一个重点。裂缝发育能够有效改善储层的渗透能力，但在致密砂岩储层中如何明确裂缝的形成过程并把它表征出来一直是一个难点。在致密砂岩形成过程中，除了沉积作用和构造运动之外，成岩作用对其影响最大。在成岩作用过程中，压实作用和胶结作用较大幅度地降低了储层的孔隙度和渗透率，黏土等矿物的充填也是孔渗降低的重要原因，而构造运动产生的裂缝和溶蚀作用则会提高储层渗透率。尽管致密砂岩气藏是盆地中心气藏(又叫深盆气或根缘气)的一个重要类型，但是并非所有的致密砂岩气都是盆地中心气。在常规的岩性、地层气藏发育的部位，也可能有致密砂岩气藏的发育。

## 二、致密气藏开发技术

随着石油地质勘探程度的加深和油气田开发技术的提高，发现的油气田埋深逐渐增大，油气藏的渗透率和孔隙度越来越低。目前在已发现的储层中，低渗透、特低渗储层占了相当大的比例。致密气藏开发效果差和经济效益差，如何开采与开发这类既特殊又复杂的气藏，改善其开发效果，提高其采收率，对世界石油天然气工业的持续、稳定发展具有重要意义。

相对于常规气藏而言，致密气藏单井的产量较低，单井控制储量小。只有通过钻更多的新井，才能得到比常规气藏更高的采收率。致密气藏加密井位的优选以及加密井动态分析制约着致密气藏的开发。

对于透镜状砂体储层，砂体规模较小时，要适当地加密钻井来提高采收率，而对于规模较大的砂体，因其本身的渗透率较低，裂缝性储集层渗透率的各向异性和储层的非均质性显著，也需要对井网进行加密。美国的经验证明，加密钻井具有扩大储量、提高储量动用程度、增加产量的优点，能增加有效波及面积、增加储层横向连通性、有利于加强楔形边缘气藏的开采，提高气井的采收率，已经成为开发致密砂岩气藏主体技术之一。

井网加密过程中最大的问题是如何优化井网井距。目前确定气藏加密井井位的传统方法是进行完整的储集层评价，包括地质评价、地球物理评价、储集层分析和解释。首先根据相关资料建立目标区的地质模型，预测储层静态分布特性，例如：孔隙度、渗透率、构造、调整目标区数值模拟模型，然后用模型预测加密井位处的产量和储量。但是，该种方法对于已经开发数年，拥有数以千计开发井的大型致密砂岩气田，不经济也不适用。下面主要介绍几种不需要完整储层评价就可以快速确定加密井井位的方法。

*1. 动窗法*

动窗法由 Mccain 提出，该方法以物质平衡方程和拟稳定渗流方程为基础，假设气藏所有属性参数在单一窗口区域内是不变的，每个窗口内符合线性回归方程：

$$BY=f\left(VBY,\ \frac{G_p}{A},\ A\right) \tag{7-1}$$

式中 $BY$——最优年，代表连续生产产量最佳的 12 个月；

$VBY$——原始状态下的最优年。

在计算本地区的衰竭前的最佳年时，通过 $BY$—开井时间的二元回归把衰竭效应排除。

*VBY* 代表拟稳定流动方程中的 *kh*；$G_p/A$ 为单井控制面积内的累积产量；*A* 为单井控制面积。

图 7-6 是动窗法简图，它包含了多个窗口，每个窗口中都存在数口井。窗口的回归系数由每个窗口中的生产井的回归参数决定。这些窗口有尺寸限制，例如 12.15km$^2$，一般要包含 5~20 口井。如果窗口中的井数低于最小值，例如 3~5 口，就使用整个区域的回归参数代替局部回归参数。

一旦确定了每个窗口的回归方程系数，就可以估算加密的动态。该方法可以预测加密井的 BY(去除老井的影响)，动窗法分析已经具有数以千计加密生产井的生产区域，具有评价时间短的特点。

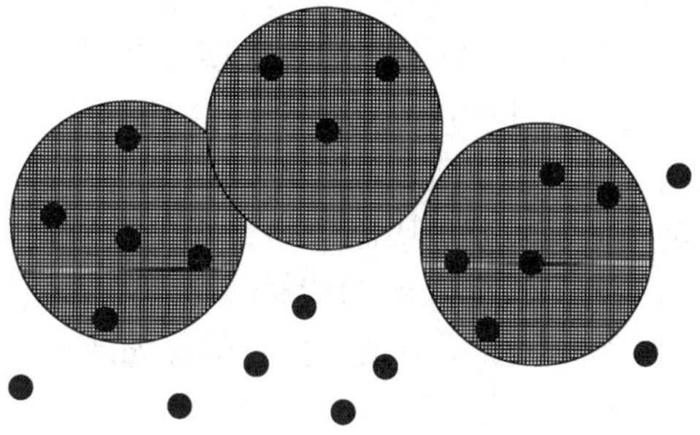

图 7-6　动窗法示意图

2. 快速反演法

快速反演法是加密钻井或二次完井井位选择的另一种方法，该方法把油藏数值模拟和自动历史拟合结合起来。其中，油藏模型作为正演模型，它依据油气藏动静态数据计算相应井产量。然后，计算敏感度系数，反演历史生产数据，用敏感度系数来估算油气田渗透率。最后，利用估算的渗透率和数值模拟确定加密井的生产动态。

由于快速反演法以油藏数值模拟为基础，结合初始化数据(例如储层分布特征、PVT 性质、油气藏压力)，快速获得加密钻井潜能的近似值，故不需要进行详细的油气藏描述。

由于这个方法的目的是确定范围较大和井数较多的地区加密钻井或二次完井的潜能。不同于范围较小、储层性质较精确的传统单储层研究，该方法确定的是范围超出单个储层、渗透率分辨率较低的油气藏。这种方法和传统油气藏研究的另一个不同点是拟合井底流压，快速反演法主要依赖于可获得的井位和生产数据。该方法的主要流程如下：建立正演模型，计算敏感度系数，建立反演模型，计算加密井动态。然后，在系统的每个网格块中重复上述过程，这样就会在油气藏所有可能的网格位置上生成由新井带来的新增可采储量的分布，从而为井位优选提供依据。

# 第四节　煤层气开发

任何有煤的地方几乎都有煤层气。煤层气洁净、热值高、优质、安全，开发利用前景非常广阔，它在全世界范围内有着巨大的发展潜力，可替代其他正在减少的常规能源。煤层气又称煤层甲烷、煤层瓦斯等，是一种自生自储式的非常规油气资源。其主要成分为甲烷($CH_4$)，与煤炭伴生、多以吸附状态储存于煤层内。$CH_4$ 在空气中有一定的化学和辐射效应，基于原子结构，$CH_4$ 的温室效应能力是 $CO_2$ 的 20 倍以上，直接排放到空气中的危害较大，因此煤层气的开发利用具有一举多得的功效，既能有效减排温室气体，产生良好的环保效应，又能提高瓦斯事故防范水平，具有安全效应。本节重点阐述了煤层气在煤层中的富集分布规律以及煤层气的开发工艺。

## 一、煤层气的储层特征

煤层气资源和煤资源有直接关系。世界上煤炭的储量比较丰富，且在世界上的分布也比较分散。从资源量来看，世界上煤炭证实储量最多的国家为美国，其次为中国、俄罗斯和澳大利亚。美国、俄罗斯和中国三个国家的煤炭证实储量约占总证实储量的61%。澳大利亚是世界上最大的煤出口国，其资源量约占世界总证实储量的9%；印尼为世界第二大煤炭资源出口国，其资源量不到世界总证实储量的1%。世界上煤炭资源中大约有一半为烟煤和无烟煤，且这两种等级的煤含有较高的能量。

煤层的岩石物理特征与常规储层有较大差异，比较明显之处在于：煤岩吸附/解吸气体时的基质胀缩效应，煤层割理发育引起的各向异性，煤岩明显的低速低密度等特征。

煤层的孔隙度一般较低，并且与煤级有较大关系，其中低级煤的孔隙度在5%~25%之间，但中高级煤的孔隙度则在0%~10%之间。煤层的孔隙表面积比较大，因而能够对各类气体有较强的吸附能力，煤层基质的微孔隙和微裂隙较小，只有纳米级别，几乎没有渗透能力，这样煤层的渗透率主要靠煤层割理来提供。除了压力使割理压缩性(闭合程度)变化外，煤层吸附气体时的胀缩效应也会对割理的压缩性产生影响。另外，煤层的渗透率还表现出强烈的各向异性特征。

煤基质在吸附气体时会发生膨胀，在气体解吸后发生收缩。吸附不同气体的膨胀张量也不相同。煤基质的膨胀和收缩程度，不仅对煤层裂缝渗透率产生严重的影响，还对煤岩表面积、孔隙度、渗透率和吸附量等产生影响。研究表明煤岩膨胀程度与解吸气的体积成正比，而煤岩胀缩对渗透率的影响则依赖于煤层的力学性质。

**(一) 煤基质发生胀缩效应的机理**

煤岩胀缩效应的实质是其弹性属性变化的结果。煤岩不是刚性的，而是一种类似聚合体网络的物体，通常会受到接触到的气体或其他溶剂的影响。Pan 等通过理论模型描述了煤岩孔壁表面能量与体积膨胀的关系。注入的 $CO_2$ 置换了吸附在孔壁上的 $CH_4$ 后，孔壁表面自由能降低，导致孔壁表面积膨胀增大，因此发生体积膨胀。在 Mccrank 和 Lawtn 对 Ardler 煤层中注 $CO_2$ 的研究中指出，孔隙介质的弹性模量与孔壁的表面能成正比关系，因而在该地区煤层中 $CO_2$ 的吸附使孔隙表面能减少，导致煤岩骨架的刚性降低，进而使得煤层的声波阻抗降低。另外，煤基质的胀缩效应除了与煤岩吸附能力有较大联系之外，还与煤基质成分有较大的关系。

**(二) 胀缩效应的各向异性特征**

较多学者在研究煤基质胀缩效应时指出，煤岩的胀缩效应在不同方向上的变化不同，具有各向异性特征。在一定压力和温度条件下，$CO_2$ 表现为煤中的有机溶剂，可以降低温度，使煤从玻璃质的易碎物质转变为塑性物质。在 Larson 的研究中指出，这种煤的物理结构的改变与煤分子的改变有关，即 $CO_2$ 溶解入煤基质后，煤的微分子结构变得松散并重新排列。煤结构初始为紧张且横向连通排列的，而在 $CO_2$ 溶解之后放松。煤在最初处于 $CO_2$ 之中时，膨胀方向通常垂直于煤层，但是如果煤层解吸后再次处于 $CO_2$ 之中后，其膨胀则是各向同性的。初始的各向异性作为一个证据，证明了煤分子结构是处于垂直于煤层的状态中的，这一特征是在煤化作用中产生的。McCrank 和 Lawton 也指出在实验室常压条件下，煤岩在初始应力释放之后，分子结构成为各向同性，在之后的气体吸附中则显示为各向同性膨胀。另外，煤分子应力释放之后的结构重组也导致了弹性模量的降低。

另外，White 等在对大孔隙的褐煤煤样收缩机制的研究中发现，煤岩的收缩作用在初期变化较快，因而在压力作用下会产生裂隙。煤岩基质的收缩并非是等方向的，而是各向异性的。尽管已有研究表明，煤岩收缩形成的裂隙沿着煤岩条带发育，而已有的裂隙则垂直煤岩条带方向发育，但是关于煤层收缩和煤岩条带方向之间并没有必然的联系。

## 二、煤层气的开发工艺

### （一）煤层气开发井网井型优化方法

井型井网优化是实现煤层气经济高效开发的重要环节，在进行优化设计时，应从技术可行性和经济可行性两个方面考虑。技术可行性主要取决于地质因素（如裂缝发育特征、渗透率、煤层气含量、煤层气资源丰度等），以及开发因素（如压裂裂缝半长、导流能力、井网方位、井网密度等）；从经济可行性看，煤层气开采是否具有商业价值，主要取决于规模化的产量、产气率的高低、是否具有竞争力的市场价格及开发成本。本节介绍了压裂直井的井网和井距以及多分支井结构参数的优化方法。对于压裂直井的井网井距优化，首先进行了不同开发因素（压裂裂缝半长和导流能力）下的井网井距适应性优选，得出裂缝参数对低渗透煤层气藏井距影响显著；然后进行了不同地质因素（渗透率及其各向异性）下的井网适应性优选，创建了煤层气压裂直井井网优选图版，应用该图版可以指导优选煤层气藏开发井网。

1. 不同压裂裂缝的直井井网井距适应性优选

压裂使得裂缝方向压力传递很快，而垂直裂缝方向压力传递速度仍取决于煤岩孔渗特性，传递速度较慢，致使煤层气藏渗流状况发生改变，这直接影响井网井距的优化。从国内外学者研究的结果看，影响直井井网的因素主要有压裂半长、煤层渗透率、储层压力、煤层破裂压力、煤层闭合压力、煤层压力梯度、水动力条件等。

1）煤层气压裂直井渗流特征

直井压裂后，其裂缝方向为煤层主应力方向，该方向平行于煤层主裂隙方向。若井网设计将沿裂缝方向作为井间，则：

① 裂缝方向。煤层气渗流受该方向物性参数的影响，同时在很大程度上受压裂裂缝的控制；

② 垂直裂缝方向。煤层气渗流主要取决于该方向煤层物性参数。

显然，裂缝方向煤层气渗流能力显著高于垂直裂缝方向，这直接影响到煤层气井网井距的优化。

2）压裂裂缝参数对煤层气井产能影响

压裂是实现低渗煤层气井产能的一个重要措施，压裂裂缝参数包括压裂裂缝长度与裂缝导流能力，二者共同影响着煤层气井产量。采用 CMG 软件 GEM 模块模拟裂缝参数对煤层气井产能的影响，其中煤层孔隙度为 2%，煤层气吸附饱和度为 70%、裂隙渗透率为 $1.5\times10^{-3}\mu m^2$。

（1）裂缝穿透比。裂缝穿透比指的是裂缝长度与井距之间比值，该值大小显然影响煤层气产能。裂缝穿透比增加，煤层气井产气能力也会相应增加。

图 7-7 表示不同裂缝穿透比（0.3，0.5，0.7，0.9）时煤层气井产气曲线，此时裂缝导流能力 $0.2\times10^{-3}\mu m^2\cdot m$。可以看出：裂缝穿透比越大，煤层气井初期产气量越高，产气峰值越大；到煤层气井后期产量递减阶段，产气量曲线几乎重合，说明穿透比对煤层气井生产后期产量影响不大。

对应不同裂缝穿透比时煤层气井 15a 采出程度见图 7-8，随着穿透比的增加，采出程度增加，但增加的幅度变小（穿透比从 0.8 到 0.9 时采出程度增加不明显）。当裂缝穿透比超过 0.6 时，裂缝穿透比每增加 0.1，采出程度增加值低于 0.5%，此时裂缝穿透比对采出程度影响不明显。因此，存在一个最优的裂缝穿透比。

对于不同渗透率情况，裂缝穿透比对气井采出程度影响有所差别。渗透率较低时($1\times10^{-3}\mu m^2$)，由于裂缝导流能力与煤岩渗透率差异较大，裂缝穿透比对产气的影响较明显。在穿透比为0.3~0.6范围内，采出程度变化很大，而穿透比大于0.6时，影响显得稍小一些；当渗透率较高时($3\times10^{-3}\mu m^2$)，裂缝穿透比对煤层气井产气影响总体要小一些。

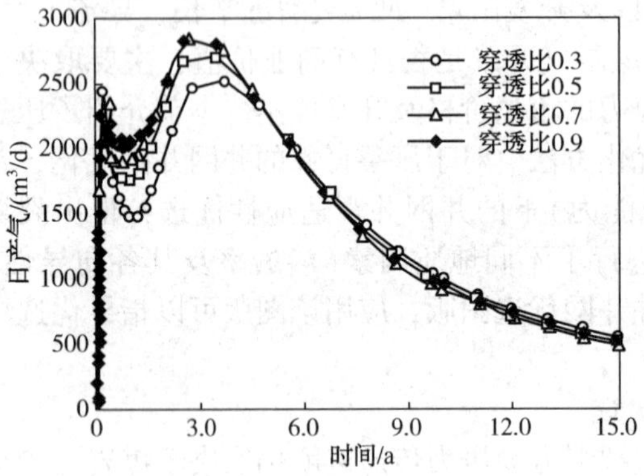


图7-7　不同裂缝穿透比煤层气井产气曲线

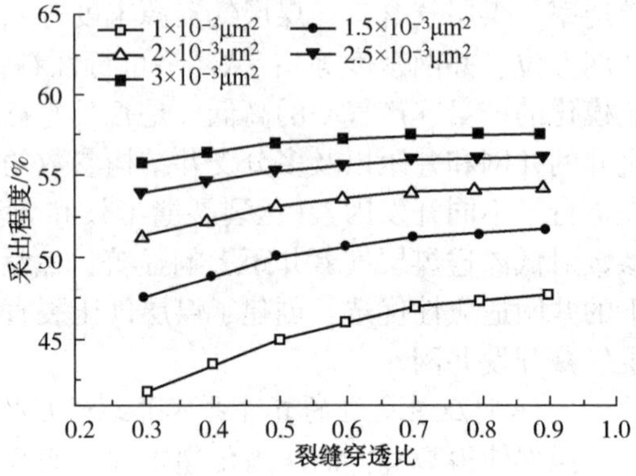


图7-8　不同渗透率时裂缝穿透比对采出程度影响

(2) 裂缝导流能力。同样，裂缝导流能力对煤层气产量影响也很大。图7-9为不同裂缝导流能力($0.05\times10^{-3}\mu m^2\cdot m$、$0.1\times10^{-3}\mu m^2\cdot m$、$0.2\times10^{-3}\mu m^2\cdot m$、$0.3\times10^{-3}\mu m^2\cdot m$、$0.4\times10^{-3}\mu m^2\cdot m$)时煤层气井产气曲线，此时裂缝半长为70m。可以看出：导流能力越大，初期产气总体较高，产气峰值也越高；而后期产气几乎重合，说明导流能力对后期产量影响不大。

对应不同导流能力时煤层气井15a采出程度见图7-10，当裂缝导流能力较低时，随着导流能力的增加，采出程度增加很明显，但增加的幅度(即直线的斜率)沿直线下滑，当裂缝导流能力增加到$0.2\times10^{-3}\mu m^2\cdot m$时，导流能力每增加$0.1\times10^{-3}\mu m^2\cdot m$，采出程度增加值低于5%。

对于不同渗透率情况时，导流能力对气井采出程度影响应有所差别，但总体趋势一致。$1\sim3\times10^{-3}\mu m^2\cdot m$曲线几乎平行，随着渗透率增加，曲线稍微变陡，说明渗透率较高时导流能力影响越明显。

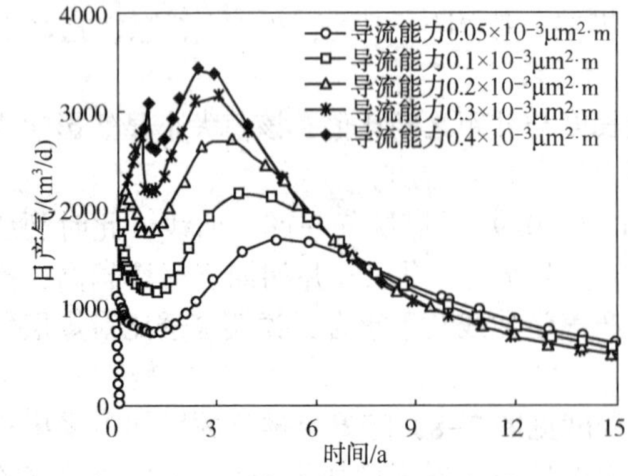


图7-9　不同裂缝导流能力时产气曲线

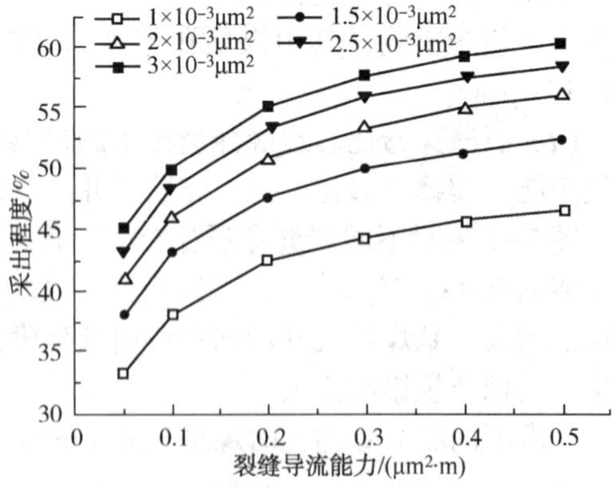


图7-10　不同渗透率时裂缝导流能力对采出程度影响

3）压裂裂缝参数与井距关系

综上分析，裂缝穿透比与导流能力对煤层气井产气峰值影响很大，大穿透比、高导流能力时，煤层气产气峰值大、采出程度高，但煤层气增产量并不成比例增加。因此，裂缝穿透比、导流能力要与井距相匹配，给定一个裂缝长度和导流能力时可优化出井距。这里以煤层气开采 15a 采出程度达到 50%时的井距作为评价指标，运用 CMG 软件，选择正方形井网探讨裂缝参数与井距的关系（煤层气吸附饱和度为 70%）。

（1）裂缝长度与井距。裂缝长度与井距成正相关关系，裂缝长度越长，井距也可适当放大。

图 7-11 表示不同渗透率煤层在裂缝半长分别为 40m、60m、80m、100m 时 15a 采出程度达到 50%时的井距。此时裂缝导流能力为 $0.2\mu m^2 \cdot m$。

由图 7-11 可以看出：

渗透率越大，井距可以越大，渗透率为 $2\times10^{-3}\mu m^2$ 时井距为 350m 左右，渗透率为 $10\times10^{-3}\mu m^2$时井距为 500m 左右。

裂缝半长越长，井距也越大，但不同煤层渗透率时裂缝半长的影响有所差异：当渗透率较小（$1\times10^{-3}\mu m^2$）时，裂缝半长对井距的影响较大，裂缝半长为 40m 时，井距为 285m，裂缝半长为 100m 时，井距为 325m；当渗透率较大（$10\times10^{-3}\mu m^2$）时，井距均为 510m，该情况裂缝长度对井距几乎没有影响。

（2）裂缝导流能力与井距。裂缝导流能力与井距也成正相关关系，裂缝导流能力越大，井距可适当放大。

图 7-12 表示不同渗透率煤层、裂缝导流能力分别为 $0.05\times10^{-3}\mu m^2 \cdot m$、$0.1\times10^{-3}\mu m^2 \cdot m$、$0.2\times10^{-3}\mu m^2 \cdot m$、$0.3\times10^{-3}\mu m^2 \cdot m$、$0.4\times10^{-3}\mu m^2 \cdot m$ 时采出程度达到 50%时的井距。此时裂缝半长为 60m。

由图 7-12 可以看出：随着裂缝导流能力增加（$0.05\times10^{-3}\mu m^2 \cdot m$ 到 $0.4\times10^{-3}\mu m^2 \cdot m$），井距增大，渗透率为 $2\times10^{-3}\mu m^2$ 时，井距从 295m 增加到 340m；但渗透率为 $10\times10^{-3}\mu m^2$ 时，裂缝导流能力的影响很小。

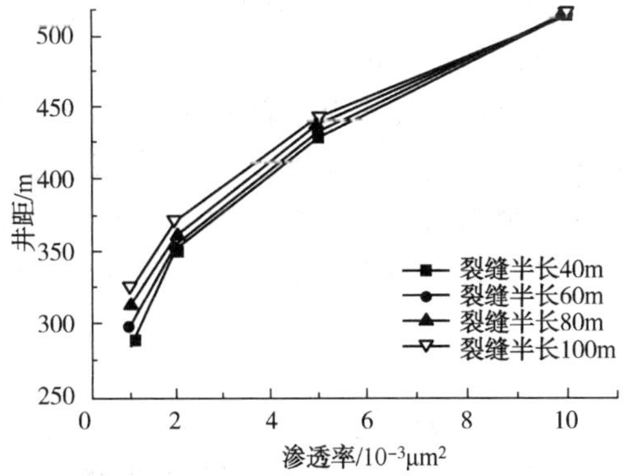


图 7-11　裂缝长度与井距关系

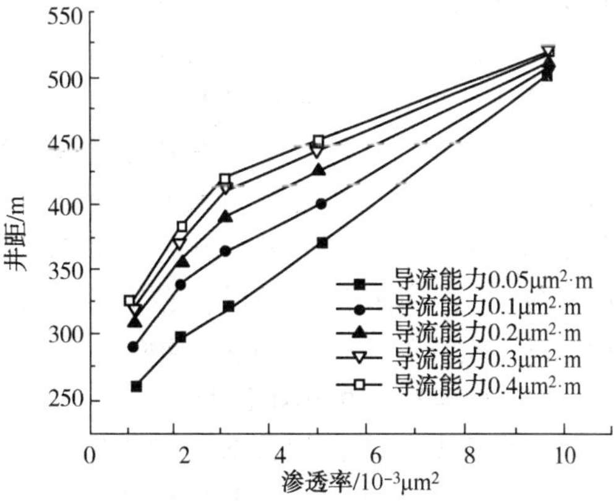


图 7-12　裂缝导流能力与井距关系

4）煤层气压裂直井井网优化方法

以上研究表明：裂缝方向井距受压裂的影响，井距可适当放大，而垂直裂缝方向井距主要受该方向煤层物性的影响，井距应适当缩小。因此，对于煤层气压裂直井，选择矩形或菱形井网比较合适。其中，矩形长边沿裂缝方向，短边沿垂直裂缝方向，矩形长宽比受裂缝参数、储层渗透率的影响；菱形井网长对角线沿裂缝方向，短对角线沿垂直裂缝方向，对角线长度比同样受裂缝参数、储层渗透率的影响。

选取我国某煤层气区块储层参数运用CMG软件GEM模块进行模拟，煤层有效渗透率为$1.6\times10^{-3}\mu m^2$，裂隙孔隙度2%，煤层厚度平均为6m，裂缝半长60m，裂缝导流能力为$0.2\times10^{-3}\mu m^2$。

由表7-3可知，矩形井网选择井距范围为200~350m，不同的组合为350m×350m、350m×300m、350m×250m、350m×200m。

表7-3 不同井网指标对比

| 井网 | | 15a采出程度/% | 采出程度增加值/% |
|---|---|---|---|
| 矩形井网 | 350m×350m | 45.21 | — |
| | 350m×300m | 52.15 | 6.94 |
| | 350m×250m | 56.37 | 4.22 |
| | 350m×200m | 60.18 | 3.81 |
| 菱形井网 | 700m×700m | 27.24 | — |
| | 700m×600m | 34.82 | 7.58 |
| | 700m×500m | 42.21 | 7.39 |
| | 700m×400m | 51.03 | 8.82 |
| | 700m×300m | 56.98 | 5.95 |

对于菱形井网，选择菱形对角线长度大致为表7-3中井距的两倍，范围选择300~700m，不同的组合为700m×700m、700m×600m、700m×500m、700m×400m、700m×300m。

评价指标采用15a采出程度和采出程度增加值(随井距缩小，采出程度增加的值)，模拟结果见表7-3。

由表7-3可以看出：矩形井网350m×300m时采出程度为52.15%，而采出程度增加值6.94%较高，矩形井网时该井距较合适。菱形井网700m×400m时采出程度为51.03%，采出程度增加值8.82%较高，菱形井网时该井距较合适。但菱形井网初期产气量较矩形井网要低，菱形井网与矩形井网的优化需要进一步进行经济分析。

综上研究认为：①对于压裂直井而言，裂缝参数对煤层气井距影响显著，尤其针对低渗透煤层。裂缝改变了煤层气藏渗流特征，进而影响煤层气井产量及采出程度。②矩形井网与菱形井网体现了裂缝方向井距与垂直裂缝方向井距优化特征，属于推荐井网。以实际储层参数为例，模拟结果显示：在给定的优化指标下，选择矩形井网350m×300m，或者菱形井网，对角线长度为700m×400m。

### (二) 煤层气水力压裂工艺

虽然大多数煤在自然状态下都具有裂隙，但为了以工业性气流流量进行生产，通常需要对煤层进行水力压裂。大多数常规压裂技术都可应用于煤层压裂，但在有些煤储层中压裂效果不佳，现已开发了多种专门应用于煤层气井的压裂方法。

1. 常规水力压裂技术

目前煤层改造和避开表皮效应最常用的方法是水力压裂技术，该技术能够使岩石产生高导流能力的裂缝从而提高采收率。它主要通过水来使岩石破裂，留下残余裂缝导流能力。该技术通常只适用在较浅的深度，因为过大的上覆压力会导致诱导裂缝完全闭合。在某一区域中，诱导水力压裂在不使用任何液体的情况下完成。煤层气压裂技术主要有：水力携砂压裂、限流压裂、分层压裂等。加拿大 Alberta 的 Horseshoe Canyon 煤田是一个低压低渗的干煤田，任何液体在煤层中的侵入都会极大地降低气体的相对渗透率，不利于煤田的经济开发。因此，在此区域中，高速的氮气被注入煤层中，在岩石里产生诱导裂缝和避开伤害。在大部分实例中，支撑剂(通常是砂)随同压裂液一同注入，用来保持停泵和压力放空后裂缝的开启。

但是常规水力压裂技术改造低渗煤层的效果不总是很理想，主要是由于支撑剂在煤层压裂裂缝周围形成一高应力区，大幅降低了裂缝周围煤体的渗透性，尽管通过裂缝，储层的导流能力提高了，但在裂缝周围形成一个屏障区，阻碍了煤层气流动。因此，采用了连续油管压裂、间接压裂和分层压裂等更高效的压裂技术。

2. 连续油管多段压裂技术

连续油管是国外 20 世纪 90 年代发展起来的热门技术，美国的 San Juan 盆地将该技术用于煤层气开发试验项目中，证实了连续油管技术在煤层气开发应用中的优势和潜力。由于连续油管无需接单根，能够保持井底压力稳定，不会对地层产生外来的压力波动，并且连续不停地循环钻井液，井内欠平衡状态成为稳态流动状态，从而形成“真正的”欠平衡状态。煤层气开发中连续油管钻井技术具有以下特点：①作业安全性高；②能连续循环钻井液，对煤层破坏小；③由于没有接头，在起下钻时不需要上、卸扣，在安全维持井眼压力和循环的同时，能够大大缩短起下钻时间，作业效率高；④操作简便，污染小，施工效果好。

连续油管压裂技术是在射孔压裂技术成功之后，为了改进其中一些工艺而开发的。目前已开始利用连续油管进行多煤层压裂，其方法是在一次施工中对多个煤层进行压裂，并逐一进行返排。这样可减少残液与地层的接触时间，从而提高新生裂缝的导流能力。与常规压裂技术相比，连续油管压裂技术能缩短钻井时间，提高产量，减小环境污染，还可减少施工量。图 7-13 显示了美国 Raton 盆地中 14 口煤层气井应用连续油管压裂技术后的产量，与常规压裂技术相比，产量提高了 1.5 倍，并且缩短了完井时间。在 Raton 盆地，用连续管的多级精确定位压裂完井成本要比用传统方法进行多级压裂低。连续油管压裂在加拿大多煤层地区广泛应用超过了 5000 口井，产生了较好的效果。目前，斯伦贝谢公司还专门为煤层气开采研发出了利用连续油管输送氮气的极端正压增产技术，这种技术以高压、高速、低摩阻损失的方式输送氮气，提高了压裂作用的效率。典型的连续油管压裂井底钻具组合主要由以下几个部分组成(图 7-14)。

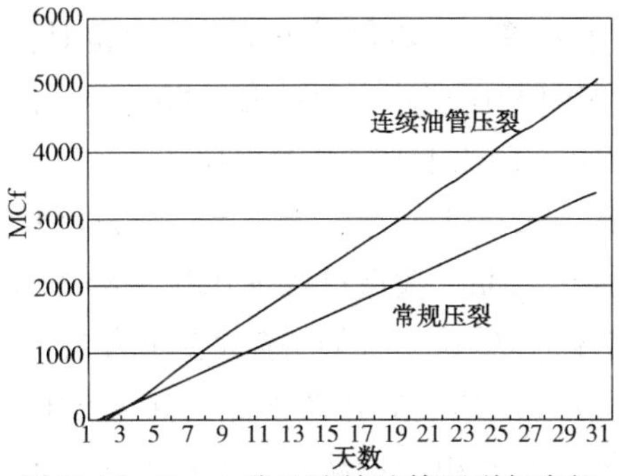


图 7-13　Raton 盆地连续油管压裂与常规压裂后的煤层气产量对比

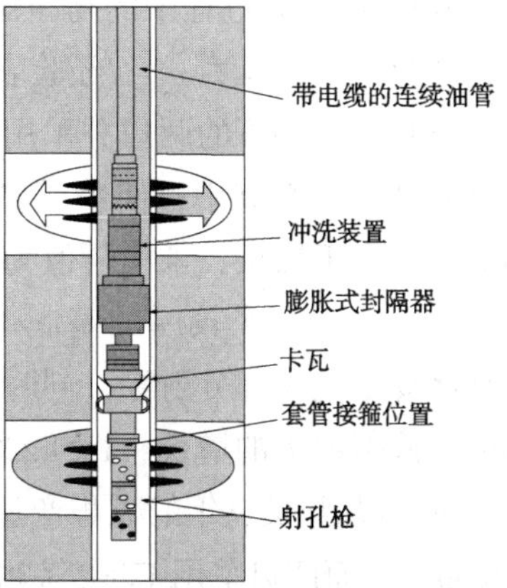


图 7-14　连续油管多层压裂工具

3. 间接压裂技术

水力压裂改造技术在过去 20 年中已发展成为煤层气井主要完井方式之一。然而，煤层的直接压裂存在不足，因为煤层的割理以及天然裂缝中较高的破裂压力会导致剪切力滑脱效应的产生和形成低效率的非水平裂缝，与传统的碎屑岩压裂改造相比，它们会使其改造效果明显变差。间接压裂技术是通过在煤层相邻的碎屑岩中以较低压力形成裂缝，然后使得这些诱导裂缝与煤层相连，进而达到提高煤层改造效果的目的。

间接垂直压裂(IVFC)于 2003 年首次应用于煤层气的改造，结果表明对于传播裂缝并使裂缝从井底延伸，未压裂的碎屑岩具有更好的效果。在许多情况下，与煤层相邻的或两个煤层之间的低压力砂岩或粉砂岩可以成为裂缝从井底有效延伸的更高效的介质，但会使相邻的两个煤层交错生产。该技术第一次在北海应用就取得了成功。IVFC 压裂对于煤层完井非常有效，其主要原因有两点。

(1) 煤层的垂向渗透率通常优于水平渗透率，尤其当考虑天然裂缝时，因此，需要一种间接的压裂方式，不需要完全穿透煤层来有效排除气体；而且，煤层中由渗透率引起的漏失会使得支撑剂进入断面并形成传导率高的流动通道；

(2) 砂岩或粉砂岩具有更低的破裂压力梯度，进入煤层的压力也低，这使得一个弹性耦合断面能够进入煤层中，且沿着裂缝延伸方向连通性良好。

Piceance 盆地 Cameo 煤层有 4 口井采用了间接压裂(IVFC)，其中两口井仅对 Cameo A 煤层直接射孔，剩余两口井对煤层的上半部分采用了校正射孔设计，使得孔眼贯穿至上覆的碎屑岩层。

A 井：Cameo A 煤层厚 25~40ft(1ft ≈ 0.3048m)，位于较厚但无产气能力的海相 Rollins 层之上。A 井完井时，整个煤层都被射穿，而且 Cameo A 层采用了 200kg 的 20/40 目凝胶压裂液加砂支撑剂进行了改造。裂缝破裂压力梯度为 0.82psi/ft($1psi=6.8948\times10^3Pa$)，而且在改造之后所得到的净裂缝压力仅为 150psi。由于所获得的裂缝压力低，因此在煤层中，裂缝改造很难控制，而且需要使裂缝向下延伸到亲水的 Rollins 海相岩层。

B 井：同样对 25ft 厚的煤层直接射孔，但根据对 A 井压裂的经验，B 井采用更加光滑的水力压裂液，改造中加入了 100kg 的 20/40 目支撑剂。在该井压裂过程中，所建立的压力值差异显著。施工过程中，起始破裂压力梯度为 0.8psi/ft，但是改造过程末期的净压力值为 2500psi，此压裂过程中的高净压值表明煤层中的容积是相似的，但是高净破裂压力值也远远超过了上覆压力 $\sigma_v$。经验表明，有可能产生低效率的复杂裂缝。

C 井和 D 井：剩下的两口井采用了优化的射孔策略，不仅对煤层，同时也对目标碎屑岩层进行射孔。在 C 井中，使用了 170kg 的砂和凝胶压裂液来保证有足够的净压值，使得裂缝同时连接上下煤层，末净压值为 800psi，对一条同时连接两个煤层的 60t 高的缝来说正合适。井 C 位于一个较厚的基底煤层内，其上为砂岩岩层，其下为 Rollins 海相砂岩。射孔设计将煤层上半部分射穿，同时深入上覆岩层 20ft。改造过程采用较平滑的水力压裂液，目的是降低向上的增长，135kg20/40 目支撑剂以 600psi 的末净压裂压力泵入。图 7-15 显示了四口井开发三年的累积产量。两口直接煤层压裂的井产量低于 $0.35\times10^8$scf(1scf ≈ 0.0283m$^3$)，而两口采用 IVFC 完井方法的每口井累积产量超过 $2.5\times10^8$scf。间接压裂的产量几乎是直接压裂的 8 倍。

并不是所有的煤层都适合间接压裂，例如 Uinta 盆地 Ferron 煤层采用间接压裂并没有达到增产的目的。Olsen 针对如何有效进行间接水力压裂，提出了一些建议。

（1）优化煤层气压裂的问题之一，是掌握无效复杂压裂何时发生。一般而言，煤层越厚，裂缝压力越高（考虑到 $\sigma_{Hmax}$ 和 $\sigma_v$），进而产生无效复杂裂缝的可能性也越大。对于厚度较小且裂缝压力较低的煤层，例如在 Raton 和 Uinta 盆地的煤层，不仅煤层弹性耦合，并且裂缝可能已经发育至相邻的碎屑岩层中。有一些增产措施可以通过射孔操作来引导裂缝发育的方向。但是大型的，更合理的增产措施可能无法实施。

（2）要想获得有效的压裂改造，必须理解岩层的力学性质以及压力分布特征。传导水力裂缝最有效的是低泊松比和弹性模量相对较高的岩层。选择一个岩层作为有效裂缝传导岩层，然后使用一个压裂模拟器设计提供足够大的净压裂压力，让裂缝高度发育到能够将目标煤层连接起来。这个环节不需要针对储层岩石，具有合适力学性质的低孔隙度的砂岩或粉砂岩可以作为裂缝连通煤层的非常有效的切入点。对需要产生裂缝的地方进行射孔操作，使裂缝连通至煤层。

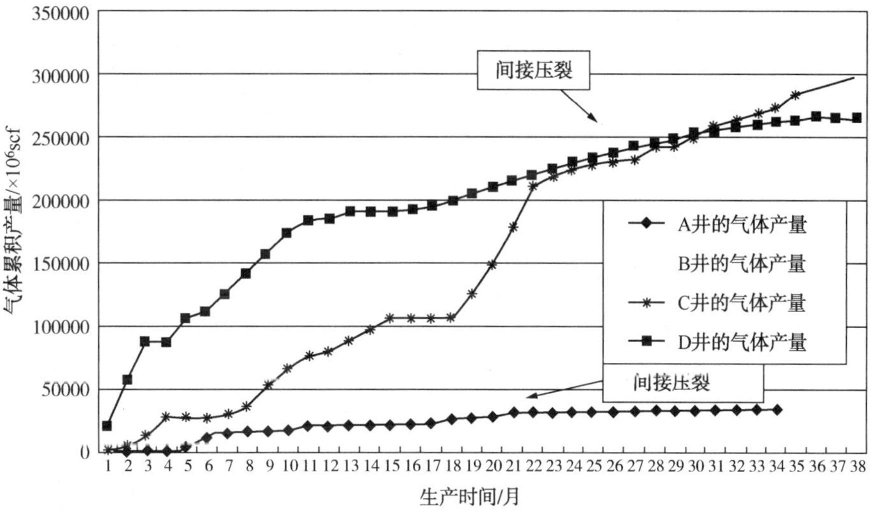


图 7-15　四口井的产量对比（A、B 井直接压裂，C、D 井间接压裂）

（3）对于受挤压程度较高的构造和高层状煤层，应避免使用间接水力压裂技术。对挤压构造而言，其压力侧视图通常是反过来的，而且煤层通常比相邻层的压力更低。对于不能确定是否存在挤压构造的开发实例，可以在间接压裂射孔的同时，直接对煤层进行射孔，来避免此情况的出现。

（4）避免多孔弹性诱导裂缝压力膨胀。煤层压裂过程中过度漏失对有效压裂是非常不利的，不仅表现在裂缝能量降低和过早出现砂堵，而且还表现在压裂液漏失使 $\sigma_{Hmax}$、$\sigma_v$ 显著增加。当出现这种问题时，极有可能产生低效的复杂裂缝。最近，人们较为关注冻胶压裂液对煤层割理及裂缝周围产生的二次破坏，因此操作人员偏向于使用低破坏性的压裂液。然而，这些低破坏性的压裂液会极大地加速压裂液的漏失，进而促进复杂裂缝的增长并导致所形成的裂缝长度更短。为了克服这个问题，应该采用更有效的桥堵封隔器来降低液体漏失，从而使得平面裂缝尽可能延伸最远。

## 习题

1. 简述非常规油气资源的定义及其主要特征。
2. 简述非常规石油、天然气资源的类型及其特征。
3. 简述重油的定义及常见的重油开采技术。
4. 什么是蒸汽辅助重力泄油技术(SAGD)?请简要描述其工作原理。
5. 简述致密砂岩气的储层特征及其开发难点。
6. 煤层气的储层特征是什么?请简要说明煤基质胀缩效应。
7. 简述煤层气水力压裂技术类型及其开采机理。

# 参 考 文 献


[1] 唐洪俊．油层物理[M]．北京：石油工业出版社，2014.

[2] 姜汉桥．油藏工程原理与方法[M]．东营：中国石油大学出版社，2006.

[3] 刘吉余．油气田开发地质基础(第四版)[M]．北京：石油工业出版社，2006.

[4] 岳湘安，王尤富，王克亮．提高石油采收率基础[M]．北京：石油工业出版社，2007.

[5] 刘德华．油藏工程基础[M]．北京：石油工业出版社，2004.

[6] 何更生，唐海．油层物理(第二版)[M]．北京：石油工业出版社，2011.

[7] 陈涛平．石油工程(第二版)[M]．北京：石油工业出版社，2011.

[8] 刘树根．试论中国西部陆内俯冲型前陆盆地的基本特征[J]．石油与天然气地质，2005(01).

[9] 卢双舫，张敏．油气地球化学[M]．北京：石油工业出版社，2008.

[10] 柳成志，冀国盛，许延浪．地球科学概论[M]．北京：石油工业出版社，2010.

[11] 靳久强，宋建国．中国板块构造对油气盆地演化和油气分布特征的控制[J]．石油与天然气地质，2005(01).

[12] 何更生．油层物理[M]．北京：石油工业出版社，1994.

[13] 柳广弟．石油地质学[M]．北京：石油工业出版社，2009.

[14] 戴俊生．构造地质学与大地构造[M]．北京：石油工业出版社，2006.

[15] 朱筱敏．沉积岩石学[M]．北京：石油工业出版社，2008.

[16] 庞雄奇．叠合盆地油气藏形成、演化与预测评价[J]．地质学报，2012(01).

[17] 杨克绳．中国含油气盆地最终定型期—第四纪—兼论与油气的关系[J]．特种油气藏，2008(12).

[18] 申家年．基于有机元素的干酪根类型指数计算[J]．东北石油大学学报，2013(5).

[19] 张恺．中国大陆板块构造与含油气盆地评价[M]．北京：石油工业出版社，1995.

[20] 李传亮．油藏工程原理[M]．北京：石油工业出版社，2005.

[21] 陈元千．现代油藏工程[M]．北京：石油工业出版社，2001.

[22] 丁述基．达西及达西定律[J]．水文地质工程地质，1986(03).

# 参考文献